사진 & 일러스트로 보는 꿈의 자동차 기술 Motor Fan illustrated

Motor Fan
illustrated Vol. 44

레벨 5 자율주행의 작심과
차세대 엔진 개발의 현주소

GoldenBell

004 도해특집 자율 주행은 어떤가?

- **006** Software 대규모 언어 모델로 레벨 5 완전 자율 주행을
- **011** Software 오픈소스를 축으로 자율 주행 기술을 바꾸다
- **016** Strategy 시스템 파탄부터 인계까지, 마의 10초
- **019** Software/Hardware '충돌하지 않는 자동차'를 다음 단계로
- **024** Simulation AD/ADAS에 존재하는 '공백 영역'
- **027** Experimental Study L4(레벨 4)를 사회에 구현할 수 있을까
- **030** Software/Hardware 자율 주행의 "레벨 업"을 목표로 하는 것이 올바른가
- **033** Hardware 현대의 천리안 · LiDAR
- **036** Social Implemetation 보다 신속한 사회 구현·레벨 2 교통 서비스

040 도해특집 자율 주행, 어디로 가는가?

- **042** 과제평가 자율 주행 기술의 시작, 그리고 앞으로
- **045** 상황파악 2024년 6월, 국제 법규 제정 시작 2년 뒤 자율 주행 규칙이 정해진다
- **050** 상황파악 자율주행을 뒷받침하는 '눈과 귀'의 구조와 원리
- **057** 최신사례 운전은 놀라울 정도로 어렵고, 인간은 놀라울 정도로 현명하다.
- **062** IAV의 실증 실험 운전자 부족과 고령화를 AD로 해결한다
- **067** SUBARU · 아이사이트 '부딪히지 않는 자동차?'의 최신 상황
- **073** Honda SENSING 360 '전방위'의 감지 성능 강화를 진행한다.
- **078** 코이토 제작소의 양산형 LiDAR 시판차 탑재 LiDAR에 이름을 올린다

CONTENTS

- **083** Valeo · SCALA LiDAR의 선구자로서의 자부심
- **088** 컨티넨탈 센서 융합으로 차량을 보호한다
- **093** ZF · Smart Camera ADAS 카메라는 어디까지 진화했는가
- **096** 와세다대학 × MathWorks 수업 과제로 시뮬레이션을 실천한다
- **101** 재팬 트럭 쇼에 전시된 운전 지원 기술 ADAS는 대형 상용차를 운용하는 방법이다

104 도해특집 차세대 엔진 개발의 현주소

- **106** Introduction 엔진에는 아직 "측정할 수 없는 현상"이 있다
  - 111 01 엔진 기획과 생산 요건 현실은 "만들고 싶은 것" ≠ "만들 수 있는 것"
  - 116 02 ESP에게 규제 대응을 묻는다 유로 7은 ICE를 어디로 향하게 하는가
  - 121 03 닛산 HR14DDe형의 특성 발전 전용이라는 새로운 사용법
  - 126 04 OBRIST의 ZVG/aFuel 무진동 엔진을 개발하라
  - 131 05 세계 최고 수준의 수많은 DHE 중국산 엔진이 떠오르는 날
  - 136 06 닛산 KR형의 가변 압축비 생산 기술 가변 압축비 기구의 양산 설계
  - 142 07 수소 연소와 플렉스 연료 차량 엔진으로 달성하는 탄소 중립성
  - 147 08 슈퍼 다이큐 시리즈 × 합성 연료/액체 수소 엔진이 살아남기 위해 레이스에서 CNF를 단련하다
  - 152 09 혼다 슈퍼 커브 110의 엔진 세계 최강의 실용 엔진을 만들어낸다
  - 155 10 아이신 전동 VVT 기술 전동이 여는 새로운 캠 페이저의 세계
  - 160 11 발레오의 48V-BSG 시스템 작은 노력을 쌓아 큰 환경 효과를 얻는다

도해특집

자율 주행은 어떤가?

Organizing Automated Driving Technology in 2023

목적지를 입력하면 자동차가 자동으로 목적지까지 데려다 준다.
자율 주행이 지향하는 궁극적인 모습은 바로 이것일 것이다. 과제는 '자동'이다.
이를 달성하기 위한 가장 큰 장애물은 다른 차량의 존재와 복잡한 교통 환경이다.
자율 주행 차량이 주변을 매우 정확하고 빠르게 파악하고, 다양한 상황을 순간적으로 판단하여
행동으로 연결하고, 만일의 방해가 발생한 경우에는 이를 부드럽게 방지할 필요가 있다.

지금까지 자동 운전 기술이 활발하게 논의되던 몇 년 전에도 이런 내용이 오갔다.
그러나 최근 몇 년 동안은 자동 운전에 대해 적극적으로 임하고 있다는 인상이 별로 없다.
기술 개발은 진행되고 있을 것이다. 실증 실험도 많이 진행되고 있다.
그 의미의 깊이도 변함없이, 오히려 더 높아지고 있다고 느낀다.
왜 이런 상황일까? 2023년 현재의 자동 운전 기술을 다시 한번 확인해 보겠다.

사진 : Shutterstock

특집 자율주행, 어디까지 왔나? AD ▶ Software

대규모 언어 모델로 레벨 5 완전 자율 주행을

Turing 일본 스타트업, 튜링의 도전

LLM=Large Language Models(대규모 언어 모델)은 자연어를 다루는 생성 AI이며, 지금 주목받는 기술 중 하나이다.
이를 이용하여 자율 주행 소프트웨어의 정확도를 높이는 개발을 튜링이 진행하고 있다.
목표는 2030년에 레벨 5 자율 주행 기능을 탑재한 BEV(배터리 전기차)를 출시하는 것이다.

본문 및 인물 사진: 마키노 시게오(Shigeo MAKINO) 그림: TURING

→ **데이터 수집**

실제 주행 데이터를 수집하고, 연구실 내에서 가상의 자율 주행차를 제어한다. 우선 시뮬레이션으로 검증하고, 실제 차량에 설치하여 폐쇄된 코스를 주행하며 정상적인 동작을 확인한 후 공도에서 시험 주행을 한다. 이러한 반복이 자율 주행 소프트웨어의 개발이다. "아직 완전하지는 않지만, 날씨나 시간 등의 매개변수를 바꾸어도 적절하게 운전할 수 있는지 확인하고 있다"고 한다.

PROFILE

야마구치 유 Yu YAMAGUCHI
튜링 주식회사
인공지능 디렉터

회사 이름의 유래는 컴퓨터의 초기 시대에 활약한 영국의 수학자, 앨런 튜링(Alan Mathison Turing)이라고 한다. 그의 가장 유명한 업적은 제2차 세계대전 당시 독일 해군의 암호 '에니그마(Die Enigma)'를 해독할 수 있는 컴퓨터를 개발한 것이다. 미국에서는 BEV(배터리 전기 자동차) 전문 기업이 니콜라 테슬라의 이름을 따서 '테슬라'라고 명명하였다. 일본에서는 자동 운전 소프트웨어의 개발과 이를 구현한 BEV의 출시를 목표로 하는 회사가 앨런 튜링에서 따온 회사 이름을 붙였다. 이 회사에서 소프트웨어 개발을 담당하는 야마구치씨에게 '현재 진행 중인 일'과 '미래의 목표'를 물어보았다. '일본에서 BEV를 양산하는 것'이라는 목표를 들었지만, 그 목표를 향한 단계는 독특하면서도 논리 정연했다.

◇◇◇ ◇◇◇ ◇◇◇

마키노(이하 M): 과거에 자율 주행용 소프트웨어 개발을 취재한 적이 있지만, 말은 쉽지만, '현실적으로는 어렵다'라은 느낌을 받

↑ 일단 거리를 달린다

데이터 수집에는 전후좌우에 블랙박스를 달아 360도 전방위를 기록하는 차량도 사용한다. 이 차량 개발은 야마구치 씨가 지휘하여 불과 200만 엔으로 실현했다. "실제로 운행해 보니, 카메라에 가장 큰 영향을 미치는 것은 야간이었다. 낮과 밤은 광량이 완전히 달라, 영상으로 포착되는 것은 앞차의 미등, 신호등, 가로등 주변 등이 중심이 된다"고 야마구치 씨는 말했다.

← 국내 BEV 생산이 목표

회사의 주요 멤버들은 "미국에는 테슬라가 있다. 일본에서도 스타트업이 나와야 한다"고 입을 모았다. 이미 1대의 자율 주행 소프트웨어 탑재 차량을 판매했지만, 목표는 국내에서의 BEV 생산이다. 국내 7번째 승용차 제조업체가 되는 것을 노리고 있다. 실제로 구미에서도 아시아에서도 신흥 자동차 제조업체가 차례차례 성장하고 있으며, 일본과 한국만 뒤처진 모양새다.

았습니다. 튜링은 어떤 목표를 지향하고 있나요?

야마구치: 자율 주행 시스템을 만드는 것뿐만 아니라, 자율 주행 BEV를 만들어 판매하는 것을 목표로 하고 있습니다. 최근에 주요 목표는 내년 출시 예정인 차량에 레벨 2 플러스(레벨 2에 고급 기능을 추가한 것)를 탑재하는 것입니다. 2030년에는 레벨 5 BEV를 목표로 하고 있습니다.

M: 레벨 2 플러스로 시작하는 이유는 무엇입니까?

야마구치: 첫째는 법 규제입니다. 국내에서도 레벨 4에 대한 법 규제가 정비되고 있지만, 일반 시판 차량에 탑재하여 실증 단계라 할지라도 상시 레벨 4로 운행하는 것은 어렵습니다. 레벨 3도 마찬가지이며, 혼다가 실험적으로 판매했으나 다른 OEM은 따르지 않고 있습니다. 기술적으로도 어렵지만, 한편으로 국토교통성에 제출해야 하는 서류가 많다는 점도 스타트업에게는 걸림돌입니다.

M: 어떤 구성의 자율주행 소프트웨어를 생각하고 계십니까?

야마구치: 기본적으로는 노트북 PC와 같은 일반적인 컴퓨터를 상상하시면 가장 가깝습니다. 계산기가 있고, 그 위에 Windows와 같은 운영 체제가 있어요. 그 위에 추상적인 부분을 커버하는 미들웨어가 있고, 그 위에서 작동하는 소프트웨어와 애플리케이션이 있습니다. 애플리케이션 안에 우리가 만드는 모델이 있으며, 이것이 자율 주행 조작을 위한 인식 및 판단을 담당합니다. 이러한 이중 구조로 되어 있구요, 그 안에 AI 모델이 다양한 판단을 내리고, 최종적으로 미들

웨어와 OS 레이어에서 통신 신호를 발신하여 차량의 주행을 제어합니다.

M : 현재 시판 차량은 메인 ECU 내에 자동차 모델이 있고, 그 아래에 구동계, 스티어링, 브레이크 등 기능별 ECU가 있습니다. 이 구성을 따를 예정인가요?

야마구치 : 기본적으로는 그렇게 될 것입니다. 제가 담당하는 부분은 좀 더 위 레이어(layer)의 애플리케이션 레벨과 CAN으로 통신하여 스티어링, 브레이크 등 어느 정도 추상화된 레이어 부분을 담당할 예정입니다. 기본적으로 자율 주행의 개념은 카메라로 주변 정보를 감지하고, 차량의 주행 경로를 예측하여, 차량의 실제 동작, 횡방향 및 종방향을 제어하는 신호를 보내는 것입니다.

M : 그것을 자율 주행 AI라고 할 때, 전방에 장애물 등이 있는 경우 차량의 진행 방향과 주변을 감시하는 센서 정보가 AI에 입력되면, 그 인식을 판단하는 것입니까?

야마구치 : 그렇습니다. 하지만 복잡한 것은 아닙니다. 현재는 RGB 카메라만으로 진행할 생각입니다. 멀리 보기 위한 화각(畵角)이 좁은 단안 카메라를 앞쪽에 하나, 어안 렌즈(fish-eye lense)에 가까운 광각 카메라, 또는 좌우 사이드 미러에 해당하는 화각으로 옆을 보는 카메라, 그리고 후방 카메라 등, 최소 6대 이상의 카메라를 탑재할 예정입니다. 카메라에서 촬영한 영상 정보는 스트림으로 들어옵니다. 그 외에도 차량 속도, 조향 각도 등 차량 정보도 들어옵니다. 그 정보를 GPU 등으로 처리하여 출력합니다. 출력은 다양하지만, 중심은 자차의 경로(목적지)입니다. 우회전이 있으면 핸들을 오른

/ LLM 데모

인간이 말로 지시하고, 카메라 영상 데이터와 함께 LLM에 상황을 전달하면, 이에 대해 LLM이 답변한다. 음성 입력으로도 어느 정도 답이 돌아온다. GPU의 처리 효율이 부족하지 않냐는 질문에 "자율 주행을 위한 GPU+ECU는 전용으로 갖추고 있다. 이 부분은 2030년까지 개선될 것이다. 7년 전 PC를 떠올려 보십시오"라고 야마구치 씨는 말했다. 확실히 그렇다. "현재는 LLM의 대략적인 지시와 고속 레벨 2 플러스 모델을 융합하여 사용하고 있다"고 야마구치 씨는 덧붙였다.

쪽으로 돌립니다. 그 외에도 주변의 차량도 감지합니다. 전방 또는 옆 차선에 있는 차량과 자차의 위치 관계, 자차가 주행하고 있는 차선(흰 선), 그리고 지금 개발 중인 것은 전방에 있는 신호등을 보는 것입니다. 일반 도로에서 레벨 2 플러스를 하기 위한 수단입니다.

M : 레벨 2의 운전 지원은 기본적으로 앞차의 추종과 차선 이탈 방지라는 두 가지 요소로 구성되어 있지만, 일반 도로에서는 조작이 복잡해집니다.

야마구치 : 인간이 하고 있는 일은 아마 AI로도 실현할 수 있지 않을까 생각합니다. 인간이 눈으로 확인하는 정보는 현재의 AI 모델로도 원칙적으로는 가능하다고 생각합니다. 다만, 액추에이터에 대한 지시는 복잡합니다. 출력 신호를 그대로 스티어링의 토크로 변환하는 것이 아니라, 자차의 경로에 대해 핸들을 얼마나 돌릴지, 커브라면 얼마나 감속할지 등의 제어 부분의 계산도 필요합니다. 이는 계산으로 수행하며, AI는 현재는 사용하지 않습니다. 앞으로는 이러한 부분도 인간과 마찬가지로 AI 기반으로 수행할 수 있을 것이라고 생각합니다.

M : AI는 무엇을 하는 건가요?

야마구치 : 기본적으로는 대규모 행렬 계산을 하는 것에 불과합니다. 실제로는 수천만 개의 수치와 파라미터가 있으며, 이를 입력 이미지의 데이터에 대해 계산하면 복잡한 계산 과정을 거쳐 출력이 되는 이미지입니다. 병렬로 간단한 계산을 대량으로 처리해야 하기 때문에 그래픽 처리에 적합합니다. 그래서 GPU를 사용합니다.

M : 즉, 딥 러닝(Deep Learning)으로 데이터를 계속 읽게 하는 건가요?

야마구치 : AI의 정확도는 사전에 얼마나 학습을 시키느냐에 달려 있습니다. 실제 연산은 기억한 데이터와 매칭하는 것이 아니라 일반화함으로써 유사한 상황에서 추론할 수 있는 성능을 얻을 수 있는 것이 특징입니다. 운전에서는 동일한 상황이 두 번 다시 발생하지 않습니다. 같은 길을 같은 시간에 지나가도 주변의 차량 등 교통 환경은 반드시 바뀝니다. 그래서 일반화가 중요합니다.

M : 개발에서 가장 어려운 점은 무엇입니까?

야마구치 : 자동차의 컴퓨터 시스템에는 다양한 레이어가 있습니다. 스티어링 등의 장치, 자동 운전용 컴퓨터, OS 등의 레이어가 통합적으로 연결되어 사용자가 100%에 가까운 신뢰성으로 작동하도록 합니다. 하드웨어에서 소프트웨어까지 제대로 연결된 상태를 만들고 검증합니다. 이 부분이 시판에 들어갈 때 가장 어렵습니다. 레벨 2 플러스 시스템에서도 이것이 마지막 단계입니다.

M : 그 이후에는 레벨 5를 목표로 하고 있습니다. 어떤 절차를 통해 도달할 생각인가요?

야마구치: 레벨 2 플러스 시스템을 기반으로 계속 쌓아가는 것을 생각하고 있습니다. 우리가 생각한대로 레벨 2 플러스의 기능이 실현되면 대부분의 도로를 주행할 수 있을 것이라고 생각합니다. 90%나 95%는 문제없이 주행할 수 있을 것입니다. 그러나 도로에는 '매우 드문, 특이한 상황'이 많이 있습니다. 예를 들어, 평소에 익숙하게 운전하는 2차선 도로에서 도로 공사가 진행되어 한쪽 방향으로만 교대로 통행하고 있습니다. 그곳에 교통 안내원이 서서 손짓으로 '정지'와 '진행' 신호를 보내고 있습니다. 이것은 현재의 레벨 2 플러스의 구조로는 대응할 수 없을 것입니다. 정해진 신호등이 아닌, 인간의 팔과 손목의 움직임을 인식할 수 없기 때문입니다.

M : 유럽에서도 AI로 건설 가이드(공사 구간 안내)를 하려는 움직임이 있지만, 고속도로에서도 실현되지 않고 있습니다.

야마구치 : 그리고 표지판도 그렇습니다. 우회전, 좌회전 가능 표지판 아래에도 '대형 차량은 금지', '몇 시부터 몇 시까지', '일요일과 공휴일은 제외'와 같은 작은 글씨로 씌어 있는 경우가 많습니다. 인간은 이 문자를 인식하고, 읽고, 머릿속에서 교통 규칙으로 변환합니다. 이것도 레벨 2 플러스 기술의 연장으로는 실현할 수 없습니다. 그리고 운전 이외의 지식을 자동 운전에도 적용해야 하는 상황에 대응하는 것도 어렵습니다.

M : 예를 들면?

야마구치 : 예를 들어, 저녁에 초등학교가 있는 주택가를 지날 때, 많은 사람들은 골목에서 아이들이 튀어나올 가능성을 염두에 두고 서행합니다. 위험을 예측한다지만 현재의 기술로는 대응할 수 없습니다. 레벨 5는 인간의 운전 조작, 모든 판단을 대체해야 하기 때문에 이러한 복잡한 문맥이나 전후사정을 이해하는 판단도 내려야 합니다. 즉, 자동 운전 소프트웨어를 인간의 사고방식에 가깝게 만들어야 합니다. 이 부분을 해결하는 것이 어렵습니다.

M : 언어를 사용한다는 것입니까? LLM(대규모 언어 모델)으로 지능을 높이는 것입니까?

야마구치 : 그렇습니다. 자연 언어를 학습시키는 것이 가장 빠른 지름길이라고 생각합니다. LLM, 챗 GPT를 사용할 수 있습니다. 튜링은 창업 당시부터 자연 언어는 완전 자동 운전에 필수적이라고 생각했습니다. 표지판이나 인간의 움직임을 이해할 때 언어를 매개로 하면 사물을 추상화하여 생각할 수 있다고 생각합니다. 도로 공사가 진행 중인 현장에 도착했습니다. 안내원이 있습니다. 안내원이 멈추라는 신호를 보내고 있습니다. AI가 이러한 추상화된 표현을 습득하면, 단순히 이미지를 처리하여 '신호등이 빨

간색이다', '앞에 차가 있다'라는 정보 이상의 복잡한 정보도 AI가 직접 처리할 수 있게 됩니다.

M : 자연어를 학습시켜 적응 능력을 높이는 것입니다. 매우 흥미로운 방법이지만, 수많은 '희귀한 사례'에 모두 대응할 수 있는 일반화가 실현될 수 있을까요?

야마구치 : 우리는 '잠재 공간'이라는 표현을 자주 사용합니다. 평소에 보는 영상은 표면적인 것이며, 인간은 그것을 머리속에서 개념으로 추상화하여 생각하고 있습니다. 실제로 딥 러닝을 비롯한 AI도 계산 과정에서 그러한 것을 추상화하여 잠재 공간에 넣고 처리하는 과정을 하고 있습니다. 따라서 자연어를 입력으로 도입하면 잠재 공간의 표현 능력이 비약적으로 향상될 것이라고 생각합니다.

M : 추상화할 수 있다면 유도하는 사람이 남성이나 여성, 노인이든 제스처의 의미와 표정을 인식할 수 있게 되는 것입니다.

야마구치 : 맞습니다. 하지만 상당히 광범위한 지식이 필요합니다. 초등학교 근처에서는 아이들이 뛰어나올지도 모른다는 것을 그곳에 '초등학생'이 있고, 저녁이면 하교하고, 학교 뒷골목에서 뛰어나올지도 모른다는 일련의 전후상황을 짐작해야 합니다. 예를 들어, 챗 GPT에 저녁무렵 차로 '초등학교 근처를 지날 때 주의해야 할 점은 무엇입니까?'라고 물으면, 아마 '초등학생이 뛰어나올 수 있으니 주의해서 운전하세요'라고 대답할 것입니다. 그런 상식, 의미 공간을 습득하는 것이 레벨 5를 향하기 위해서는 중요합니다.

M : LLM을 자율 주행에 활용하는 것. 언제 생각한 건가요?

야마구치 : 챗 GPT는 지난해 11월에 공개되어 화제가 되었지만, 저희는 지난해 여름 경에 비전과 언어를 결합한 영상과 자연언어를 학습시켜 더 높은 수준의 인식과 판단을 실현할 수 있다는 점에 주목하여 연구 개발을 진행해 왔습니다. 아직은 갈 길이 멀지만, 2030년에 실용화를 목표로 하고 있습니다.

M : 기대하고 있겠습니다.

／ 2030년, 일본에서 세계로

아래는 2030년을 구상한 콘셉트카. 이것도 AI를 이용해 만들었다. "기본적으로는 스탠드얼론(독립형)으로 하려고 합니다. GPS, GNSS 센서는 갖추겠지만, 고정밀 지도 데이터를 가지고 자체 위치를 추정하는 것은 하지 않습니다. 어디까지나 '얼마나 달렸는가'에 대한 보조로 사용할 것입니다. 기존의 자율 주행 시스템과는 다릅니다. 목적지에서 데이터 용량이 큰 고정밀 지도를 다운로드하는 것은 현실적이지 않습니다." 이것이 야마구치 씨의 자율 주행에 대한 생각이다.

현재로부터 몇 년 전인 2021년 4월, 도쿄의 임해 부도심 지역에서 자율주행차의 공도(公道) 시승회가 열렸다. 시승에 사용된 차량은 내각부 직속 연구 프로젝트인 SIP 자율주행(SIP-adus)에 참여하는 연구용 차량들이었다.

대부분은 완성차 제조업체(OEM)를 비롯한 대기업의 차량이었는데, 그 중에서도 특히 인상적인 주행 제어의 부드러움을 보인 것은 이번에 소개할 Tier IV(티어 포)가 제작한 도요타 JPNTaxi를 기반으로 한 차량이었다.

"모델 기반의 예측 제어를 사용하고 있습니다. 물건이나 다른 차량이 있으면 정지하는 등의 단순한 제어가 아니라, 자차뿐만 아니라 다른 차량의 궤도도 모델 기반으로 예측하고, 예측된 각 궤도선이 교차한다고 판단되면 방지를 위한 제어가 작동하는 방식입니다. 승차감과 편안함도 추구한 결과, 가속도를 참고하면서 제어하는 점도 특징 중 하나입니다."

Tier IV의 이이다 씨는 당시 차량에 사용된 기술에 대해 이렇게 설명하였다. 원활한 제어는 소프트웨어에 크게 의존하고 있다고 한다. 물론, 자율주행 차량답게 이 차량의 루프에는 전방을 커버하는 LiDAR가 탑재되어 있다. 카메라를 비롯한 많은 센서가 추가되어 이러한 하드웨어 요소의 영향도 적지 않지만, 그러한 부분을 제외해도 주목할 만한 것은 역시 소프트웨어이다.

이 차량에 탑재된 소프트웨어는 'Autoware'라는 자율주행 기반으로 하고 있는데, 오픈 소스 소프트웨어(OSS)로, 누구나

 도해특집 자율주행, 어디까지 왔나? AD ▶ Software

오픈소스를 축으로 자율 주행 기술을 바꾸다

Tier IV ▶ Autoware가 여는 가까운 미래

대규모의 복잡한 시스템이 요구되는 자율 주행 기술 개발에는 방대한 수고와 시간이 걸린다...
이러한 현상에 '돌파구'를 마련하고자 독특한 접근법으로 임하고 있는 곳이 Tier IV(티어포)이다.
그리고, 거기서 핵심이 되는 요소가 세계 최초의 자율 주행용 오픈소스 소프트웨어 'Autoware'이다.

본문 : 다카하시 잇페이(Ippey TAKAHASHI) 사진 : MFi/TIER IV 그림: TIER IV

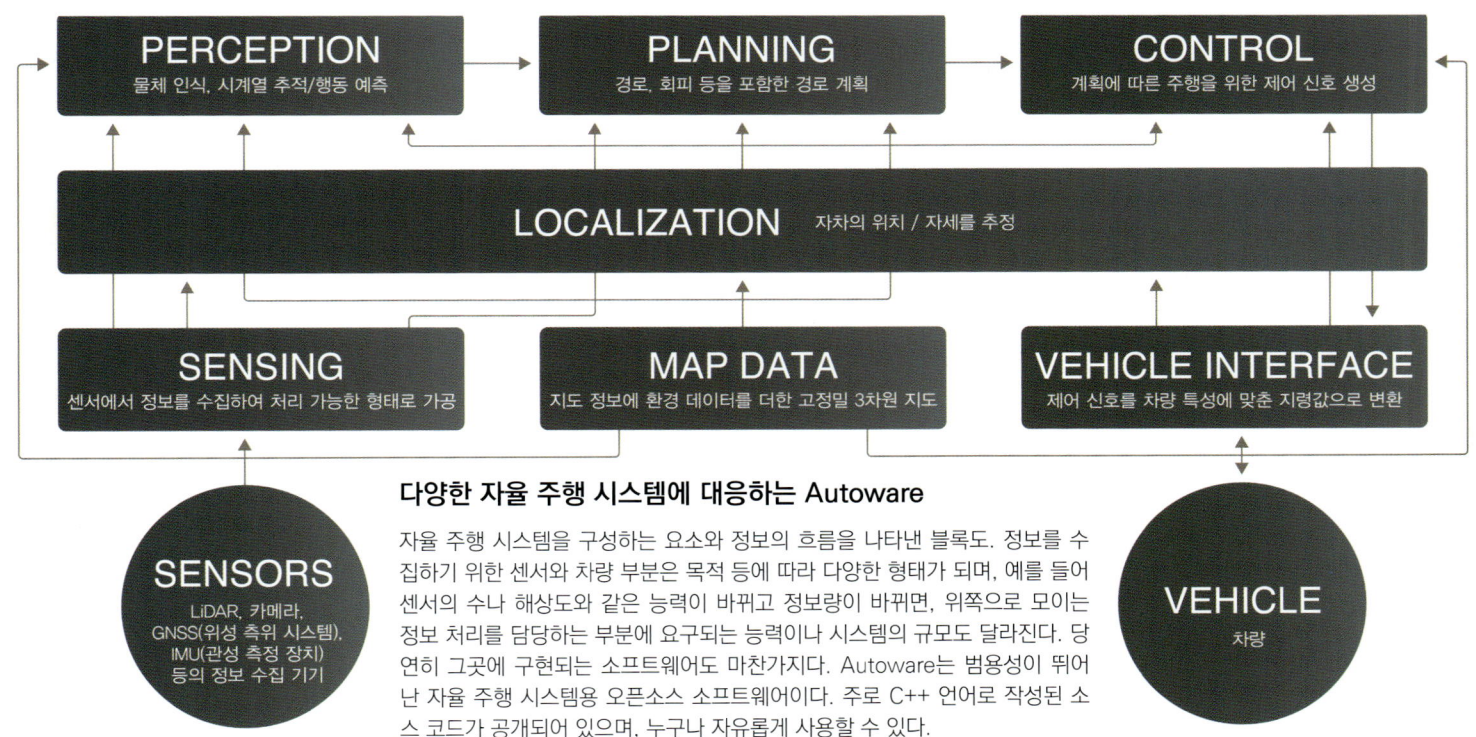

다양한 자율 주행 시스템에 대응하는 Autoware

자율 주행 시스템을 구성하는 요소와 정보의 흐름을 나타낸 블록도. 정보를 수집하기 위한 센서와 차량 부분은 목적 등에 따라 다양한 형태가 되며, 예를 들어 센서의 수나 해상도와 같은 능력이 바뀌고 정보량이 바뀌면, 위쪽으로 모이는 정보 처리를 담당하는 부분에 요구되는 능력이나 시스템의 규모도 달라진다. 당연히 그곳에 구현되는 소프트웨어도 마찬가지다. Autoware는 범용성이 뛰어난 자율 주행 시스템용 오픈소스 소프트웨어이다. 주로 C++ 언어로 작성된 소스 코드가 공개되어 있으며, 누구나 자유롭게 사용할 수 있다.

웹에서 다운로드하여 사용할 수 있기 때문이다.

원래 Autoware는 Tier IV의 창립자인 가토 신페이 박사가 나고야 대학에서 부교수로 재직 중일 때, 나가사키 대학, 산업기술종합연구소와 공동으로 개발하여 2015년에 오픈 소스 소프트웨어로 공개된 것이다. 그리고 이 Autoware를 중심으로 사업을 전개하면서, 자동 운전 기술의 발전과 보급을 목표로 설립된 것이 Tier IV이다.

오픈 소스 소프트웨어라고 하면, 가장 먼저 떠오르는 것은 안드로이드나 리눅스와 같은 운영 체제(OS)이다. 안드로이드나 리눅스와 같은 것이 어떻게 사업을 성립시키고, 유지 관리되고 있는지, 대부분은 모호한 이해에 그치고 있을 것이다. 물론, 곳곳에서 '요금 부과 구조' 등을 엿볼 수도 있지만, 그럼에도 전체적인 모습을 파악하기는 쉽지가 않다.

그러나 Tier IV와 Autoware에 대해서는 이 부분이 분명하다. 우선, 오픈 소스로 공개된 Autoware는 기본적인 자율 주행 기능을 모두 포함하고 있지만, 다양한 하드웨어 구성 및 사용 목적에 대응할 수 있도록 제작되었다. 따라서 개별 구성에 대응한 '구축'까지는 이루어지지 않았다. 의도적으로 여지를 남긴 형태다. 이는 어떤 의미에서는 당연하다고 할 수 있다.

앞서 소개한 JPN Taxi를 기반으로 한 차량을 예로 들면, 자율 주행에 필요한 센서를 탑재하고 Autoware를 구현한다고 해서 Tier IV 차량이 완성되는 것은 아니다. Autoware는 어디까지나 범용 소프트웨어 플랫폼이며, 상용화 가능한 수준의 제품으로 완성하기 위해서는 상당한 수고가 필요할 뿐 아니라, 자동 주행 소프트웨어를 능숙하게 다루기 위해서는 노하우가 필요하다. Tier IV는 이러한 부분의 개발과 컨설팅을 주요 업무로 하고 있다.

"우리 회사의 직원 수는 전체적으로 300명 정도이지만, 그 대부분이 자율 주행 소프트웨어 개발에 종사하는 엔지니어입니다." (이이다 씨)

이 정도 규모의 자율 주행 전문 소프트웨어 부서를 보유한 기업은 일본에서는 'Woven by Toyota' 정도일 것이다. 사실 Tier IV는 현재 자동 운전 분야에서 일본 유수의 세력이라고 할 수 있다. 이는 완성차 제조업체조차도 쉽지 않다고 여겨지는 자동 운전 소프트웨어를, 과감하게 오픈 소스 형태로 제공한 참신한 접근의 결과이다. 실제로, 최근 발표되는 자동 운전 차량의 동향을 살펴보면 Tier IV가 관련되어 있는 예가 매우 많다는 것을 알 수 있다.

"현재 Tier IV는 Autoware의 권리를 포기하고, 2018년에 설립된 관리 단체인 'The Autoware Foundation (AWF)'에 양도했습니다. 유지 보수 및 개발 등의 관리는 이 AWF가 담당하고 있습니다." (이이다 씨)

AWF는 오픈 소스 소프트웨어인 Autoware를 투명하게 관리하기 위한 단체로, 전 세계의 산업계와 학계에서 많은 사람들이 참여하고 있다. 그 구성원도 자동차 관련 공급업체부터 툴 벤더, 전자기기 제조업체, 반도체 제조업체에 이르기까지 매우 다양하다. 물론 Tier IV도 그 명단에 포함되어 있지만, 어디까지나 '그 중 하나'에 불과하다. 이는 Autoware의 보급을 뒷받침하는 요인이 되고 있다.

덧붙여, 현재 Tier IV는 Autoware의 '엔터프라이즈 버전'이라고 할 수 있는 PILOT.AUTO를 비롯해, 클라우드 개발 운영 플랫폼인 WEB.AUTO, 그리고 EDGE.AUTO라고 불리는 자율주행에 필요한 각종 센서와 차량용 컴퓨터 등을 통합한 개발 키트(Autonomous driving Development Kit: ADK) 등 제품군을 확대하고 있다.

→ **Autoware에 대한 Tier IV 제품의 위치 설정**

자율 주행 소프트웨어 개발을 등산으로 표현하자면, 5부 능선까지를 커버하는 것이 오픈소스인 Autoware이며, 6~9부 능선까지의 완성도를 갖추고 제공되는 것이 TierIV에 의한 '제품판'이다. 5부 능선까지 있다고 해도, 제로 상태(산기슭)에서 개발하는 시간과 수고를 생각하면 충분히 의미 있는 것이지만, 거기서 상용에 견딜 품질까지 완성하기 위해서는 많은 수고와 노하우가 필요하다. 이 부분에서 세심한 지원을 제공하는 것이 티어포의 비즈니스 모델이다.

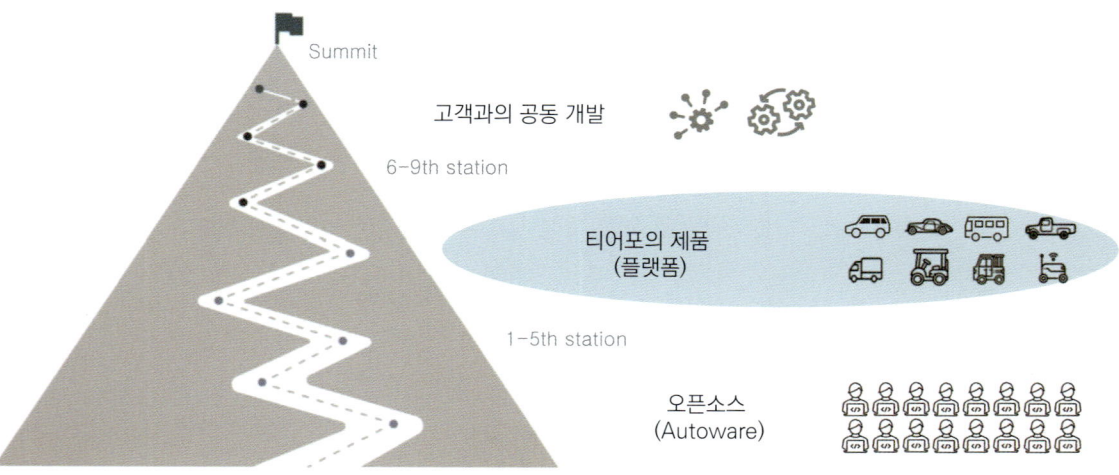

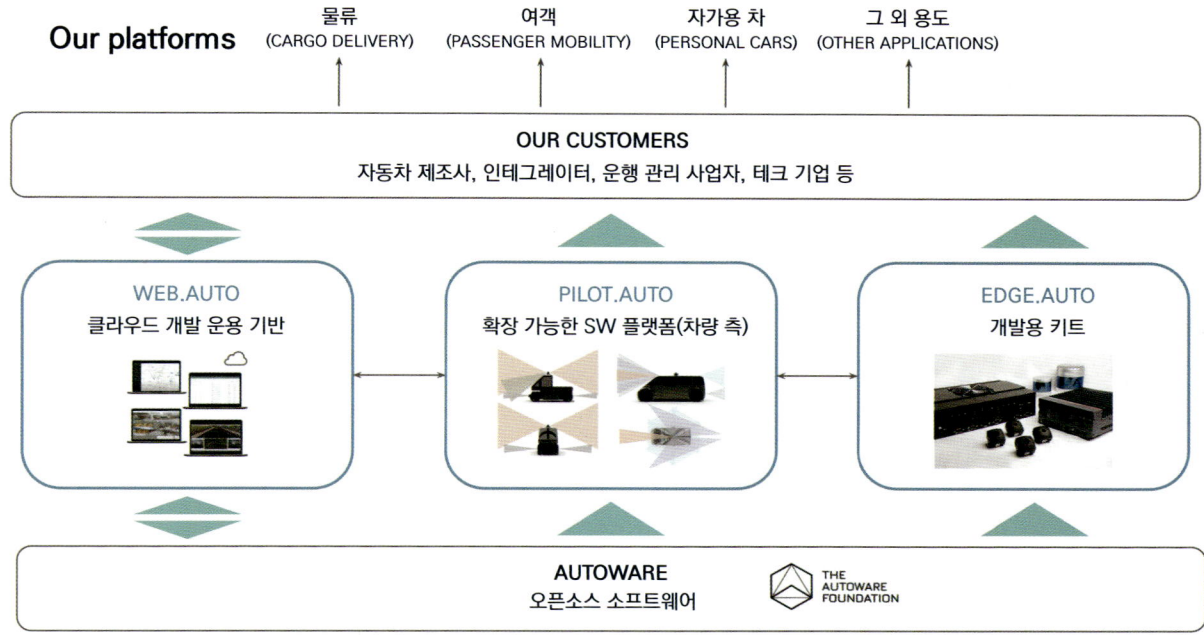

↑ 개발에 필요한 요소를 포괄적으로 라인업

Tier IV가 제공하는 제품 라인업의 개요. Autoware의 '엔터프라이즈 버전'에 해당하는 PILOT.AUTO를 중심으로, 자율 주행에 필요한 센서나 차량용 컴퓨터 등과 같은 컴포넌트들을 모은 개발 키트인 EDGE.AUTO, 그리고 OTA(OverTheAir: 무선 소프트웨어 업데이트) 등의 기능을 갖춘 클라우드 개발 운영 플랫폼인 WEB.AUTO로 구성된다. Tier IV는 이 외에 레벨 4에 대응하는 차량도 준비하고 있으며, 이것들을 활용하면, 자율 주행차의 운용, 경우에 따라서는 양산, 시판화까지 '원스톱'으로 신속하게 실현하는 것이 가능하다.

상업용 차량

↑ 각종 용도에 대응하는 레퍼런스 디자인을 준비

PILOT.AUTO에서 제공되는 '레퍼런스 디자인'. 배송용 로봇부터 화물 운송용 차량(공장 내 운반차 포함), 그리고 자율 주행 택시(로보택시)나 셔틀 버스와 같은 상업적 목적의 차량에 더해, 개인 소유의 승용차 등 주로 5가지 차종에 각각 필요로 하는 하드웨어 구성에 최적화하는 형태로, 소프트웨어 컴포넌트들을 선택하고 조합한 후, 동작 품질까지 내다보고 완성한 것이다. 말하자면 '권장' 플랫폼이다.

↑ 기계와 전자가 공존하는 자율 주행차 개발 거점

도쿄 시나가와 오피스 1층 차고에는 수많은 자율 주행차와 그 개발을 지원하는 설비들이 빼곡히 들어서 있다. 이곳에서는 LiDAR나 카메라, 그리고 컴퓨터 유닛 등을 탑재하고, 이에 따른 배선 작업, 전자기기 동작 확인 및 캘리브레이션(보정) 등을 진행한다. 기계부터 전자공학까지 폭넓은 기술을 다루고 있어 독특한 분위기를 가진 공간이다. 오른쪽 차량은 JPNTaxi 기반의 자율 주행차이다. 지붕 위에는 티어포의 특징이라고 할 수 있는 원반형 유닛(LiDAR 등의 기기를 패키지화하여 모아 놓은 것)이 탑재되어 있다.

↑ 자율 주행 소프트웨어를 위한 하드웨어도 만든다

왼쪽 위는 LiDAR나 카메라, 그리고 영상 인식 및 차량 제어를 위한 컴퓨터 유닛 등의 부품을 모아놓은 자율 주행차 개발 키트(Autonomous driving Development Kit: ADK), EDGE.AUTO다. 키트용으로 제공되는 HDR 카메라는 자율 주행 용도에 특화된 특성을 갖춘 자체 개발품이다. 이미지 센서의 화소 수는 최대 5.4메가픽셀이다. 센서 퓨전에도 대응하며, 차세대를 위해 8.3메가픽셀 카메라도 개발이 진행 중이다(2024년 제공 시작 예정). 오른쪽 위는 산학 협력 프로젝트로 개발이 진행 중인 자율 주행용 SoC다. 센서 처리를 위한 가속기이며, Autoware의 구현이 전제되어 있다. 오른쪽은 ADK의 동작 확인용 테스트 벤치다.

← 본업은 어디까지나 소프트웨어 개발

시나가와 오피스 위층에는 바닥 가득 PC가 빼곡히 들어차 있어, 소프트웨어 개발 회사다운 풍경이 펼쳐진다. 사진은 티어포에 제1호 사원으로 입사하여 현재는 집행 임원을 맡고 있는 후지이 유스케 씨. 많은 엔지니어들과 섞여 책상을 나란히 하고, 자연스러운 미소로 서 있는 모습에서 기존 자동차 관련 회사들과는 다른 회사의 자세를 엿볼 수 있다.

PILOT.AUTO와 Autoware의 '역할 분담'이 약간 이해하기 어려울 수도 있다. PILOT.AUTO는 배송 로봇부터 자율주행 택시(로보 택시)와 버스, 그리고 개인 소유의 승용차 등 5가지 차량에 각각 최적화되어, Autoware를 기반으로 기능, 품질, 안전성을 시판 제품의 요구 사항에 부합하는 수준으로 완성한 것이다. 즉, 서두에서 소개한 JPN Taxi를 기반으로 한 자율주행 차량에 탑재된 소프트웨어는 Autoware라기보다는 PILOT.AUTO라고 부르는 것이 더 적절하다.

흥미로운 것은 EDGE.AUTO이다. 이 ADK에 포함된 최대 5.4메가픽셀(2023년 9월 현재)의 고해상도 차량용 HDR 카메라는 자사에서 개발한 것이다. 이 회사의 주축은 어디까지나 자동 운전 소프트웨어의 개발이지만, 사실은 이러한 자동 운전용 하드웨어의 개발도 진행하고 있다. 예를 들어 전동 파워 스티어링 장치나 바이 와이어식 브레이크 시스템 등 자동 운전에 필요한 부품을 조합한 차량의 제조까지 하고 있다.

실제 차량 제조는 전문 업체에 위탁하고 있다고 하지만, 이번 취재에서 방문한 시나가와 사무실 1층의 차고에는 수많은 자율주행 차량이 놓여 있고, 그 옆에는 납땜 작업대 같은 전자 공구와 드릴링 머신 같은 가공 기계, 심지어 PC까지 혼재되어 있는, '메카트로닉스 공장'과 같은 공간이 펼쳐져 있었다. 본래 소프트웨어 개발을 주업으로 하는 Tier IV가 지금까지 이 분야에 손을 댄 배경에는, 이 회사가 실증 실험을 진행하고 있는 레벨 4에 대응할 수 있는 시판 차량이 존재하지 않는다는 사실에 있다.

최근 소프트웨어 정의 차량(SDV)이라는 말이 널리 퍼지고 있다. 그러나 소프트웨어가 만능인 것처럼 보일 수도 있지만, 그것은 어디까지나 착각에 불과하다. 소프트웨어가 할 수 있는 것은 하드웨어의 잠재력을 끌어내는 것이며, '한계'를 뛰어넘을 수는 없다. 이는 전자 부품을 구성하는 반도체도 마찬가지다.

"우리 회사는 현재 자율 주행용 SoC와 OS까지 개발을 진행하고 있습니다. 필요한 것은 무엇이든 만들겠습니다. (웃음)" (이이다 씨)

PROFILE

이이다 유키
Yuki IIDA

주식회사 티어포
프로덕트 오너

전동 모빌리티 시스템 전문 대학. 세계에서 최초의 대학일 것이다. 설립 경위를 살펴보면, 당초는 야마가타 대학 공학부의 배터리 연구소 건설 계획에 발맞춰 야마가타현 니시오키타군 이토요마치에서 유치했지만, 그 계획이 무산되어 문부과학성의 전문 대학 제도에 신청하여 지난해 8월에 인가를 받았다. 개교는 올해 4월이다.

교수진에는 전 혼다의 후루카와 씨를 비롯해 미쓰비시 자동차에서 토크 벡터링 AWD를 개발한 사와세 카오루 씨 등 전문가들이 대거 참여한다. 총장은 전 게이오 대학 교수로 전기 자동차를 많이 다룬 시미즈 히로시 박사이다. 이 대학의 오픈 캠퍼스 데이에 야마가타를 방문하여 후루카와 교수에게 자율 주행에 대해 들었다.

마키노(이하 M) : 혼다가 세계 최초로 레벨 3 자동 운전 기능을 탑재한 양산차를 출시했습니다. 하지만 그 후 레벨 3은 뒤를 따르지 못하고 있습니다.

후루카와 : 승용차는 어떤 도로에서도 주행할 수 있어야 합니다. 고속도로로 제한한다고 해도 LiDAR, 카메라, 레이더 등의 센서 정보를 바탕으로 자율 주행해야 하기 때문에 여기에 비용이 많이 듭니다. 레벨 3 레전드에는 많은 센서가 탑재되어 있었습니다. 현재 메르세데스 벤츠는 미국 몇 개 주에서 레벨 3 승인을 받았지만, 레전드와 마찬가지로 여러 개의 센서가 탑재되어 있습니다.

M : 센서의 가격이 지금의 절반으로 떨어지면 개발이 탄력을 받을까요?

후루카와 : 아니요, 그렇지 않을 겁니다. 레벨 3의 문제는 자율주행 시스템이 고장 났을 때, 운전 조작을 운전자에게 넘겨줄 때,

---

특집 자율주행, 어디까지 왔나?   AD ▶ Strategy

시스템 파탄부터 인계까지, 마의 10초

전동 모빌리티 전문직 대학 ▶ 후루카와 요시미 교수에게 묻다

자율 주행 연구 개발에 오랫동안 종사해 온 분들 대부분은 "하면 할수록 어렵다"고 말한다.
레벨 3에 대해 후루카와 교수는 "시스템이 파탄나면 운전자에게 조작을 인계하지만, 여기에 10초가 걸린다"고 말했다.
아직 사회 구현에는 한참 먼 상태인 자율 주행은 정말 괜찮은 걸까…?

본문 및 사진: 마키노 시게오(Shigeo MAKINO) 그림: HONDA

후루카와 요시미
Yoshimi Furukawa

도쿄대학 공학부 산업기계공학과 및 동 대학원을 거쳐 1977년에 혼다 기술 연구소에 입사. 조향각 반응형 4륜 조향(4WS)의 발명 및 연구에 참여하여, 세계 최초의 시판 시스템을 1987년 '프렐류드'에 탑재했다. 이 공로로 일본 발명협회 내각총리대신상을 수상했다. 그 후, 혼다의 기초 기술 연구 센터에서 협조형 자율 주행 시스템과 이족 보행 로봇, 첨단 운전 지원 시스템 등의 프로젝트 책임자를 역임했다. 2002년에 퇴사하고 시바우라 공업대학 교수로 취임. 2018년에 동 대학을 퇴직하고, 현재는 야마가타현에 신설된 전동 모빌리티 시스템 전문직 대학의 교수를 맡고 있다. 공학 박사.

← 예방 안전을 위한 AI 활용

현재 혼다가 추진하고 있는 안전성 연구 개발의 예. 차량용 카메라를 사용하면 차량 주변에 있는 보행자나 자전거를 인식할 수 있다. 그중에서 "충돌할 것 같은 대상"을 예측하여 운전자에게 경고를 보내는 시스템이다. 실제로 필자는 보행자 역할을 해 보았는데, 차도로 나가지 않고 바로 직전에 유턴하려고 했던 행동을 AI에게 간파당했다. '움직임' 데이터를 축적한 성과일 것이다.

↓ 후루카와 교수의 강의

오픈 캠퍼스 데이에 진행된 후루카와 교수의 수업. 현재의 자율 주행 프로젝트에 대해 정리한 강의였다. 듣는 사람의 경험치에 따라 내용의 '깊이'가 더해진다. 필자의 경우, 최근에 취재했던 사례와 비추어 보니 매우 흥미로웠다. 파란색 T셔츠는 교직원들의 유니폼이다. 참고로 교내에는 작은 테스트 코스도 있었다.

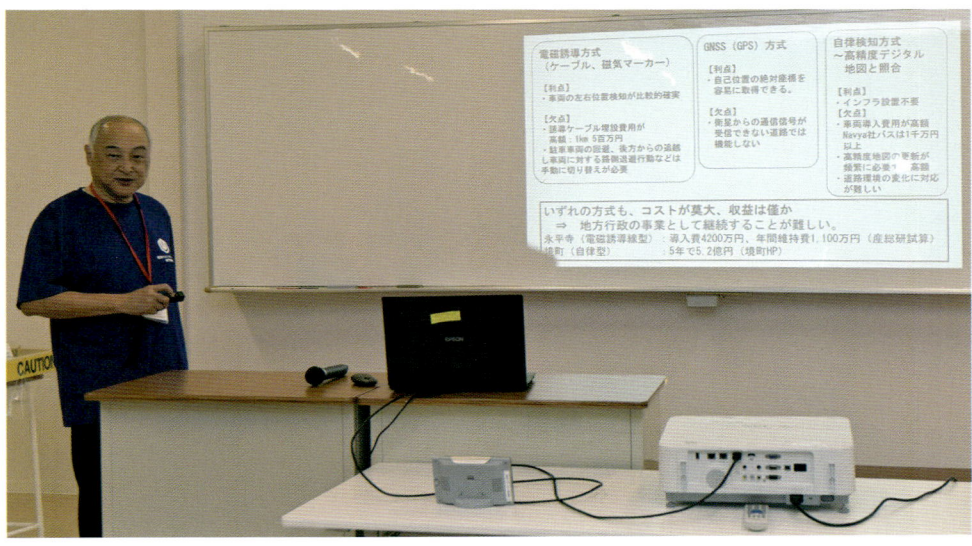

운전자의 준비를 포함해서 10초 정도 걸린다는 점에 있습니다. 차량 속도가 100km/h라면 10초에 278m를 진행합니다. 그러나 278m 앞의 도로 상황을 상세하게 읽을 수 있는 센서 기술은 아직 확립되지 않았습니다. 그래서 현재는 60km/h로 제한하고 있습니다.

M : 정말 마법의 10초입니다. 그 동안에는 사고의 위험이 단번에 높아집니다.

후루카와 : 원거리 센서 기술이 확립되면 시속 100km로 자동 주행이 가능해질지도 모르지만, 비용과 장점을 고려하면 정말 그렇게까지 할 필요가 있는지 의문입니다. 현재의 ACC(Adaptive Cruise Cntrol)도 충분히 자동 주행에 가깝습니다. 오랫동안 자동 주행 관련 개발을 해 오면서 느낀 점은, 자동 주행에 집착하면 사업으로 성공할 수 없다는 것입니다. ADAS를 가능한 한 레벨 3에 가깝게 만드는 것이 현명할지도 모릅니다. 본질적인 예방 안전을 위한 성능을 향상시키기 위해서는 무엇을 해야 할까요? 여기에 자동 주행 기술을 활용해야 한다고 생각합니다.

M : 예전에 ASV(Advanced Safety Vehicle, 첨단 안전 차량) 프로젝트가 세계적으로 활기를 띠고, 각 OEM이 자동차 사고 감소 기술에 노력하던 시대에 비해, 자동 운전은 목표가 잘 보이지 않습니다.

후루카와 : 그렇습니다. ADAS와 어떻게 다른지 궁금합니다. ADAS도 OEM마다 차이가 있는 것이 흥미롭습니다. 유럽 자동차의 ADAS는 운전자가 원하는 대로 작동하고, 마지막에는 제대로 기능을 합니다. 일본 OEM은 안전에 너무 지나치게 치우쳐 있습니다. 어쨌든 사고를 내면 안됩니다. 조금이라도 위험이 있으면 그곳에서 멀리 떨어져 나가려고 합니다. 예를 들어 ACC는 앞차가 사라져도 바로 가속하지 않고, 잠시 후 가속하는 것이 일본 차의 경향입니다. 반면 유럽 차는 안전에 대한 마진을 어느 정도 줄여 운전자의 의도에 맞추고 있습니다. 이 부분은 유럽 차가 더 뛰어나다고 생각합니다.

M : 현재의 ADAS가 더 넓은 주행 환경에 적응할 수 있게 되면 충분할까요?

후루카와 : 운전자가 자동 운전이라고 생각하지 않더라도, 스스로 운전하면서 운전 실력이 조금 좋아진 것처럼 느낄 수 있는 ADAS입니다. 안전하게 주행할 수 있고 자신의 의사에 반하지 않는 ADAS. 목표는 여기에 있다고 생각합니다. 다른 사람이 하고 있으니까 우리도 한다거나, 유행이니까 한다거나 하는 것은 가장 좋지 않습니다. 오히려, 어떻게 하면 운전의 가치를 높일 수 있을지 부터 출발하지 않으면 이상합니다.

M : 현재의 경향으로는, 전통 있는 OEM은

AI 규범 모델에 의한 운전 지원

이것도 혼다의 현재 개발 테마이며, AI를 사용한 운전 행동 모델을 응용한 기능이다. 운전자의 운전 조작 특징을 파악하고, 인지/판단/행동을 예측하여, 스티어링 개입으로 운전을 보조한다. '개개인을 위한 맞춤형' 안전 기능이다. 자율 주행이 아닌 ADAS의 진화형이며, 현재는 동작의 특징 데이터를 축적하고 있다.

어느 정도 신중합니다. 테슬라와 같은 신규 진입 업체는 적극적입니다. 그런 느낌이 듭니다.

후루카와 : 일본도 미국도 OEM은 자율 주행에 대해 상당히 신중합니다. 특히 미국은 기업 책임이 묻기 때문입니다. 테슬라의 '오해로 인한 교통사고'의 예는 여러 건 들었습니다. 그리고 미국에는 무인 택시가 있는데, 이것도 사고가 없는 것은 아닙니다. GM 크루즈와 웨이모의 서비스에서 무인 택시가 구급차와 충돌한 적이 있습니다. 시 당국은 서비스 규모 축소 명령을 내리고 그 동안 원인을 규명하라고 지시했습니다. 또 다른 예로, 콘크리트를 막 타설한 도로에 무인 택시가 진입하여 움직이지 못하게 된 사례도 있습니다. 표시가 있어도 자동차는 그 표시를 읽을 수 없습니다.

M : 그렇다면 레벨 4는 어떻습니까?

후루카와 : 볼보 등은 '레벨 3은 불가능하다', '레벨 4를 목표로 한다'고 선언했지만, 아직 실용화되지 못하고 있습니다. 레벨 3이 불가능하기 때문에 레벨 4를 목표로 한다는 것 자체가 의문입니다. 레벨 4는 훨씬 더 어렵습니다. 시스템이 항상 안전 운행에 대한 책임을 져야 합니다. 그것을 어떻게 증명할 수 있을까요?

M : 수천, 수만 킬로미터를 시험 주행해도 사고는 발생하지 않을까요?

후루카와 : 사고를 일으키지 않는다고 선언하려면 상당한 대수 × 주행 거리의 평가가 없으면 결론을 내릴 수 없습니다. 어떤 시험 평가를 하면 시판해도 괜찮다고 말할 수 있을지 아직 명확하지 않습니다. 미국에서는 NHTSA(National Highway Traffic Safety Administration: 국가 고속도로 교통 안전국)가 각 OEM에 형식은 자유롭게 보고서를 제출하라고 말하고 있지만, 각각 독자적인 접근 방식을 취하고 있습니다. 이것이 문제입니다.

M : 정밀한 3차원 지도가 있으면 가능할까요?

후루카와 : 비용이 너무 많이 듭니다. 혼다 시대에는 인프라 협력형과 자율형 모두를 시도했지만, 최근에는 독립적으로 주행할 수 있어야 하지 않을까 생각하고 있습니다. 2050년에도 레벨 4는 의문입니다. 2~3년 후에는 붐이 사그라들고, 그로부터 5~10년 후에 다시 등장할 것입니다. 그런 주기가 될 지도 모르겠습니다.

도해특집: 자율주행, 어디까지 왔나? ADAS ▶ Software/Hardware

'충돌하지 않는 자동차'를 다음 단계로

SUBARU — Lab에 묻는 AI 아이사이트의 모습

스바루 최초의 시판 차량용 충돌 회피 시스템은 1999년 9월에 세상에 나왔다.
이미 24년 전이며, 이 기간 동안 시스템은 수렴되어 스테레오 카메라를 사용하는 것으로 정착되었다.
다음 단계는 스테레오 카메라와 AI의 연계이며, 개발은 착실하게 진행되고 있다.

본문 및 인물 사진: 마키노 시게오(Shigeo MAKINO) 그림: SUBARU

←스테레오 카메라 방식의 '아이사이트'

일련의 스바루 아이사이트는 스테레오 카메라와 연산 칩이 앞유리 상단부의 일부분만으로 완결되는 지능형 센서의 모습을 취해왔다. 최신 버전은 여기에 광각 단안 카메라가 추가되었지만, 설치 장소는 변하지 않았다.

초대 아이사이트는 흑백 스테레오 카메라를 채용했으며, 이후 컴퓨터와 카메라의 진화를 도입하면서 컬러 스테레오 카메라 + 단안 광각 카메라 세트로 진화했다.

Image: provided by Veoneer

스바루가 충돌을 미연에 방지하는 PCS (Pre Crash Safety) 분야에서 ADA(Active Driving Assist)의 개발을 착수한 것은 1998년이었다. 그 전에는 PCS 브레이크의 평가를 하고 있었지만, ADA로서의 실용화를 공식 발표한 것은 1999년 5월이다. 이때는 이미 스테레오 이미지 센서(카메라)의 사용을 내걸고 있었다.

"ADA는 어려움이 많았습니다. 아이사이트도 처음에는 잘 팔리지 않았습니다. 판매가 시작된 것은 장착 가격이 10만 엔이 된 이후부터였습니다."

오랫동안 ADA 개발에 종사해 온 시바타 씨는 이렇게 말한다. 필자가 시바타 씨를 처음 만난 것은 이미 오래 전의 일이다. 지금은 다른 OEM(자동차 제조업체)들이 "아이사이트 덕분에 안전 장비가 잘 팔리게 되었다"고 말하고 있다. 그런 의미에서 시바타 씨는 선구자였다.

시바타 에이지
Eiji SHIBATA

주식회사 SUBARU
기술 본부 상석 총괄 매니저
(AD/ADAS 및 통합 시스템 영역)
ADAS 개발부 부장
SUBARU Lab 소장

필자가 기억하는 것은 독일 콘티넨탈의 시스템을 사용한 볼보의 시티 세이프티가 일본에서 먼저 국토교통성의 승인을 받은 것이다. 국내 출시에서는 아이사이트가 더 빨랐지만, 스웨덴 국왕이 "우리 나라에는 이런 자동차가 있습니다."라고 홍보한 덕분에 외무성이 압력을 가해 국토교통성이 움직인 것이다. 그때까지 국토교통성은 "충돌 직전에 자동으로 브레이크가 작동하는 자동차"를 인정하지 않았다.

스바루 ADA를 돌이켜 보면, 2003년 8월에 출시된 3세대 시스템은 밀리파 레이더와

리얼 월드의 도로

현실 세계에는 다양한 운전 환경이 있으며, 엄밀히 말하면 "두 번 다시 똑같은 상황은 반복되지 않는다". 인간은 운전 외의 정보나 지식을 동원하여, 순간적으로 진로와 차속을 결정하고 그것을 실행한다. 하지만 AI가 아무리 진보하더라도 추정의 정확도는 100%가 되지 않는다. 그래서 반복적인 데이터 수집이나 어노테이션(주석을 다는 것), 인식 테스트가 중요하다. 현재의 AI로는 아마도 스플릿 뮤(좌우 타이어가 접하는 노면 상태가 현저히 다른 상황)의 눈길에서 올바른 판단을 내릴 수는 없을 것이다.

스테레오 카메라를 모두 사용한 센서 융합으로 거리 측정 정확도를 높였다. 하지만 그만큼 가격이 비쌌다. '저렴하지 않으면 팔리지 않는다'고 ADA 개발팀은 통감하고, 이후 대담한 감산을 통해 비용 절감을 추진했다. 보통 개발 현장은 '이것도 저것도'로 더하기만 하지만, 스바루는 빼기에 도전했다. 용기 있는 결정이었다고 생각한다.

"10만 엔으로 살 수 있다면, 사고로 범퍼를 부딪혔을 때의 수리비와 크게 다르지 않습니다. 기술을 집약해서 가격이 비싸지면 팔리지 않습니다. 고객의 요구는 '사고를 방지해 달라'는 것이며, 이는 동일합니다. ADA 3세대에 실패한 교훈을 살려 가격을 3분의 1로 낮추기로 결정했습니다. 그래서 스테레오 카메라 1개만 사용합니다. 최근에는 광각 카메라를 추가했지만, 카메라 외에는 사용하지 않습니다. 라고 시바타 씨는 회상한다.

그는 또 이렇게 말했다. 교통 환경은 사람이 눈으로 보고 이해할 수 있도록 설계되어 있습니다. 밀리파 레이더용으로 여기저기에 반사물이 설치되어 있다면 밀리파 레이더가 유리할 것입니다. 하지만 세상은 그렇지 않습니다"

그 아이사이트가 다음에는 AI와 손을 잡는다. 카메라와 AI는 잘 어울린다고 한다.

"카메라 이미지는 픽셀마다 정보를 가지고 있습니다. 이것을 AI에 학습시키면 '주행 가능한 영역'을 통계적으로 판단해 줍니다. 더 많은 데이터가 수집될수록 통계 처리의 정확도가 높아집니다. 우리는 그렇게 생각합니다. 인간보다 빠릅니다. 지금 그 통계 처리를 하고 있습니다. 실제 도로 환경을 AI에 학습시키고 있습니다. 대형 서버에 데이터를 입력하여 저장 용량과 계산 속도를 계속 높이며 학습시키고 있습니다."

그가 보여 준 것은 같은 도로에서 시간, 날씨, 계절 등의 차이점에 따른 '보이는 모습'의 차이를 나타내는 데이터베이스였다. 아직은 부족하다고 말한다. 데이터베이스가 필요한 이유는 다음과 같다.

"스바루의 목표는 교통사고 사망자 제로입니다. 무슨 일이 있어도 달성하고 싶습니다. 그러기 위해서는 물체와 도로를 포함한 감지 성능을 향상시키지 않으면 복잡한 교통 환경에서 사고를 예방할 수 없습니다. 이를 위해 AI를 사용합니다. 예를 들어, 흰 선이 없는 도로가 있습니다. 어디로 주행해야 할까? 어디가 주행 가능한 영역일까? 흰색 선이 분명한 구분선이라면 밝기의 차이로 감지할 수 있지만, 흰색 선이 없으면 알 수 없습니다. 인간은 '도로의 가장자리는 사람이 걷는 곳'이라고 생각합니다. 이것이 사회 통념이기 때문에 그렇게 인식합니다. 하지만 시스템은 그렇게 생각하지 않습니다. 실제 환경의 데이터를 학습하여 '이곳은 달릴 수 없다', '이곳은 달릴 수 있다'를 판단하기 위해 AI 기술을 사용합니다. 모든 상황에 맞는 수식을 생각하여 시스템에 입력하는 등 인간의 기술로는 불가능합니다."

스바루의 AI는 ASURA(아스라)라는 이름이다. 시바타 씨는 "모호한 것을 제안하는 기능"이라고 말한다.

"물론 AI도 만능은 아닙니다. 실수도 합니다. 하지만 통계적으로 이것이 옳지 않다고 판단하는 것은 AI에 맡기고 있습니다."

그렇군요, AI 내시경 진단과 똑같네요.

"데이터를 계속 읽게 합니다. 매일 달리는 길이라도 차량 주변의 상황은 다릅니다. 그래서 데이터를 계속 읽게 하여 통계적 방법의 정확성을 높입니다."

그래서 시바타 씨에게 물었다. "앞이 위험하다"와 "앞이 위험할 수 있으니 주의해야 한다." 중 어느 말이 운전자에게 더 유용할까요?

"둘 다 필요하다고 생각합니다. 사전에 경고를 하는 것이 좋은 장면은 많지만, 센서의 성능은 아직 부족합니다. 아직 인간의 인식 및 판단 능력에 근접하지 못합니다. 게다가 센서에 많은 비용을 들일 수도 없습니다. 사고를 방지하기 위해 센서에 최소한으로 할 수 있는 일을 요구합니다. 그 중에서 '사전 경고가 가능한' 것을 찾아서 그 부분을 확장합니다. 찾아서 성능을 향상시킵니다. 그런 의미에서 스테레오 카메라는 많은 정보를 가지고 있습니다. 물체의 모양과 거리를 알 수 있습니다. 거기에 AI를 최소한으로 효과적으로 사용합니다. 이제 AI의 도움을 받지 않으면 큰 성능 향상을 기대할 수 없는 단계에 이르렀습니다."

시바타 씨의 팀은 이미 LLM(대규모 언어 모델)을 사용한 딥 러닝을 진행하고 있다. 스바루가 시부야에 연구소를 설립한 이후, 우수한 젊은 AI 엔지니어들이 모여들고 있다고 한다. IT 업계에서는 '일본의 실리콘 밸리는 니혼바시와 시부야'라고 말하고 있다.

"딥 러닝을 진행하면 문제가 발생합니다. 사망 사고는 드문 상황에서 발생하지만, 학습을 진행하면 그 드문 상황이 사라지게 됩니다. 통계 처리이기 때문에 어쩔 수 없는 일이지만, 드문 상황을 어떻게 구할 것인가가 하나의 과제입니다. 예를 들어 ......"

시바타 씨가 보여준 실제 아이사이트의 카메라 이미지에는 도로에 누워 있는 사람이 찍혀 있었다. 매우 드문 경우다.

"스테레오 카메라는 처음 보는 물건이라도 이미지로 인식합니다. 그러나 그것이 넘을 수 있는 단차인지, 아니면 앞에서 멈춰야 하는 장애물인지 AI가 아니면 알 수 없습니다. 그래서 스테레오 카메라에 AI를 보충적으로 결합하여 센서의 견고성을 높입니다. 이것이 우리의 목표이며 스바루의 실력을 보여줄 수 있는 부분이라고 생각합니다.

ASURA Net이 인식하고 있는 이미지

아이사이트 + AI 시스템은, 카메라 이미지로부터 차량 검출, 보행자 검출, 도로 위의 백선 검출, 도로 표지판 검출 등 20개 이상의 헤드가 백본(backbone)을 공유하는 멀티태스크 네트워크, 스바루 'ASURA Net'을 구축한다.

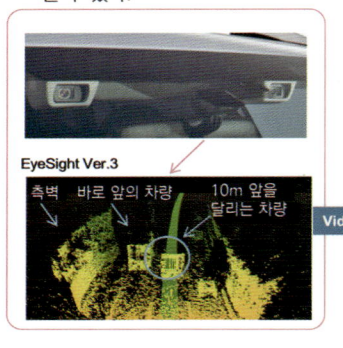

스테레오 카메라는 인간의 눈과 마찬가지로 물체를 입체적으로 볼 수 있다.

위는 카메라 이미지, 아래는 입체 이미지

LED 점등으로 아이사이트 작동 상황을 알림

아이사이트가 기록하는 날것의 점군(Point Cloud) 데이터

스테레오 카메라는 삼각 측량 방식이다. 전방의 물체를 수평으로 좌우로 떨어진 위치에서 두 대의 카메라로 포착하여, 좌우 이미지의 차분(이를 시차라고 부른다)을 거리로 변환한다. 위 이미지는 실제로 아이사이트가 포착한 것으로, 차량 이미지는 수천 개의 데이터 포인트 그룹으로 인식된다. 물체의 위치를 특정하고 그 움직임을 예측하는 것도 가능하다.

스테레오 컬러 카메라와 단안 광각 카메라

스테레오 카메라만으로는 부족한 속성 정보를 AI로 보충합니다."

시바타 씨는 "뚫고 나가는 수단으로서의 AI"라고 말했다.

팔로워가 아니라 반드시 뚫고 나가야 한다고.

"스바루는 팔로워가 되는 순간 예산과 인원 규모에서 패배합니다. 그래서 과거에도 높은 목표를 설정해 왔습니다. 동시에 사내 제작을 고집해 왔습니다. 초기 기술은 내재화하지 않으면 블랙박스로 남아 다른 기술을 채택하면 엔지니어가 성장할 수 없습니다. 판단력이 길러지지 않습니다. 공급업체는 다양한 기술을 보유하고 있으며, 우리에게도 다양한 제안을 해 주지만, 우선은 독자적으로 진행합니다. AI는 내재화하고 싶습니다."

시부야의 랩을 해설한 지 벌써 3년이 지났다.

다음 아이사이트에 대한 검토도 상당히 진척된 상태다.

"전부 내재화되어 있어서 힘들 것 같냐고 하면, 꼭 그렇지도 않다. 무엇보다 속도를 낼 수 있다. 문제가 생기면 채팅으로 바로 연락하고, 스태프들이 금방 모인다. 모이면 아이디어가 나온다. 이 빠른 속도는 정말 실감했다."

그렇다면 스테레오 카메라 + AI 시스템은 언제쯤 실현될 수 있을까?

"자세한 내용은 말할 수 없지만, 개발 일정은 현재 예정대로 진행되고 있습니다. 세세한 부분까지 신경 쓰지 않고 연구소를 개설한 것이 좋았다고 생각합니다. 2020년대 후반을 목표로 AI 개발을 진행하고 있습니다. 하지만 목표는 아직 멀었습니다. 사망을 교통사고 제로로 목표하고 있지만, 그 이후도 있을 것입니다. 하지만 우리가 하고 싶은 일에 대해서는 비관적이지 않습니다. 과거를 돌이켜봐도 알 수 있듯이, 반도체의 발

물체 검출 기법

왼쪽 위의 다채로운 시차(視差) 이미지는 색상에 따라 차량과의 상대 거리를 나타낸다. 알고리즘을 사용하여, 이 중에서 우선 노면을 특정하고, 노면 위에 있는 모든 것을 운전 환경에 대한 장애물로 인식한 것이 Disparity Index가 된다.

AI의 과제

↑ AI는 모든 장면을 기억하지만, 자주 나타나지 않는 장애물 검출은 서툴다. 일반 도로에서는 보행자를 검출해 주지만, 고속도로 위에서는 검출 가능성이 극단적으로 낮아진다. 이유는 '출현 빈도'와 카메라가 포착하는 '풍경'에 있다. "여기는 고속도로다"라고 판단하면 "사람은 없다"고 인식한다. 이것은 AI의 원리적인 과제이다.

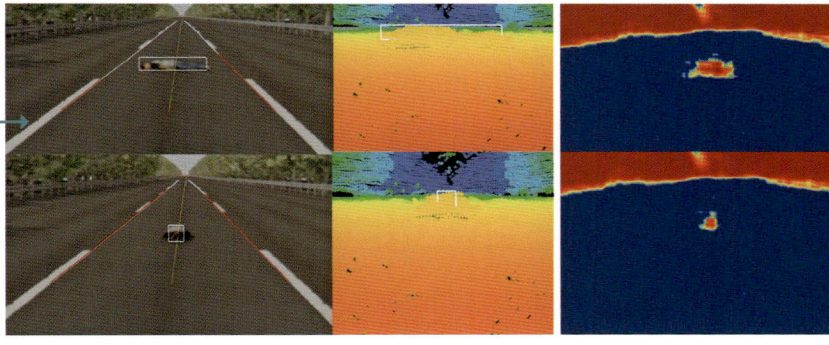

도로 위에서 자고 있는 사람

← 왼쪽은 도로 위에 사람이 자고 있는 매우 드문 경우이다. 화면 위는 차선에 대해 직각으로, 아래는 차선과 평행하게 누워 있다. 스테레오 카메라는 도로 위의 물체를 검출할 수 있지만, 그것이 '무엇'인지는 변하지 않는다. AI를 사용하면, 그것이 '턱'인지, '멈추거나 피해야 할' 대상인지 판단할 수 있게 된다. 스테레오 카메라와 AI를 보완적으로 조합하여 센서로서의 신뢰도를 높인다.

전은 항상 ADA와 직결되어 있습니다. 그러므로 실현할 수 있는 일도 늘어날 것입니다. 전력 소모가 적고, 더 새로운 칩을 사용할 수 있다고 상상해 보면, 아직 할 수 있는 일이 많을 것이라고 생각됩니다. 아이사이트의 비용 절감도 반도체 기술의 도움으로 가능했습니다. 반도체 제조업체와의 긴밀한 관계로 비용을 절감할 수 있었습니다."

아마 스테레오 카메라 + AI도 '10만 엔으로 구입할 수 있는 시스템'이 될 것이 아닐까? 그런 느낌이 든다. 마지막으로 시바타씨에게 질문했다. 정말로 자율 주행이 필요한 것일까? 개인적인 견해로 괜찮으니 말씀해 주시기 바랍니다.

"우리는 ADA 시대부터 계속해서 사고를 예방하는 것을 목표로 해 왔습니다. 사고를 예방하는 데 있어 '자율 주행'은 최우선 목표는 아닙니다. 사람의 운전 부담을 경감하는 등의 효과는 있을 것이지만, ADAS의 연장선상에서도 가능합니다. 자율 주행을 실현하려면 사고를 절대적으로 예방해야 합니다. 그것은 상당히 어려울 것입니다만 당분간은 ADAS 기능이 중요하다고 생각합니다."

이것이 그의 대답이었습니다.

나란히 달리는 트럭의 끼어들기를 시뮬레이터로 체험한다

내각부 산하 연구 프로젝트 SIP에서 연구 개발된 DIVP 시뮬레이터를 사용하여, 많은 AD/ADAS(첨단 운전자 보조 시스템)에서 '공백 영역'이 되는, 나란히 달리는 트럭의 끼어들기를 재현하는 모습이다. 이미지 재생용 PC에 탑재된 엔비디아(NVIDIA) GPU가 가진 레이 트레이싱(Ray tracing) 기능을 최대한 활용함으로써, 매우 현실적인 이미지를 생성하고, 구면 스크린의 시각적 효과까지 더해져 마치 깊이감이 있는 3D처럼 보이기도 한다. 이 사진에서도 실제 촬영된 영상 같지만, 어디까지나 CG를 투영한 것이다(왼쪽 사진은 스크린 앞에 놓인 차량). 시뮬레이션이기에, 몇 번이고 같은 상황을 재현할 수 있다.

도해특집 자율주행, 어디까지 왔나?　AD ▶ Simulation

AD/ADAS에 존재하는 '공백 영역'

가나가와 공과대학 ▶ 이노우에 히데오 교수에게 묻다

사실 현재 AD/ADAS에는 카메라에 의한 영상 인식 능력의 한계로 인해,
시스템의 회피 동작이 제때 이루어지지 않아 운전자가 대응할 수밖에 없는 '공백 영역'이 존재한다.
이러한 AD/ADAS의 안전성 평가 기법을 연구하고 있는 사람이 가나가와 공과대학의 이노우에 교수이다.

본문 : 다카하시 잇페이(Ippey TAKAHASHI)　사진 : MFi 그림: KAIT

솔직히 놀랐다. 가나가와 공과 대학의 첨단 자동차 연구소의 시뮬레이터를 체험한 첫인상이다. 지금까지 취재를 통해 다양한 드라이빙 시뮬레이터를 체험해 왔지만, 이미지의 현실감에서는 틀림없이 No.1이다.

"이건 정말 CG인가요?"라고 시뮬레이터의 화면을 보면서 몇 번이나 물어보았다. 시뮬레이터라고 하지만, 취재 당시의 시뮬레이터는 운전 조작과 연동되지 않고, 미리 시뮬레이션으로 생성한 전방 풍경을 스크린에 투사하는 것뿐이었다. 그럼에도 불구하고, 앞서 말한 놀라움의 말이 무의식적으로 입에서 나왔다. 당연하다고 할 수 있지만, 주행 소리도 없고, 차체도 조금도 흔들리지 않았다.

실제 주행과 시뮬레이션을 반복한다

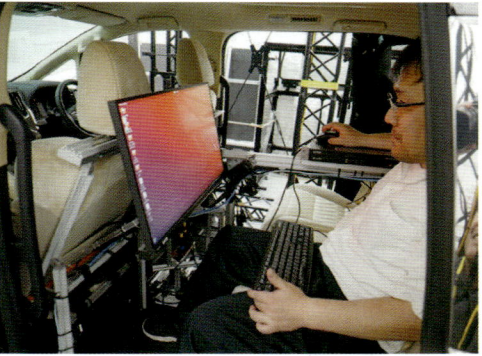

4K 프로젝터로 이미지가 투영되는 구면 스크린에 설치된 차량은 토요타 알파드다. 왼쪽 끝 사진에 있는 카메라가 스크린의 구면 중심과 일치하도록 차량의 위치가 조정되어 있다. 도로뿐만 아니라, 거리 풍경까지 포함하여 모델링된 도쿄 임해 부도심을 중심으로 한 지역에서, 데이터 수집을 위한 주행을 정기적으로 실시하고 있으며, 실제 카메라 이미지와 시뮬레이션 이미지를 비교하는 검증을 반복하고 있다.

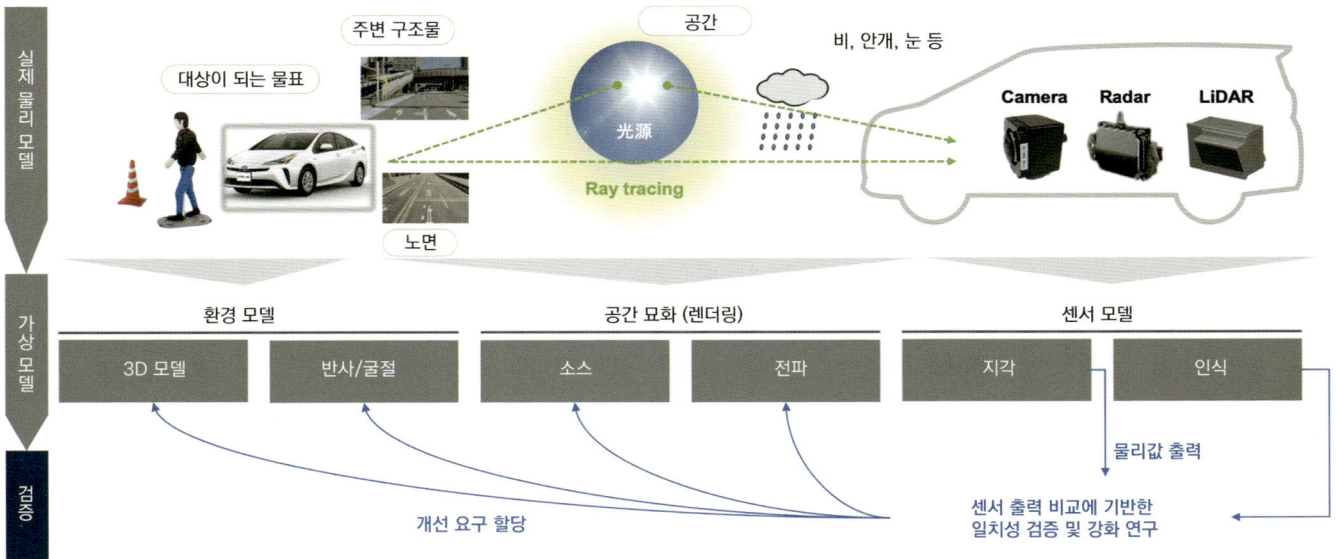

실기 촬영 결과 | SIM 결과(하늘 데이터: 맑음)

밝기는 거의 비슷한 인상

↑ 카메라의 영상 검출에 관련된 물리 현상을 가상화

차량용 카메라가 외부를 어떻게 포착하는지를 모든 상황에서 검증하기 위해서는 시뮬레이션 활용이 필수적이다. 카메라가 영상을 포착하기 어려워지는 역광과 같은 조건은 모니터나 프로젝터로는 재현할 수 없을 뿐만 아니라, 실제 기기를 이용한 현실 환경에서는 시간, 계절, 날씨에 따라 좌우되기 때문에 재현성을 가진 검증이 거의 불가능하기 때문이다. 따라서 이미지 센서의 광전 특성부터 컬러 필터나 렌즈의 광학 특성까지를 모델링한다. 시뮬레이션을 통해 생성된 영상 신호를, 영상 처리용 이미지 프로세서에 직접 입력(인젝션)하는 기법이 사용된다.

그곳에 놀라울 정도로 현실적인 전방 풍경이 펼쳐지는 것은, 어떤 의미에서는 이질적인 경험이기도 했다. 그런데, 이 현실적인 시뮬레이션 이미지는 전혀 무관하지는 않지만, 본론은 다른 곳에 있었다.

위 사진에 스크린에 비추고 있는, 옆 차선(여기서는 우측 차선)을 병행하는 대형 트럭이 자신의 차량에 끼어드는 상황이다. 이노우에 교수에 따르면, 이 상황에서는 현재 차량에 탑재되어 있는 대부분의 AD/ADAS 시스템이 회피 동작(이 경우 브레이크 작동, 감속)을 제때에 수행하지 못하기 때문에 운전자가 직접 브레이크를 밟아야 한다고 한다.

최근 AD/ADAS 기능이 보급되면서 우리도 이러한 기능을 이용할 기회가 늘고 있지만, 실제로 사용하면 불안한 스티어링의 동작이나, 경우에 따라서는 '팬텀 브레이크'와 같은 명백한 오작동이 발생하는 경우도 있어, 시스템을 안심하게 의지할 수 없다고 느끼는 사람도 적지 않을 것이다.

교수가 지적한 '병행 트럭의 끼어들기'라는 상황은 이러한 운전자의 '의심과 불안'으로 이어지는 대표적인 요소 중 하나이다. 교수님의 평가에 따르면, 이러한 상황에서는 충돌까지의 여유 시간이 5초 이하, 짧은 경우에는 2.5초 이하(이 쪽이 시스템으로는 '우수한' 경우라고 할 수 있다)로 발생한다고 하며, 이 경우 AD/ADAS뿐만 아니라 AEB(Autonomous Emergency Braking, 긴급 자동 브레이크) 기능으로도 대응할 수 없기 때문에, 운전자의 회피 행동이 없으면 결국 충돌로 이어진다고 한다. AD/ADAS의 작동에는 '공백 영역'이 존재하는 것이다.

서두에서는 시뮬레이터의 현실감에 놀랐다는 말만 언급했지만, 사실 이때는 운전자가 브레이크를 밟는 등의 회피 행동을 하지 않아 충돌에 이르는 시나리오도 체험했다.

앞서 언급한 바와 같이, 운전 조작 없이 그냥 좌석에 앉아 그 모습을 체험한 것뿐이었지만, 여기서 중요한 것은 이 충돌 상황을 반영한 영상이 시뮬레이션에 의해 생성된 것이다. 이와 같은 영상을 카메라의 영상 처리를 담당하는 이미지 프로세서에 카메라 직렬 인터페이스(CSI)를 통해 직접 입력(이 방법을 '인젝션'이라고 함)하고, 이에 따라 차량에 탑재된 ADAS 시스템이 작동하는 모습을 지켜본 결과가 앞서 소개한 영상이었다.

이 원인은 카메라의 이미지 인식 능력 부족 때문이라고 한다. 정면에서 똑바로 이쪽으로 다가오는 움직임을 감지하는 것은 비교적 잘 하지만, 눈앞을 가로질러, 그것도 차선 변경에 따른 속도로 가로지르는 움직임을 감지하는 것은 어렵다고 한다.

카메라에 내장된 이미지 센서의 고해상도화는 해결책의 한 가지 방법이지만, 이러한 감지 성능의 향상분만 아니라 위험을 예측하는 '지능화'를 더욱 추진하는 것도 필요하다고 한다. 아울러 앞서 언급한 팬텀 브레이크는 레이더가 타이어 등 회전하는 물체에 반응한 결과로 발생하는 경우가 많기 때문에 카메라의 인식과는 상황이 약간 다르지만, 이 부분도 지능화를 통해 개선이 기대될 수 있다.

현재, 첨단자동차연구소의 소장을 맡고 있는 이노우에 교수는 AD/ADAS의 동작에 대한 검증 방법에 대해 오랜 세월 연구해왔다. 그 일환으로 카메라 인식에 중점적으로 대응하고 있으며, 앞서 언급한 시뮬레이터도 주된 목적은 카메라의 검증에 있다. 원래는 내각부 관할의 연구 프로젝트인 SIP-DIVP(Driving Intelligence Validation Platform)에서 연구 개발된 것이지만, 현재는 V-Drive Technologies라는 법인을 통해 상용화되었다. 그리고 이 검증 방법에 대한 노력은 레벨 4의 시대를 목표로 지금도 계속되고 있다.

PROFILE

이노우에 히데오
Hideo INOUE

가나가와 공과대학
특임교수 (전임)
연구추진기구
첨단 자동차 연구소(VRI) 소장
DIVP 프로젝트 리더

L4(레벨 4)를 사회에 구현할 수 있을까

산업기술종합연구소 ▶ 에이헤이지의 자율 주행 이동 서비스

2021년도에 레벨 3 자율 주행 차량으로 시작된 실증 실험은 2023년 5월에 레벨 4 운용으로 이행했다.
자전거/보행자와 공유하는 자율 주행차 전용 도로에는 노면에 전자기 유도 마커를 매설하여 대응했고,
운용 차량에서 LiDAR를 제거하고 검증된 기술에 의존한 신기한 레벨 4가 되었다.

본문 : 마키노 시게오(Shigeo MAKINO) 그림 : 산업기술총합연구소

국립 연구 개발 법인·산업 기술 종합 연구소(산종연)가 2018년부터 후쿠이현 에이헤이지마치에서 진행하고 있는 '전용 도로를 이용한 라스트 원 마일 자동 주행의 사회 구현을 위한 실증 프로젝트'는 당초 3년으로 예정되어 있었지만 5년으로 연장되어, 현재는 에이헤이지마치가 운영하는 주식회사 ZEN 커넥트가 운영 주체이다. 올해 5월에는 기존의 레벨 3에서 레벨 4로 전환되었다. 원래는 에치젠 철도 에이헤이지 선이 지나가던 선로였지만, 2회의 철도 사고로 폐선되어 선로가 철거되고 보행자와 자전거를 위한 산책로로 바뀐 곳이다. 자동차가 들어오지 않기 때문에 자율주행 차량의 운행에 적합하다. 원격 운전자가 운전하는 레벨 3 자율주행 차량의 실증 실험은 2018년 11월에 시작되어, 현재는 3대의 차량이 운행되고 있다.

레벨 3 시대에는 차량에 LiDAR, GPS 수신기, 카메라를 장착하여 자율 주행을 하고 있었다. 원격 감시실에는 비상시에 운전을 대신하기 위한 스티어링 휠, 엑셀 페달, 브레이크가 있었다. 이것이 레벨 4로 바뀌면서 원격 감시실의 스티어링 휠, 액셀, 브레이크는 제거되었지만, 차량에서도 LiDAR와 GPS가 제거되고, 그 대신 전체 주행 코스의 도로에 전자기 유도선을 매설하여 이 선을 따라 '자동 주행'하는 방식으로 변경되었습니다. 그 이유를 산종연에 물어보았습니다.

"지형상 GPS를 사용할 수 없습니다. 도로에 나무가 우거져서 일부 지역에서는 전파가 닿지 않습니다. 랜드마크도 없습니다. 이러한 이유로 정확한 지도를 만들 수 없었습니다. 따라서, 오래된 기술이지만 전자기 유도선을 사용하여 코스를 이탈한 것을 즉시 감지할 수 있습니다. 눈이 25cm 쌓여도 차량은 전자기 유도선을 감지할 수 있습니다. 스노우 타이어나 체인을 사용하면 코스를 이탈하지 않고 주행할 수 있습니다."

레벨 4 차량에는 밀리파 레이더, 초음파 소나, 카메라도 장착되어 있지만, 주행은 전자기 유도로 하고 있습니다. 전방에 높이 15cm 이상의 장애물이 있는 경우, 밀리파 레이더로 감지하여 자동 브레이크가 작동합니다. 사람이나 자전거가 전방에 있는 경우, 전자기 유도선을 사용하고 있기 때문에 차량이 피할 수 없기 때문에 사람이 피해야 합니다. 이러한 경우의 커뮤니케이션을 위해 카메라가 장착되어 있습니다.

"레벨 4는 운전자의 위치에 있는 사람이 없기 때문에 운행에 대한 책임은 지지 않습니다. 시스템 자체가 책임을 집니다. 운행의 주체는 시스템이므로 시스템을 만든 측에 책임이 있습니다. 레벨 4에도 원격 감시형과 승무원 탑승형(업무는 운행 시작과 승하차 확인만)의 두 가지가 있습니다. 승무원 탑승형에서도 주행 중의 책임은 승무원에게 발생하지 않습니다. 이 프로젝트에서는 운행 주체인 ZEN 커넥트가 공안위원회로부터 특정 자동 운행이라는 운행 허가를 취득하고 있습니다. 도로 교통법에 따라 허가를 취득하고 있으므로, 일차적으로는 운행 주체의 책임자가 책임을 지게 됩니다. 단, 차량이 충돌한 경우에는 차량 측의 책임으로 그 원인이 있는 쪽이 책임을 지게 됩니다."

차량은 소위 골프 카트로, 일반적인 그린 슬로우 모빌리티로 분류된다. 차량 속도는 19km/h 미만이며, 승객은 안전벨트를 착용할 필요가 없다. 동력으로 리튬 이온 배터리를 탑재하여 1회 충전으로 약 40km를 주행할 수 있다. 총 길이 2km의 코스를 1일 13회 왕복으로 26km 정도를 주행하지만, 1일 분량으로 충분하다고 한다.

원격 감시실은 현재 2명 체제. 이것은 경찰의 지시에 따른 것으로, 상시 감시는 필요하지 않지만 특정 자동 운행의 책임자가 있다. 역할은 조작이 아닌 '지시'로, 승하차 확인과 발차 지시를 한다. 차량에 '발차'를 명령하면 카메라와 초음파 센서로 주변을 감시하여 안전을 확인한 후 발차한다. 사람이 있거나 물건이 떨어지지 않으면 출발한다.

다른 한 명은 현장 처치 담당자로, 문제가 발생하면 현장에 달려가는 역할을 한다. 별다른 일이 없으면 다른 업무를 하고 있다.

운행 중에 예상치 못한 일이 발생할 가능성에 대해 묻자 "도로에 자란 잡초로 인해 정지한 적이 있다", "나무와 풀이 처져서 정지하는 경우가 있다"고 대답했다. 그러나 올해는 기온이 높기 때문에 시스템의 열 손상이 걱정된다고 말했다.

레벨 3 시대에는 LiDAR 등의 센서를 사용하여 자동 운행이 이루어지고 있었다. 코로나 재난이 발생하기 전의 골든 위크에는 10대가 운행되고 있었다. 그러나 앞서 언급한 이유로 차량용 센서를 사용하는 자율 주행이 아닌, 전자기 유도 선로 위를 달리는 '감시되는 무인 차량'으로 변경되었다. 그럼에도 레벨 4는 유지된다. "레벨 4이므로 차량의 원격 조종은 허용되지 않으며, 감시실의 직원은 감시에만 전념합니다. 감시자는 운전자가 아닙니다. 주행 중에는 사람의 손이 닿지 않는 것이 레벨 4의 기본이기 때문입니다"라고 산업기술종합연구소는 말한다.

구체적인 비용은 공개되지 않았지만, 도로에 전자기 유도선을 설치하는 비용은 1km당 500만 엔이라고도 한다. 차량을 포함한 연간 유지비는 약 1,000만 엔이다. 이에 비해 성인 100엔, 어린이 50엔의 운임 수입은 코로나 사태 이전에는 관광 시즌의 토요일과 일요일에 100명 이상의 승객이 이용했다고 하지만, 유지비를 충당하기에는 턱없이 부족한 금액이다. 산종연도 '운영비의 몇십분의 일 정도일 것'이라고 말하고 있다. 운영 회사인 ZEN 커넥트는 마을의 출자로 운영되고 있다. 행정이나 기업의 지원이 없으면 사업으로 성립될 수 없다.

숲속이라 LiDAR와 GPS는 사용할 수 없다. 눈이 내리므로 카메라도 충분하지 않다. 일본의 라스트 원 마일 자율 주행은 어떻게 될까?

PROFILE

가토 신
Shin KATO

국립연구개발법인
산업기술종합연구소
정보·인간공학 영역
디지털 아키텍처 연구센터
수석 연구원

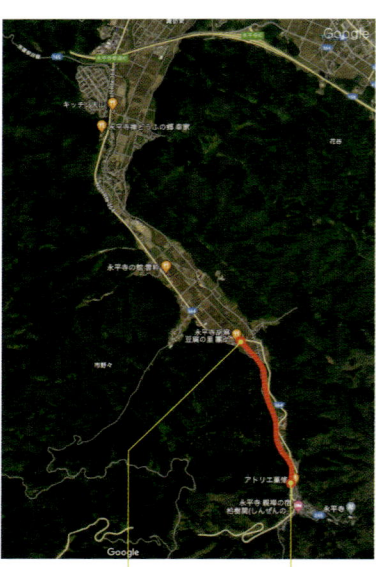

아라타니 정류소 몬젠 정류소

전자기 유도선 방식의 레벨 4

구글 맵으로 검색한 에이헤이지까지의 도로는 주변이 산으로 둘러싸여 나무가 무성하다. 이 무인차가 달리는 2km는 특히 지리적 조건이 가혹하다. 교행 시 사용하는 대피소를 포함하여, 지면에는 전자기 유도선이 매설되어 있어, 이 유도선을 벗어나서 주행할 수 없다. 두 곳의 정류장에서는 차량이 스스로 선회하여 방향을 바꾸는데, 여기도 전자기 유도선이 깔려 있다. 센서류에게는 가혹한 환경 속에서 자동 운행을 하기 위한 수단은 이것밖에 없었다는 의미일 것이다.

- 인프라 설비 카메라 모니터. 화면에 보이는 것은 아라타니와 몬젠 정류소, 그리고 차량이 U턴하는 장소이다.
- 전체 차량 모니터. 3대의 운용 차량에 설치된 카메라의 영상을 여기서 볼 수 있다.
- 이상 호출 램프. 차량 측의 요청으로 담당자를 부른다.
- 화면 선택·지시 등 보드
- 차량 내외부 대화용 마이크·스피커. 필요한 경우 차량에 탑승한 승객과 원격 감시실 간에 음성 대화를 진행한다.
- 긴급 정지 버튼
- 관제 모니터. 표시된 지도는 운행 노선(왼쪽 위 지도와 동일). 긴 원 모양 표시는 차량 교행을 위한 대피소와 정류소를 나타내며, 차량이 어디에 있는지 표시한다.
- 차량 상태 모니터. 차량 배터리 잔량 등을 확인할 수 있다.
- 원격 감시실 기록 장치
- 원격 감시 모니터 등 기록 장치 화면

산간 지역의 인구 감소 지역에서 교통 서비스를 운영하는 경우, 어떤 차량이 적합한가? 자세한 지도나 LiDAR, GPS는 사용하지 않는다. 인력도 많이 투입할 수 없다. 그렇다면 충분한 데이터로 학습한 AI 프로그램을 탑재한 무인 택시를 저속으로 운행하며, 호출이 있으면 손님을 맞이하러 가는 방식이 남을 것 같지만, 과연 채산성을 맞출 수 있을까...?

원격 감시실

모니터가 늘어선 원격 감시실은 그 이름대로 감시실일 뿐 원격 조작실은 아니다. 차량 전방에 30초 이상 움직이지 않는 사람이 있거나 물건이 떨어져 있는 경우에는 원격 감시자가 있는 모니터석에 안내 방송이 나오고 램프도 점등된다. 아래쪽 모니터에는 차량 내외부의 모습이 비춰지므로, 사람이 천천히 앞을 걸어가고 있을 때는 마이크를 사용해 대화하며 비켜달라고 요청한다. 현재는 2인 체제로 운영되지만, 상시 이 장소에 직원이 있을 필요는 없다. 2명이 3대를 운용한다.

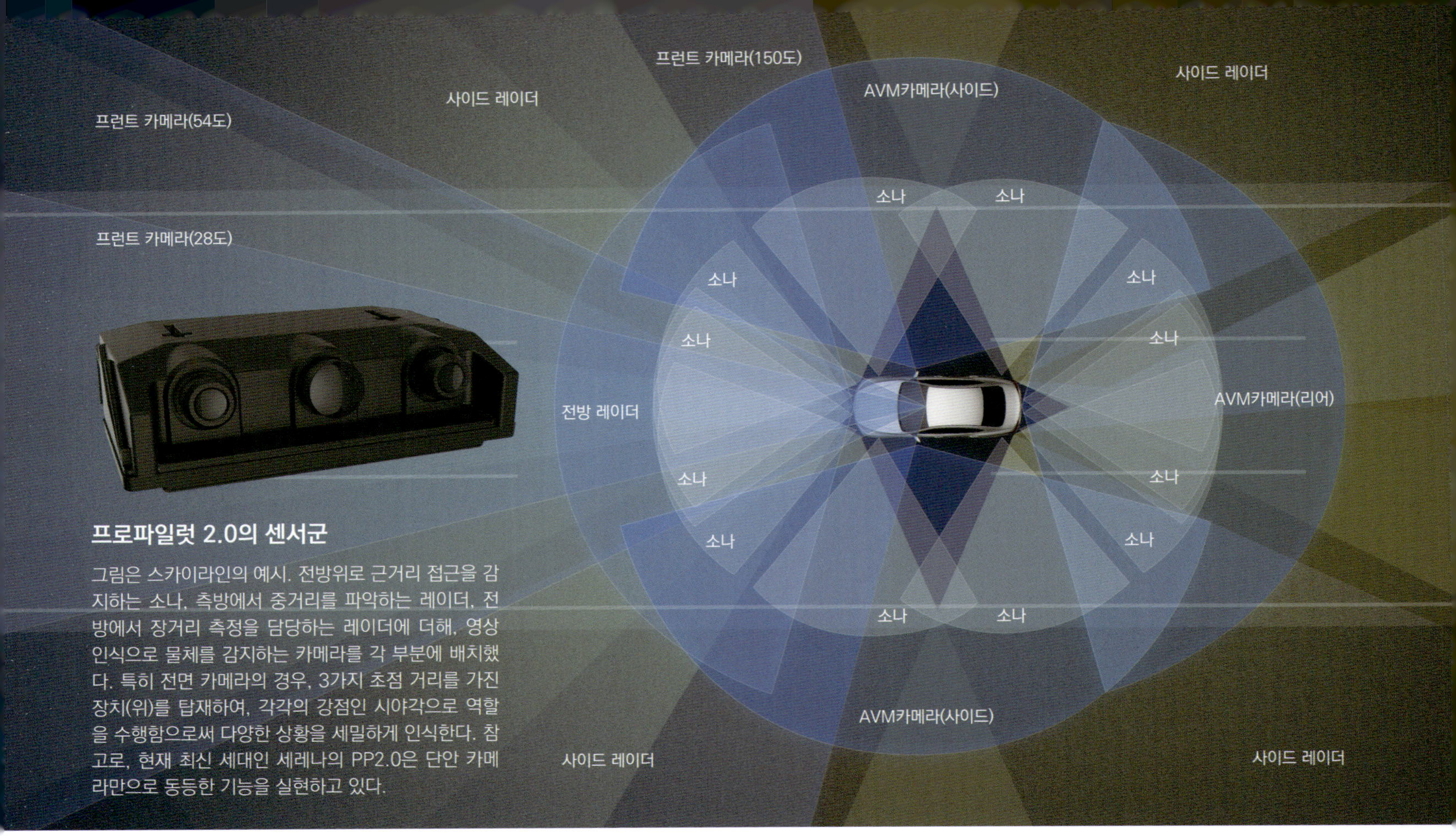

프로파일럿 2.0의 센서군

그림은 스카이라인의 예시. 전방위로 근거리 접근을 감지하는 소나, 측방에서 중거리를 파악하는 레이더, 전방에서 장거리 측정을 담당하는 레이더에 더해, 영상 인식으로 물체를 감지하는 카메라를 각 부분에 배치했다. 특히 전면 카메라의 경우, 3가지 초점 거리를 가진 장치(위)를 탑재하여, 각각의 강점인 시야각으로 역할을 수행함으로써 다양한 상황을 세밀하게 인식한다. 참고로, 현재 최신 세대인 세레나의 PP2.0은 단안 카메라만으로 동등한 기능을 실현하고 있다.

도해특집 자율주행, 어디까지 왔나? | ADAS ▶ Software/Hardware

자율 주행의 "레벨 업"을 목표로 하는 것이 올바른가

닛산 ─ 프로파일럿 2.0의 위치와 미래

개발이 진행되는 자율 주행 기술의 미래에 대한 기대는 크지만, 그보다는 실제로 운전을 지원해주는 현실의 ADAS가 운전자에게는 더 큰 혜택이다. 닛산이 추진하는 ADAS인 프로파일럿은 현재 2.0이 최신 세대이다. 출시 초부터 어떻게 진화해왔는지 엔지니어에게 취재했다.

본문 : 안도 마코토(Makoto ANDO) 사진 및 그림 : Nissan / ZF

국산차 최초로 특정 조건에서 핸즈 오프 운전을 가능하게 한 것은 2019년에 닛산이 V37형 스카이라인에 탑재하여 출시한 '프로파일럿 2.0'이다. 그 전신은 2016년에 세레나에 탑재된 프로파일럿이다(여기에서는 편의상 2.0과 구별하기 위해 '1.0'이라고 칭한다).

1.0은 단안 카메라를 사용하여 노면에 그려진 흰색 선과 선행 차량을 인식하고, 전차속 추종형 어댑티브 크루즈 컨트롤과 차선 중앙 주행을 지원하는 레인 키프 어시스트를 협동 제어하는 것이다. 이는 '여러 운전 지원 기능을 동시에 작동시키는' '자율 주행 레벨 2'의 정의에 부합했다. 그 후, 전방 인식에 밀리파 레이더를 추가하고, 카 내비게이션의 지도 정보를 가져와 교차로의 커브 등 곡률에 따라 자동 감속을 하고, 본선 이외의 도로에서도 운전 지원 기능을 계속할 수 있도록 하는 '내비링크 기능'을 추가하는 등 개선을 진행했지만, 기본형인 1.0은 시스템 구성이 간단하고 추가 비용이 적게 들기 때문에 현재 경차를 포함한 10개 모델에 탑재되어 있다.

그 발전형인 '프로파일럿 2.0'은 자동 운

프로파일럿 2.0의 첨단 기능

핸즈오프라는 점이 매우 인상적인 PP2.0이지만, 이를 실현시키는 배경은 내비게이션 연동 경로 주행 기능이다. 3D 고정밀 지도 데이터, 센서군이 파악하는 차량 주변 상황, 준천정 위성으로부터의 위치 정보를 결합하여, 실시간으로 고속의 운전 지원 기능, 구체적으로는 핸즈오프 드라이브와 차선 변경 추월 지원을 실현한다. 2023년 9월 현재, 아리아 및 세레나가 PP2.0 적용 차종이다.

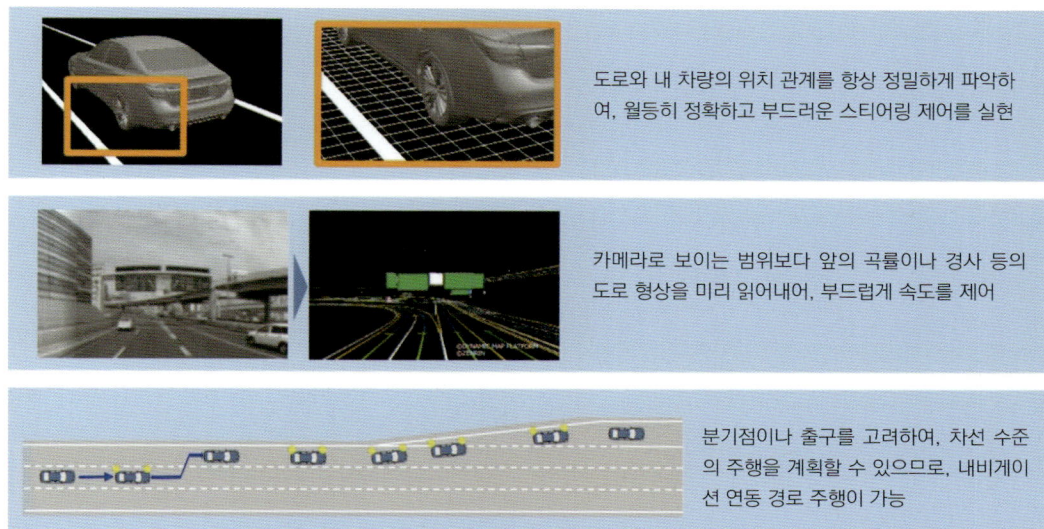

→ 3D 고정밀 지도 데이터는 고속도로의 형상을 센티미터 수준의 정밀도로 데이터화한다. 모든 차선의 구분선 정보, 속도 표지판, 안내 표지판을 포함하고 있는 것도 특징이다. 카메라의 '보이는 범위'보다 앞을 파악할 수 있어, 차량 속도를 고정밀로 제어한다.

도로와 내 차량의 위치 관계를 항상 정밀하게 파악하여, 월등히 정확하고 부드러운 스티어링 제어를 실현

카메라로 보이는 범위보다 앞의 곡률이나 경사 등의 도로 형상을 미리 읽어내어, 부드럽게 속도를 제어

↓ 위치 정보와 내 차-타 차 간 상대 속도를 고정밀로 파악함으로써, 차선 변경 추월 지원 기능을 실현했다. 시스템이 안전하다고 판단하고, 운전자가 스티어링 휠을 잡고 있는 조건하에서 기능이 발동되며, 스위치를 누르면 차선 변경을 원활하게 보조한다.

분기점이나 출구를 고려하여, 차선 수준의 주행을 계획할 수 있으므로, 내비게이션 연동 경로 주행이 가능

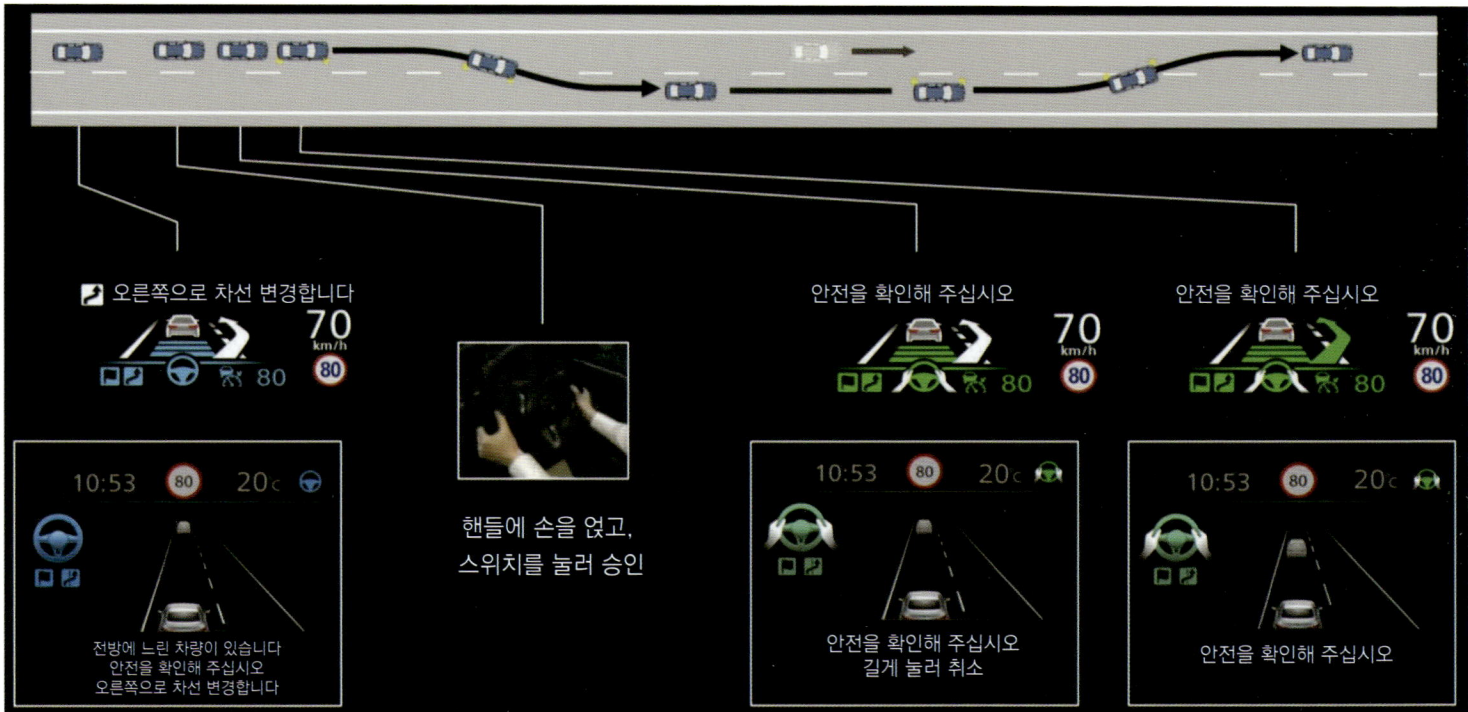

전 레벨 분류에서는 1.0과 동일한 '레벨 2'에 속하지만, 기능면에서는 크게 진화하여 ①동일 차선 내 핸즈 오프 주행, ②선행 차량을 따라잡았을 때의 추월 지원 및 주행 차선 복귀 지원 기능, ③차선 변경 지원 기능, ④경로 주행 지원 기능(모두 자동차 전용 도로에 한함)을 실현하고 있다. 각 기능에 대해서는 닛산 웹사이트(※) 및 취급 설명서를 참고하시기 바라며, 이러한 기능을 실현하기 위해 하드웨어는 1.0에 비해 크게 복잡화되었다. 전방을 더 멀리, 더 넓게 파악하기 위해 아리아에는 화각이 다른 카메라 3개(150도/54도/28도)를 탑재하고, 밀리파 레이더도 병용한다. 전방 및 후방의 차량을 감지하기 위해 각 범퍼 코너에 총 4개의 밀

프로파일럿 콘셉트 제로

LiDAR를 센서군에 추가한 콘셉트 제로 시험차. 3차원 고속 실시간 주변 파악의 정밀도가 현격히 높아져 더욱 복잡한 상황에 대응하고, 긴급 회피 조작에서도 자동화를 목표로 한다. 기존 기능의 진화에도 크게 기여할 것이다.

리파 레이더를 장착했다. 그 밖에도 12개의 초음파 센서(소나)와 4개의 광학 카메라를 장착했다. 각각에서 얻은 정보를 융합하여 정밀한 주변 감시를 하고 있다. 또한, 차량의 위치를 정확하게 파악하고 정확한 경로 주행 지원을 하기 위해, 준정지 위성 '미치비키'의 보강 신호를 이용하여 GNSS에 의한 위치 측정 정확도를 대폭 향상시켰다. 위치 측정한 좌표를 3D 고정밀 지도 데이터에 플롯하고, 광학 카메라로 촬영한 실시간 영상과 대조하여 cm 수준의 차량 위치 파악을 실현하고 있다.

또한, 핸즈 오프 시의 결함에 대비하여 모든 시스템이 이중화되어 있다. ECU는 메인과 서브의 2개를 준비하고, 브레이크 제어는 전동 브레이크 부스터와 ESC용 액추에이터의 2단계로 구성되어 있습니다. 스티어링 제어 시스템도 2개 있으며, 전원에는 서브 배터리를 준비하고 있다.

제어에 있어 1.0과의 큰 차이점은 조향의 정밀도이다. 핸즈 오프를 하면 상반신의 지지력이 약해지기 때문에 제어가 거칠면 상반신이 흔들리기 쉽기 때문이다. 이것이 실현된 것은 차선 내의 차량 위치 파악 정확도가 높아지고 EPS의 제어 정확도가 향상되었기 때문이다. 또한, 신형 세레나에 탑재된 프로파일럿 2.0은 처음으로 단안 카메라로 대응하여 비용을 절감하는 동시에 코너링 파워를 높인 전용 타이어를 사용하여 제어 응답성을 더욱 높였다.

이 모든 것을 하고도 '레벨 3'이라고 말하지 않는 이유는, 레벨 3은 시스템이 제어 한계에 도달하여 TOR(Take Over Request= 교대 요청)를 발령한 후, 운전자가 승인할 때까지 시스템이 책임을 져야 하기 때문이다. 그리고 그 범위까지 시스템이 안전하게 대응할 수 있음을 증명하기 위해서는 방대한 검증이 필요하다. 그렇게 해도 실현할 수 있는 것은 핸즈 오프 주행 시의 비디오 시청이나 스마트폰 조작 정도에 불과하다. 게다가 그러한 세컨드 태스크에 정신이 팔려 있으면, TOR이 발령되었을 때 무슨 일이 발생했는지 파악하는 데 시간이 걸리고, 약간의 패닉 상태에 빠질 수 있다(필자가 실제로 경험한 일이다).

중요한 것은 '어떤 수준의 자동 운전을 달성했는가'가 아니라 '사용자에게 어떤 장점을 가져다줄 것인가'이다. 사용자의 관점에서 보면 레벨 2와 레벨 3의 차이는 '운전 중 다른 일을 하는 것이 단속 대상이 되는지 여부' 정도에 불과하다. 그것이 올바른 목표인지, 다시 한번 신중하게 고려할 필요가 있을 것이다.

사실, 닛산은 이미 레벨 구분에서 벗어나, 현재 개발이 진행 중인 차세대 프로파일럿도 사고의 자동 방지를 통한 교통 사고 저감 목표를 내걸고 있으며, 자동 운전 레벨에 대해서는 언급하지 않고 있다.

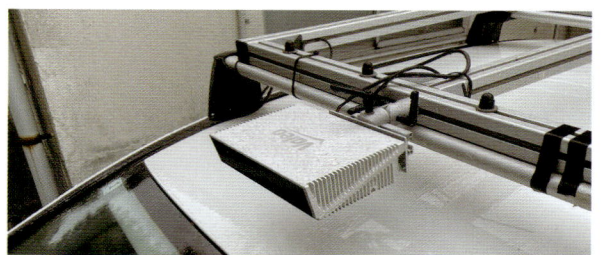

SCALA 3
전방 카메라는 이미지로 인식하고 있기 때문에 '그 물체가 무엇인지' 파악하는 데 뛰어나고, 최근에는 차량에 대해 몇 도 방향인지와 같은 횡방향 해상도도 향상되었다. 하지만 거리를 파악하는 것에 관해서는 거리를 측정하는 기능을 가진 LiDAR가 우세하며, 아래의 점묘화에서도 알 수 있듯이, 이제는 물체 검지에서도 상당한 수준에 도달했다. 비용 문제를 해결할 수 있다면 'LiDAR만'으로 구성된 AD 시스템도 가능할 것으로 보인다.

↓ 해상도(=각도 분해능)를 높이면 수백 미터 앞에서도 그리드를 세밀하게 할 수 있어, 더욱 정확하게 상태를 파악할 수 있다. 차량 점군(Point Cloud) 범위는 300미터/반사율 10%라는 까다로운 조건에서도 190m를 확보함으로써, 고속 주행에 대응한 모양새다.

도해특집 자율주행, 어디까지 왔나? AD ▶ Hardware

현대의 천리안 · LiDAR

발레오(Valeo) ─ SCALA3

카메라의 성능이 향상되면서 상대적으로 존재감이 약해진 느낌이 있는 LiDAR.
하지만, 더 빠른 자율 주행을 실현하고 싶다는 요구를 충족시키기 위한 장치로서 지금도 다른 장치들이 따라올 수 없는 성능을 발휘한다.

본문 & 사진 : MFi   그림 : Valeo

　자율 주행을 실현하기 위해서는 무엇보다 정밀하고 빠른 전방 감지가 필요하다. 프론트 카메라의 성능 향상은 눈부신 수준이지만, 더 빠른 속도로 주행하려면 LiDAR가 여전히 큰 존재감을 드러내고 있다. Valeo의 SCALA도 1, 2세대에서는 대응 속도를 50~60km/h로 설정했지만, 유럽의 고속도로 대응 등을 고려하면 130km/h 대응이 현실적이며, SCALA가 지향해야 할 사양도 자연스럽게 정해졌다.

　"시속 130km로 주행 중일 때 100미터 정도 앞의 도로에 낙하물을 인식할 수 있는 것이 목표였습니다. 일본에서는 좀처럼 볼 수 없는 상황이지만, 예를 들어 미국에서는 도로에 타이어가 떨어져 있는 경우가 많습니다. 이를 조기에 인식할 수 있는 성능이 요구되었습니다. SCALA 3의 해상도가 1이나 2에 비해 현저히 향상된 것은 이러한 이유 때문입니다."

　발레오 재팬의 컴포트 및 드라이빙 어시스턴트 시스템 R&D 디렉터인 이토 요시히토씨는 최신 세대의 SCALA 사양에 대해 이렇게 설명한다.

　SCALA3의 데모를 보면, 점묘가 매우 세밀하기 때문에 '앞에 자전거가 있다', '사람이 걷고 있다' 등 물체를 감지할 수 있는 느낌을 받는다. 주 센서를 카메라만으로 AD/

ADAS 기능을 구현한 자동차도 있는 반면, 이 정도의 성능을 자랑한다면 LiDAR만 탑재한 차량도 등장할 수 있지 않을까 생각된다.

"실현 가능성이 완전히 없다고는 할 수 없지만, 고려해야 할 점은 이중 계통의 확보입니다. LiDAR는 역시 고가의 제품이기 때문에, 여러 개의 센서가 필요하다고 해도 LiDAR를 여러 개 장착하는 것은 현실적이지 않습니다. 여러 종류의 센서를 조합하여 토털 시스템을 구축하는 것이 현실적이라고 생각합니다."

그러나, 오다이바의 자율 주행 실증 실험에서는 SCALA만으로 AD 기능을 수행할 수 있는지가 하나의 주제였는데, 거의 가능하다는 느낌을 받았다. 정밀도가 높아 주행 시에 참조하는 고정밀 3D 맵과의 통합도 빠르고, 관점을 바꾸면 이 정보를 사용하여 맵을 만들 수도 있다고 한다.

	SCALA 1	SCALA 2	SCALA 3 Grill / Bumper	SCALA 3 Slim
형식	파장 905nm 회전 미러형 펄스 비행시간 거리 측정			
시야각(수평×수직)	145도×3.2도	133도 × 10도	120도 × 25도	120도 × 26도
해상도(수평×수직)	0.25도×0.8도	0.125도(±15도) ~ 0.25도 × 0.6도	0.1도(±15도) / 0.2도 바깥쪽 × 0.07도	0.05도 × 0.05도
프레임률	25fps	25fps	최소 10fps	최소 10fps
스캔 속도	44,000점/초	260,000점/초	2,600,000점/초 이내	최대 12,500,000점/초
치수(폭×높이×깊이)	100×60×106mm	94×65×107mm	148×80×105mm	285×46×116mm
차량 포인트 클라우드 범위	150m 이내	200m 이내	300m 이내	300m 이내
반사율 10% 범위	80m	80m	최대 190m	최대 190m
생산 개시 년도	2017년	2021년	2025년 1분기 예정	2025년 4분기 예정
IP	Ibeo의 초기 콘셉트를 일부 답습		발레오 자체 제작	

↑ **SCALA 역대 사양**

'완전한 솔리드 스테이트'가 현실적이지 않은 현재로서는 비용과 성능의 균형을 고려하여 세대를 거치며 회전 미러형을 채택하고 있다. 시야각에 대해서는 수평 방향은 어느 정도 안정화되었고, 지금은 수직 방향의 각도 확대가 트렌드이다. 이는 차량의 상하 방향에 대해, 교량의 상판 아래를 통과할 때나 간판을 파악하고 싶을 때 등 '조금 더 가까이 보고 싶다'는 요구에 따른 것이라고 한다.

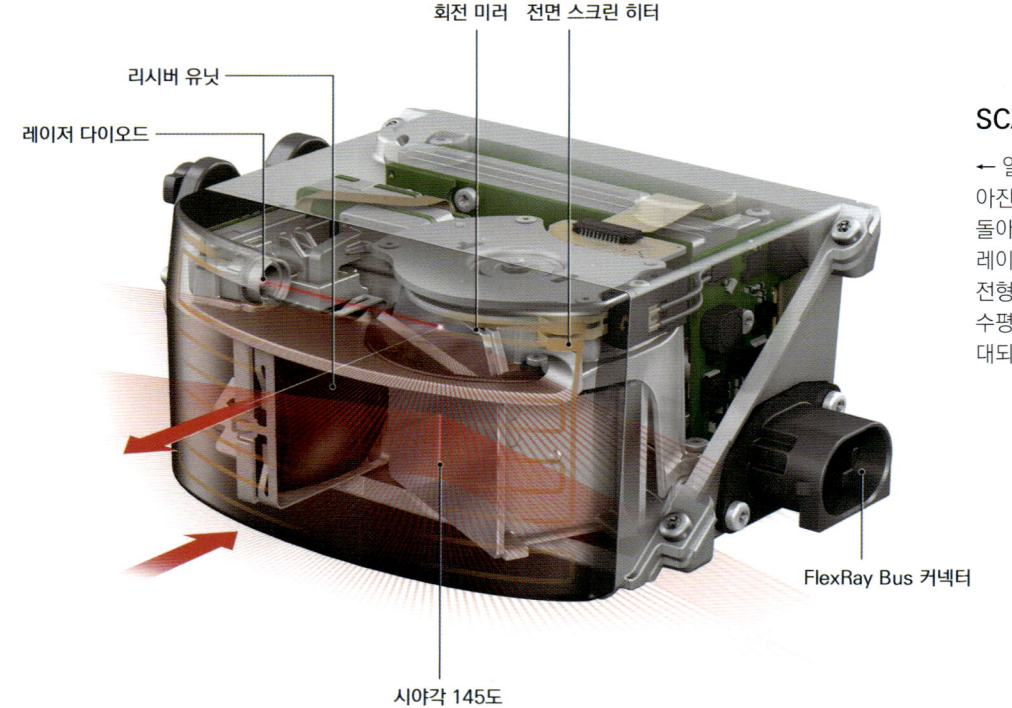

SCALA의 구조

← 일러스트는 SCALA 1이다. 레이저 발진 소자에서 쏘아진 레이저가 대상물에 반사되어 리시버 유닛으로 되돌아올 때까지의 시간으로 거리를 측정하는 구조이다. 레이저를 넓은 범위에 조사하는 장치로서, SCALA는 회전형 미러를 사용한다. 위 표에도 나와 있듯이, 시야각은 수평 방향에 머무르지 않고 수직 방향까지 포함하여 확대되는 추세이다.

슬림 타입 등장

← 지금까지의 LiDAR는 차량 최전방의 그릴이나 범퍼에 장착되는 경우가 많았지만, 더 넓고 멀리까지 거리를 측정하고 싶다는 요구에 따라 루프에 장착하는 사양을 설계했으며, 그 때문에 얇게 만드는 것이 필요해졌다. 그릴/범퍼형인 SCALA 3에 비해 수직 방향 시야각을 1도 더 많은 26도로 설정하는 등, 더욱 고성능의 사양을 갖추고 있다.

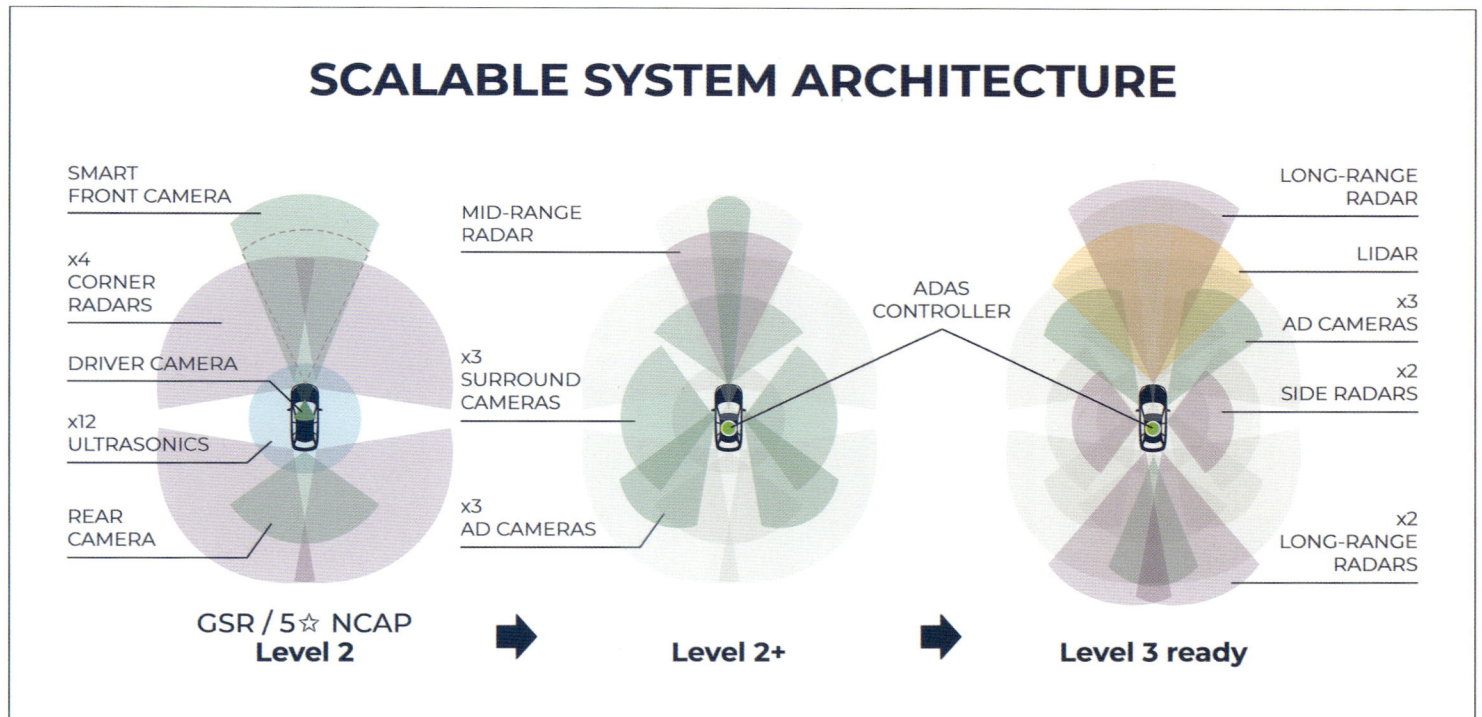

각종 센서를 어떻게 조합할 것인가

자율 주행 레벨이 올라갈수록 센서의 다중화는 피할 수 없으며, 보시다시피 차량 전방위에 걸쳐 다양하고 다수의 센서를 갖추게 될 것으로 예상된다. 게다가 NCAP의 최신 대응에서는 사이드 레이더의 장착이 이미 필수가 되었으며, 앞으로도 시스템의 복잡화는 피할 수 없다. LiDAR는 그러한 상황에서도 자율 주행 기술의 핵심 플레이어로서 여전히 기대를 받고 있다.

보다 신속한 사회 구현·레벨 2 교통 서비스

BOLDLY — 자율 주행 버스

소프트뱅크의 사내 벤처로 탄생한 BOLDLY 주식회사는 지속 가능한 대중교통을
사회에 구현하는 것을 목표로 일본 각지에서 적극적인 노력을 계속하고 있다.
조기 서비스 도입을 실현하기 위해 차량 선정과 일본 법규에 맞춘 개조를 하는 등, 지금까지의 발자취를 사지 CEO에게 들었다.

본문 : 안도 마코토(Makoto ANDO) 사진 : MFi 그림 : BOLDLY

한마디로 '자율주행'이라고 말하지만, 자가용과 대중교통은 완전히 다른 것으로 생각하는 것이 좋다. 법적으로 주행이 허용된 곳이면 어디에서나 주행할 가능성이 있는 전자와 달리, 주행 영역을 제한할 수 있는 후자가 실현 가능성이 더 높다.

그 공공 교통의 자동 운전화를 선도하는 기업 중 하나가 BOLDLY 주식회사이다. 20년 9월에는 게이힌 급행 덴쿠바시 역을 중심으로 한 대규모 복합 시설 'HANEDA INNOVATION City'에서 '자율 주행 레벨 2(이하 동일)'의 정기 운행을 시작한 데 이어, 같은 해 11월부터는 이바라키현 사카이마치에서 노선 버스로 운행을 시작했다. 2021년 12월에는 홋카이도 가미시호로초

BOLDLY가 운행하고 있는 프랑스산 전기차

↓이바라키현 사카이마치에서 2020년부터 정기 운행 중인 프랑스 NAVYA사의 'ARMA'. 전장 4760mm×전폭 2110mm×전고 2650mm의 차체 크기로, 승차 정원은 11명(인증 문제로 1명분은 운전석). 정격 출력 15kW의 전기 모터를 탑재한 EV로, 배터리에는 용량 33kWh의 리튬인산철 배터리를 탑재한다. 1회 충전 시 항속 거리는 200km, 주행 가능 시간은 약 9시간. 최고 속도는 25km/h, 권장 운행 속도는 20km/h의 사양이다.

에서 겨울철 운행을 시작하는 등 도입하는 자치 단체를 꾸준히 확대하고 있다.

현재 정기 운행에 사용되고 있는 차량은 프랑스 NAVYA 사의 'ARMA'이다. 쇼핑몰이나 테마파크 등 폐쇄된 공간에서 '레벨 4' 운행을 목적으로 제작되어, 일본의 안전 기준을 충족하기 위해 많은 어려움이 있었다.

원래 스위치백 운행을 전제로 하고 있기 때문에 차량에 앞뒤가 없다. 따라서 문이 있는 쪽에서 보았을 때 왼쪽이 앞이 되도록 하고, 등화 장치를 안전 기준에 맞게 변경하였다. 전조등은 광량이, 제동등은 면적이, 방향 지시등은 시인 각도가 부족했기 때문에 모두 교체하였다.

그러나, 원래 상태로는 운전석이 없다. 그러나 일본의 공도에서는 레벨 2로 운행하기 위해 운전석이 설치되어 있어야 한다. 그래서 바닥 면적의 일부를 서류상 '운전석'으로 정의하고, 그곳에서 직접 및 간접적으로 시야가 안전 기준에 적합하도록 미러와 카메라를 설치했다. 덧붙여, 사람이 운전할 때는 XBOX 사의 게임 컨트롤러를 사용하지만, 이는 원래 차량을 유인 운전할 때의 기본 장비이다.

인증은 '레벨 2'이므로 운행에는 운전 기사가 필요하지만, BOLDLY는 자체 운전 자격을 마련하고 있다. ARMA는 11인승이므로, 기본적으로 중형 이상의 자동차 운전 면허가 필요하다. 대중 교통이므로 2종 면허가 필요할 것 같지만, 현재는 요금을 받지 않는 비영리 운행이므로 1종 면허로 운전할 수 있다.

그 후, NAVYA 인증 자율주행차 운영자 자격을 취득한다. 이는 NAVYA가 독자적으로 제정한 '자율주행차 운전 면허'로, 처음에는 NAVYA의 트레이너가 교육을 받지 않으면 운영자 자격을 취득할 수 없었다. 그러나 그건 불편한 점이 많아서 BOLDLY는 운영자 교육을 실시할 수 있는 '공식 트레이너' 자격을 세계 최초로 NAVYA로부터 취득하고, 사내에서 운영자 교육을 실시할 수 있는 체제를 구축했다.현재까지 약 130명의 자격자를 양성하고 있다.

그러나 이 자격으로 운전할 수 있는 곳은 폐쇄된 공간뿐이다. 일본 공도에서 운전하기 위해서는 NAVYA의 자격만으로는 충분하지 않다고 생각하여, 긴급 시의 대응 방법 등 일본의 교통 상황에 맞는 운전 기술을 습득하기 위해 2일간의 추가 강습을 이수한 '시니어 오퍼레이터' 자격을 독자적으로 마

지붕 위 3D LiDAR

범퍼 부분 2D LiDAR

주변 물체를 감지하는 2가지 타입의 LiDAR 장착

차량 주변 감시에는 LiDAR 센서를 사용한다. 앞뒤 지붕 중앙에 3D LiDAR를, 그릴 부분에 2D LiDAR를 장착한다. 후자는 차량 바로 앞, 지상 24cm 이상의 물체를 검출하기 때문에 어린이와 동물이 근처에 있어도 안전하게 정지할 수 있다. LiDAR로부터의 정보는 차량 위치를 특정하는 데도 이용된다. 미리 취득해 둔 점군 데이터로부터 작성한 기준 맵과, 주행 중에 감지한 LiDAR 정보를 겹쳐 차량 위치를 특정한다. 동시에 RTK-GPS도 사용하고 있다.

원활한 운행 관리를 지원하는 자율주행 차량용 운행 플랫폼

원격 감시 시스템에는 BOLDLY의 운행 관리 소프트웨어인 디스패처(Dispatcher)를 사용한다. 차량 외부 및 내부에 설치된 광학 카메라로 촬영한 이미지와 위치 정보를 전송한다. 긴급 시에는 차내와 통화도 가능하다. 사카이마치는 '자율 주행 버스의 쇼룸'으로서의 기능도 있기 때문에 전용 원격 감시 센터를 마련하고 있지만, 실제로는 디스패처의 웹사이트를 볼 수 있는 환경만 있다면 어디서든 감시 업무가 가능하다. 운전 면허가 필요하지 않으므로, 승무원보다 다양한 인재를 채용할 수 있다.

련했다. 이 자격을 취득한 사람이 오퍼레이터로 근무하고 있다.

그러나 운전 기사가 탑승한다면 인건비 절감은 불가능하다. 궁극적으로 레벨 4(무인 운행)를 목표로 하고 있는지 묻는 질문에 사장 사지 씨는 이렇게 대답했다.

"처음에는 우리도 인건비 절감이 될 것이라고 생각했습니다. 하지만 사카이마치는 '승객 안내, 휠체어 승객 지원, 어린이 보호 등을 위해 인력을 배치해 두길 바란다'며 '그에 필요한 비용은 지불하겠다'고 말했습니다. 우리가 하고 싶은 것은 '인력 부족을 해소하여 지역 교통을 유지하는 것'이며, 자율주행은 그 수단에 불과합니다. 물론 레벨 4를 위한 검토는 진행 중이지만, 현재는 운전 기사가 탑승하는 레벨 2의 운행이 최선의 해결책이라고 생각합니다." 지방의 대중 교통은 수익성이 좋지 않다는 이유로 폐지될 위기에 처한 경우가 적지 않다. 이를 구할 수 있는 것이 자동 운전으로 인한 무인화라는 기대가 한때 있었다. 그러나 실제로 운행을 해 본 결과, "자동 운전은 비용을 대폭 절감하는 효과가 없다"는 것을 알게 되었다.

그러나 자율주행으로 대중교통이 유지되면 '자동차 운전을 그만두어도 계속 살 수 있다'는 기대가 생겨 인구 유출을 억제할 수 있다. 또한, 자율주행 버스를 이용한 고령자 복지 서비스 등을 제안하면 디지털 전원도시 구상 및 복지 관련 국가 보조금도 쉽게 확보할 수 있다. 지역 교통 문제를 교통 부문에만 국한하지 않고, 자율주행에 수반되는 가능성을 다양한 주민 서비스로 확대하여 지역 전체가 풍요로워질 것이다. BOLDLY가 지향하는 것은 그러한 사회를 구축하는 것이며, 자율주행 기술은 그 수단 중 하나에 불과하다.

PROFILE

사지 유키
Yuki SAJI

BOLDLY 주식회사
대표이사 사장 겸 CEO

클래식카의 디자인과 역사를
예술적 시선으로 담아낸

고품격 작품집 『클래식카의 예술』

클래식카의 예술
사진 작가 피터 해롤트
히스토리 작가 피터 보덴스타인
편역 김길현(발행인)
감수 김필수(한국클래식카산업협회장)

"최고 명품 클래식카의 유혹 25!"

장인의 철학과 기술이 담긴 1910~40년대 희소 클래식카 25대를 엄선한 국내 최초의 대형 예술서
감각적인 사진과 깊이 있는 역사 해설로 구성된 이 책은 단순한 도감을 넘어
자동차 문화와 미학, 복원 과정을 폭넓게 조명합니다.
클래식카 애호가는 물론 예술·디자인·역사에 관심 있는 독자들에게도
깊은 울림을 전할 작품입니다.

머서 35R 레이스 레이스어바웃

스투츠 베어캣

에드셀 포드 모델 40 스페셜 스피드스터

럭셔리 케이스/국배판형 양장본/ 230쪽
정가 65,000원

도해특집

자율 주행, 어디로 가는가?

Illustration feature ;

The car just before it gains consciousness

그렇게나 화제였던 자율 주행이 요즘은 어느새 뜸해졌다.
실현이 어렵다고 생각해서일까, 아니면 기능으로서 매력을 느끼기 어려워져서일까.
반면 SDV(Software Defined Vehicle)에 의한 기능 확장에는 모두가 뜨거운 시선을 보낸다.
하지만 SDV가 자동차의 '달리고, 돌고, 멈추는' 기능 변경에 대해 형식 승인 관점에서 쉽게 손대지 못하고
인포테인먼트 분야에만 머물러 있는 반면, 자율 주행 및 고도 운전 지원 기능은 운전자의 부담 경감과 교통안전 실현에
크게 기여할 수 있다.
ADAS가 완전히 일반화되어 누구나 그 혜택을 누리게 된 반면, 기술적으로는 진화를 계속하고 있는
자율 주행이 왜 더 나아가지 못하는 걸까?
AD/ADAS의 의의와 현황에 대해 다양한 시각에서 고찰해 보자.

ILLUSTRATION : Continental

Issue Statement
▶ 과제 제기

자율 주행 기술의 시작, 그리고 앞으로

ADAS(Advanced Driver Assistance System=첨단 운전 지원 시스템)의 마지막 단어 '시스템'은 '계통'의 의미를 가지고 있다. ADAS의 궁극적인 형태는 ADS(Automated Driving System=자율 주행 시스템)이며, 운전 동작에 인간은 필요 없게 된다. 과연 AD는 목표로 삼아야 할 미래인가, 이 분야의 전문가인 후루카와 요시미 씨에게 물었다.

본문 및 인물사진: 마키노 시게오(Shigeo MAKINO)

후루카와 요시미 (Yoshimi Furukawa)

전동 모빌리티 시스템 전문직 대학 교수 · 공학 박사

도쿄대학 공학부 산업기계공학과 및 동 대학원을 거쳐 1977년 혼다 기술연구소에 입사. 조향각 응동형 4륜 조향(4WS)의 발명·연구에 참여하여, 세계 최초의 시판 시스템을 1987년 '프렐류드'에 탑재했다. 이 공로로 일본 발명협회 내각총리대신상을 수상했다. 그 후 혼다의 기초기술연구센터에서 협조형 자율 주행 시스템과 이족 보행 로봇, ASV, ADAS 등의 프로젝트 책임자를 역임했다. 2002년에 퇴사하고 시바우라 공업대학 교수에 취임했다. 2018년에 동 대학을 퇴직하고 현직에 있다.

혼다가 1986년에 설립한 와코 기초 기술 연구 센터에서 자율 주행 연구 팀이 구성되었다. 그 첫 번째 팀장. 후루카와 씨는 세계 최초의 4WS(4륜 조향 장치)를 개발했고, 이 기술을 처음 적용한 '프렐류드'가 1987년 4월에 출시되었다. 4WS라는 시스템에 대해 언론에 설명하는 역할을 맡으면서 자율 주행 연구 당시의 이야기를 들었다.

"시판 차량에 탑재되는 기술은 단기간에 개발되는 경우가 많았지만, 연구소에서는 '매력적인 기술이 적다'고 생각했습니다. 4WS와 ABS, 에어백은 10년 이상에 걸쳐 개발되었습니다. 장기적인 관점에서 지금부터 목표로 해야 하는 취지로 기초기술연구센터가 설립되었습니다. 그곳에서 다루는 주제 중 하나가 자동 운전이었고 당시에는 이미 자동차의 지능화가 언급되기 시작했습니다. 궁극적인 목표는 자동 운전이며, 그곳에서 축적된 요소 기술을 운전 지원에 응용할 수 있어 유용할 것이라고 생각했죠."

후루카와 씨는 그 당시를 이렇게 회상한다.

"먼저 카메라를 이용한 도로 인식부터 시작했습니다. 연구소 내 테스트 코스에 흰 선을 그어놓고, 그 안에서 자동 조향으로 주행하는 것부터 시작했습니다. 대학에서의 제 연구 주제가 '인간 운전 동작의 모델화'

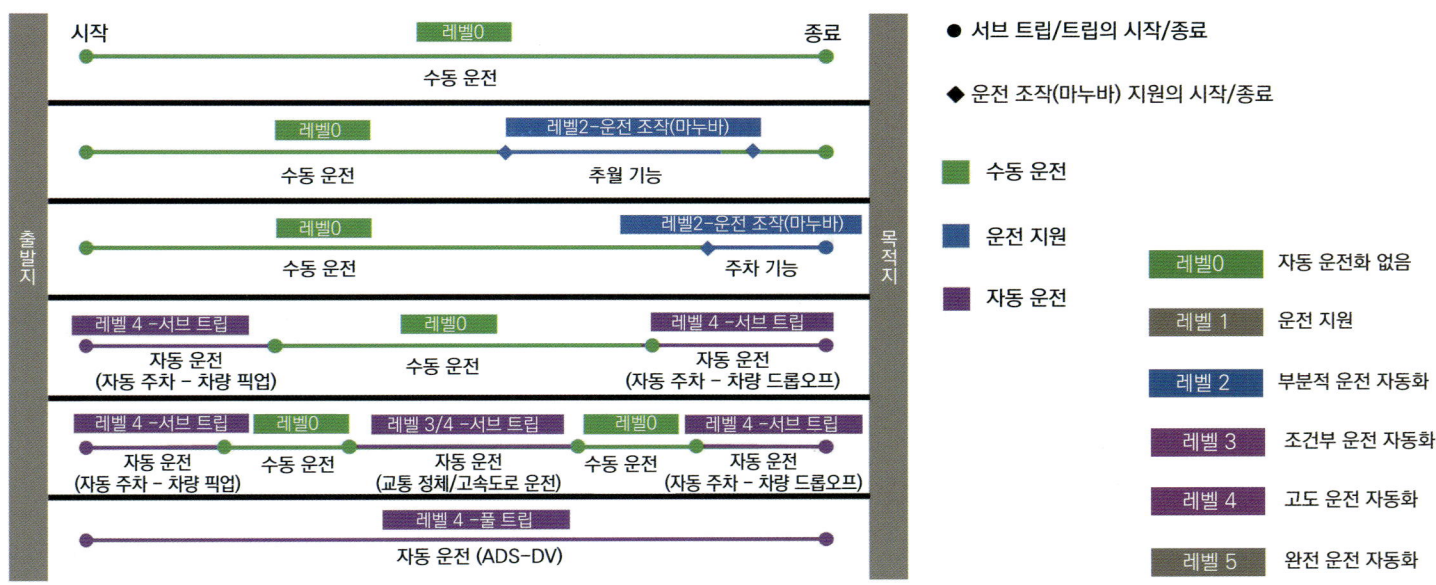

자율 주행의 분류와 정의

자동차 기술회는 2022년 3월 18일 '자동차용 운전 자동화 시스템의 레벨 분류 및 정의'를 개정했다. 기본 이념은 '규정이 아닌 설명 및 정보를 제시한다', '기능적인 정의를 제공한다', '현재 실천되고 있는 업계 관행과 조화를 이룬다', '실천 가능한 범위에서 기존 기술과도 정합성이 있다', '공학, 법규, 언론, 공문서 등을 포함해 분야를 초월해 유용하다', '명확하고 설득력 있게 하기 위해 불명확한 용어의 정의는 피한다'이다. 왼쪽 그림은 자율 주행화 기능을 조합하여 이동이 어떻게 변화하는지 보여주는 예이다.

였기 때문에 AT 차량을 사용해 4~5km/h의 느린 주행부터 시작했는데, 비교적 무난하게 진행되었습니다. 가속기와 브레이크는 인간이 조작했습니다. 인간은 시간 환산으로 1.5~2.0초 정도 앞을 보기 때문에 잘 조향할 수 있지만, 카메라에 너무 가까운 것을 보여주면 자차 위치를 보고 조작하기 때문에 세밀한 조정 조향이 자주 발생합니다. 그래서 조금 멀리 보여주었습니다."

"현재 어떤 곡선을 돌고 있는지 요레이트 센서로 알 수 있습니다. 이대로 가면 곡선을 벗어난 편차를 계산하고, 그 만큼 스티어링을 더 돌리거나 되돌리는 것을 실행합니다. 그렇게 곡선에 따라 달릴 수 있습니다. 이는 현재 LKA(Lane Keeping Aid) 시스템이 하는 것과 거의 동일합니다." 이후 자율 주행 실험은 캘리포니아의 광활한 테스트 코스로 장소를 옮겨 파워트레인의 자동 제어도 추가했으며, 100km/h를 초과하는 속도 영역까지 실험이 확대되었다고 한다.

목표 속도를 설정하고, 곡선이 가까워지면 속도를 줄이고, 직선 구간이 되면 속도를 높인다. 카메라로 흰 선을 감지하여 적절한 판단을 자동으로 수행하도록 했다. 레이더는 자체 개발했고 이 기술의 연장선에서 LKA가 탄생했으며, 속도 제어 기술은 ACC로 발전했다.

그러나 여전히 문제가 있었습니다. 기술적으로는 발전했지만, 자율 주행을 위해서는 인간의 가치 판단과 같은 것이 갖추어지지 않으면 불가능하다는 분위기였습니다.

예를 들어, 눈길에서 오른쪽이 절벽이고 왼쪽이 눈 벽이라면, 인간은 눈 벽 쪽으로 가지만, 자동차가 그렇게 할 수 있는지, 어린 아이와 너구리 중 하나를 치어야 할 때 너구리를 칠 수 있는지 등의 논쟁도 있었습니다. 이른바 트롤리 문제입니다. 이 문제를 즉시 해결하는 것은 불가능하기 때문에, 운전자가 책임을 지면서 안전 운전을 지원하는 시스템을 먼저 실용화해야 한다고 생각했습니다. 지금 말하는 ADAS다."

후루카와 씨는 "레벨 3의 자율주행보다 레벨 2의 LKA와 ACC로 정확한 제어를 통해 안심감을 느낄 수 있도록 하는 것이 훨씬 나을 것"이라고 말했다.

필자는 "신체 능력이 떨어지더라도 차량 운전이 재미있다는 것을 지원해 주는 기능"이 ADAS라고 생각한다. 편의를 위한 기능이 아니라 인지·판단·실행을 지원하는 기능 확장 시스템이다. 이런 이야기를 나누면서 후루카와 씨는 "자율 주행도 ADAS도 사회적 요구에 따라 무엇을 할지 결정해야 한다"고 말했다. 1986년부터 1994년까지 혼다에서 자율 주행 연구를 하고, 2년 동안 이족 보행 로봇 '아시모'의 개발 책임자를 역임한 후, 건설성 등 정부 기관에서 자율 주행 관련 프로젝트에 참여한 후루카와 씨의 경험담이다.

"승용차의 자율 주행은 아마도 레벨 4에는 도달하지 못할 것입니다. 저속 레벨 3에서 끝날 것이라고 생각합니다. 고속도로에서 레벨 4로 주행하는 것이 기쁜 일이라고 말하기에는, 잘 만들어진 LKAS와 ACC가 있으면 충분하지 않겠습니까? 그렇다면 비용도 많이 들지 않을 것입니다. 비록 기술적으로 가능하다고 해도, 고객이 그 기능에 수백만 엔을 지불할까요? 이것은 요구의 문제입니다."

필자는 '자동차는 독립형이 기본'이라고 생각한다. 그것이 가장 저렴하기 때문이다. 후루카와 씨는 "인프라를 조정한다고 해도 조정이 어렵다. 우선 기준을 정해야지만 인프라 정비는 비용이 많이 듭니다"라고 말했다. 자율 주행에 따른 차량 비용과 인프라 비용을 어떻게 생각할 것인가?

"지방의 고령자 이동 등에는 자율 주행이 필요합니다. 그러기 위해서는 OEM이 진행하는 자율 주행의 일반적인 해결책이 아니라, 지역별 특별 해결책이 존재한다는 것을 이해해야 합니다.

그 특별 해결책의 기반이 되는 기술을 먼저 개발할 필요가 있다고 생각합니다. 그 부분에 대해서는 저도 간단한 인프라로 자율 주행이 가능성을 믿고 실험적으로 진행할 생각입니다."

그렇다면, 미국과 중국에서 실용화 단계에 들어간 자율 주행 택시는 어떨까?

"미국의 자율주행 기술은 DARPA(Defense Advanced Research Projects Agency: 미국 국방고등연구계획국)"의 무인 운전 경연 대회에서 시작되었고, 스탠퍼드 대학과 카네기 멜론 대학의 높은 연구 성과가 있어 영상 인식 분야는 일본보다 앞서 있습니다. 그래서 무인 택시까지 등장했지만, 최근 무인 택시 사고가 잇따르면서 세상이 자율주행 자체를 그다지 환영받지 못하고 있습니다. 구급차 앞에 자율주행 택시가 가로막는 사건도 있었습니다. 인간처럼 이미지의 의미를 이해할 수 있는 지능화를 하지 않으면 사회에 적응할 수 없을 것이라고 생각합니다."

후루카와 씨는 이렇게 말했다. 자율주행 택시는 여러 개의 LiDAR(3차원 공간 스캐너)를 비롯해 레이더, 카메라 등 여러 센서를 장착하여 "항상 주변을 감시하고 있다"고 한다. 그러나 그럼에도 불구하고, 인간이라면 즉시 이해하고 행동으로 옮길 수 있는 '구급차가 달려오면 도로 가장자리로 차를 옮겨 주행을 방해하지 않는다'는 행동은 실행할 수 없다.

후루카와 씨가 1990년대 '자율주행을 하려면 인간의 가치 판단 같은 것이 갖추어지지 않으면 불가능하다'고 몸소 느낀 것은 지금도 실현되지 않았다.

"국토교통성의 ASV(Advanced Safety Vehicle) 2기에서 차량 간 통신을 이용한 안전운전지원시스템 검토 부서의 리더를 맡았습니다. 혼다를 퇴사하고 대학으로 옮긴 후에도 ASV 연구를 계속했습니다. 도로와 차량 간, 차량과 차량 간의 통신은 다양한 가능성을 가지고 있지만, 각 자동차가 가진 기능과의 협조는 쉽지 않습니다. '무엇이든 할 수 있다'는 식의 자율 주행이 아니라, 좀 더 다른 관점의 자율 주행 구조와 방법이 필요하다고 생각합니다."

후루카와 씨는 자율 주행 자체를 부정하는 것은 아니다. 자율 주행이 필요한 곳에는 그 상황에 맞는 특별 해결책인 자율 주행 차량을 도입해야 한다고 말한다. 그러나 자율 주행을 실현하기 위해서는 '인간의 가치 판단과 같은 것이 필요하다'고 말한다. 그리고 현재는 '레벨 2의 LKA와 ACC로 정확한 제어를 제공해 준다면, 사용자는 안심할 수 있다'고 말했다. 필자도 같은 생각이다.

도해특집 자율주행, 어디로 가는가?

Assessing the situation
▶ 상황 파악

2024년 6월, 국제 법규 제정 시작
2년 뒤 자율 주행 규칙이 정해진다

자동차를 사회와 조화시키기 위한 규칙은 각국의 고유한 규칙과 국제적으로 협조된 규칙이 존재한다.
일본 브랜드 자동차는 80% 이상이 일본 외 국가에서 판매되므로, 규칙이 전 세계적으로 통일되면 큰 이익이 된다.
그 최전선에 있는 조직이 국토교통성 소관의 JASIC이다.

본문 및 인물사진 : 마키노 시게오(Shigeo MAKINO) 그림: JAMA(일본자동차공업회)/JASIC/국토교통성/경제산업성

JASIC(Japan Automobile Standards Internationalization Center: 일본자동차기준인증국제화연구센터)라는 기관이 있다. 국가나 지역별로 차이가 있는 자동차 인증 규정을 세계적으로 통일하기 위해 설립된 UN-ECE(유엔유럽경제위원회) WP.29의 '일본의 창구' 역할을 맡고 있다. 필자는 1980년대 중반 교통부 담당 신문 기자로 근무하던 시절에 JASIC에 대한 취재를 시작했다. 현재 직원 수는 약 20명이며, 도쿄 외에도 자카르타, 워싱턴, 제네바에 사무소를 두고 있다. 이번에는 약 5년 만에 JASIC을 방문해 AD(Automated Drive=자동 운전) 및 ADAS(고급 운전 지원)와 관련된 법규의 국제 동향을 문의했다.

AD의 정의는 현재 인간이 운전 조작을 수행하는 레벨 1~2와 조건부로 시스템이 운전하는 레벨 3 이상으로 구분된다. 최고 단계는 조건 없이 시스템이 운전하는 완전 자동 운전인 레벨 5이다. 이 구분은 세계적으로 통일된 인식이다. 한편, AD의 국제 규칙 수립은 UN-ECE 내 자동차 기준 조화 세계 포럼(WP.29)에서 논의되는 인증 및 법규 측면의 '기준(Regulation)'과 각국의 산업계가 주장하는 차량 시스템의 성능 요건 및 평가 방법 등을 ISO(국제표준화기구)에서 논의하는 '표준(Standard)' 두 가지 측면에서 진행되고 있다. WP.29에서 결정된 규정은 참여 국가들이 자국의 인증 기준으로 채택할지 여부를 국내 감독 부처에 제출해 결정한다. 이는 강제 사항은 아니다.

그러나 WP.29 참가국들은 서로 여기서 결정된 규정을 공유하는 '상호 인증'을 실시한다. 특정 국가에서의 인증이나 시험 결과를 다른 국가도 인정함으로써 수출입 절차의 복잡화를 방지하는 제도이다. 이를 규정한 것이 '1958년 협정'이며, WP.29 참가국들은 이 협정을 비준했다. 완성차나 자동차 부품, 탑재되는 시스템에 대해 협정 비준국들이 서로 '인정하는' 제도이다.

또한 2017년 6월 WP.29가 채택한 1958년 협정 개정안에서는 '2018년 8월부터 다수의 자동차 부품 및 시스템에 대한 상호 인증' 제도인 IWVTA(International Whole Vehicle Type Approval)가 시행되었다. 차량 전체의 상호 인증을 원활히 진행하기 위해 일본이 제안한 제도가 채택되었다.

또, WP.29에 참여하는 1958년 협정 비비준국은 정부 인증 제도가 없는 미국이나 중국과 같이 독자적인 인증 기준을 운용하는 경우가 있으므로, 상호 인증에 관한 규정을 제외한 1998년 협정을 비준하고 있다. 이 협정은 세계 기술 기준(UNGTR)의 제정을 목적으로 하며, 주로 환경 및 안전에 관한 23개 항목의 기준 심의가 진행되고 있다. 미국과 중국도 UNGTR에 참여하고 있다.

WP.29에서 AD 관련 사항을 다루는 것은 그림의 조직도 내의 GRVA이다. 7년 전 기존 문화회를 정리하는 형태로 설립되어 이미 19차 회의를 진행하였다. GRVA 산하에는 AD와 ADAS를 다루는 몇 개의 비공식 그룹이 있으며, 그 중 AD 시스템에 대해서는 기능 안전을 논의하는 FRAV, 평가 방법 검토를 진행하는 VMAT가 각각 논의한다. JASIC은 다음과 같이 말했다.

"현재는 핸즈오프가 가능하도록 논의하고 있습니다. 아직 핸즈오프는 논의 중입니다. AD로 말하면 레벨 2의 시스템입니다. FRAV와 VMAT가 통합 문서로 정리했습니다. 이것은 어디까지나 가이드라인, 즉 '자율 주행의 개념'이며, 이를 바탕으로 새로운 AD 시스템의 비공식 회의에서 실제로 레벨 4 등 높은 수준의 논의를 진행하기로 했습니다."

논의 절차는 MBD(Model Based Development)와 유사하다고 한다.

"어떤 안전 요건을 정해야 하는지 FRAV

자동차 기준 조화 세계 포럼

UN(United Nations=국제연합)에는 많은 기관이 있으며, 그중에는 가맹국 간의 경제 활동을 원활하게 하기 위한 규칙 제정 역할을 맡은 조직이 있다. 정치와 경제를 분리할 수 없는 이상, 경제 활동에서의 교통 정리 또한 UN의 역할이다. 그 상위 조직이 경제사회이사회이며, 그 아래에 유럽, 아시아 태평양 등 지역별 위원회가 있고, 자동차 관련은 유럽 경제위원회의 산하에 있다. WP.29에서의 결정 사항은 '상호 공유'하는 것이 기본이지만, 가맹국 각자의 사정도 있으므로 '이 부분은 비준하지 않겠다'는 예외도 인정하고 있다.

WP(Working Party=작업부회).1은 도로 교통 안전, WP.3은 내륙 항해 운수 기술 안전 요건, WP.6은 규제 국제 협조와 표준화 등, 주제별 작업 부회가 있다. WP.29는 자동차 기준 인증의 국제 협조를 논의한다.

현재, WP.29 내에는 오른쪽에 표시된 6개 부회가 있으며, 가장 최신 부회는 ADAS, AD, 커넥티드, 사이버 보안 등의 분야를 다루는 GRVA로 2017년에 발족했다.

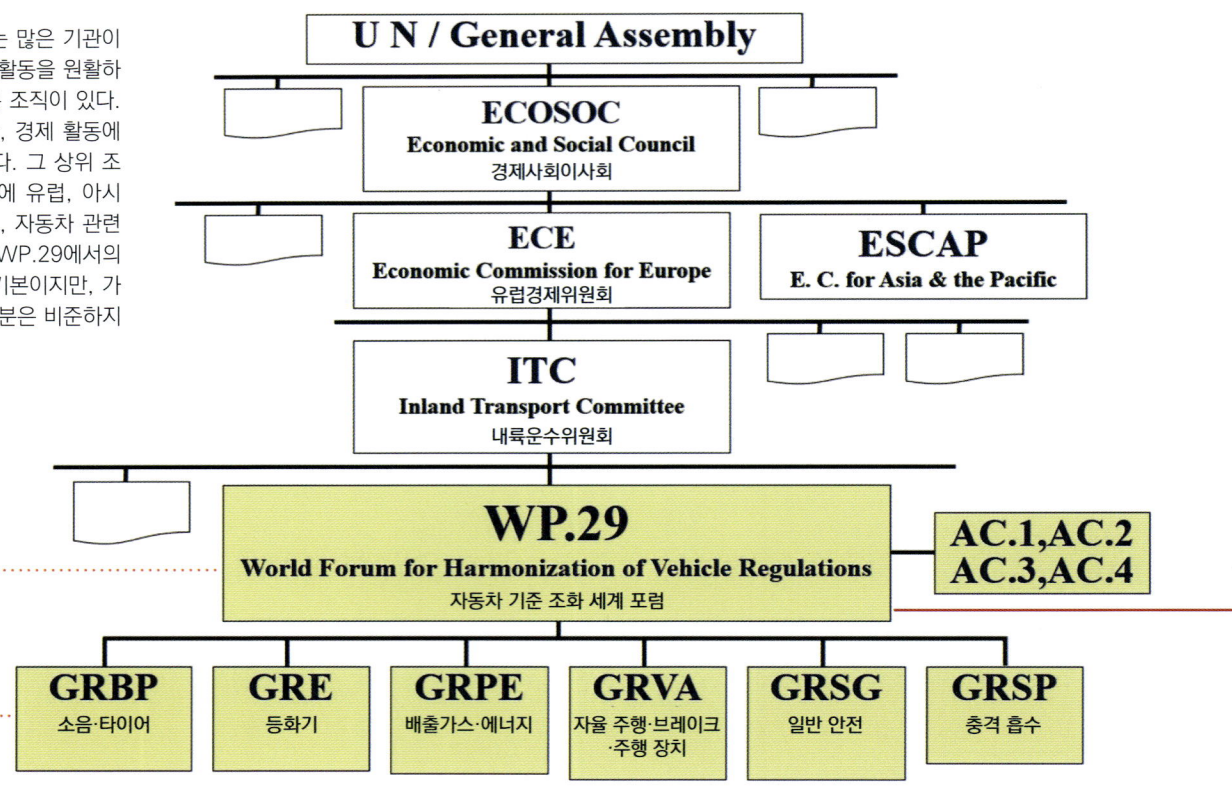

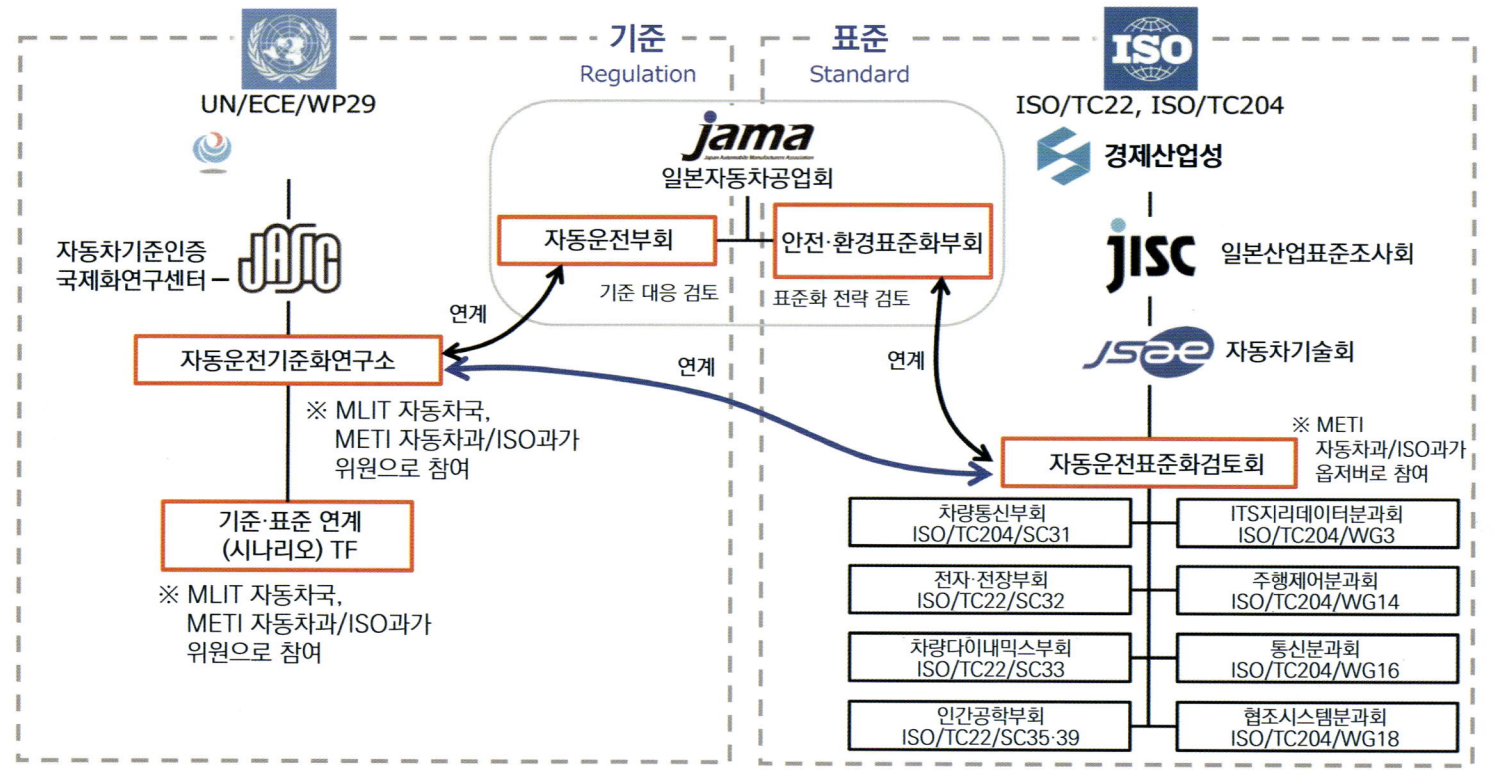

일본 국내에서의 기준·표준 연계

기준은 '강제되는 규격'으로, 국가별 기준과 국제적으로 통일된 기준이 있다. 그 내용은 필요에 따라 국제적으로 표준화된다. 일본이 국제 기준을 채택하는 경우 국내 법규에 반영된다. 또한, 국제적으로 협조된 기준은 ISO 등의 표준으로 정의되며, 국제 기준의 비준국은 그 표준을 받아들여야 한다. 이와 같이 자동차 관련 '규칙'은 국내와 국제, 기준과 표준 간에 어긋남이 발생하지 않도록 관리된다.

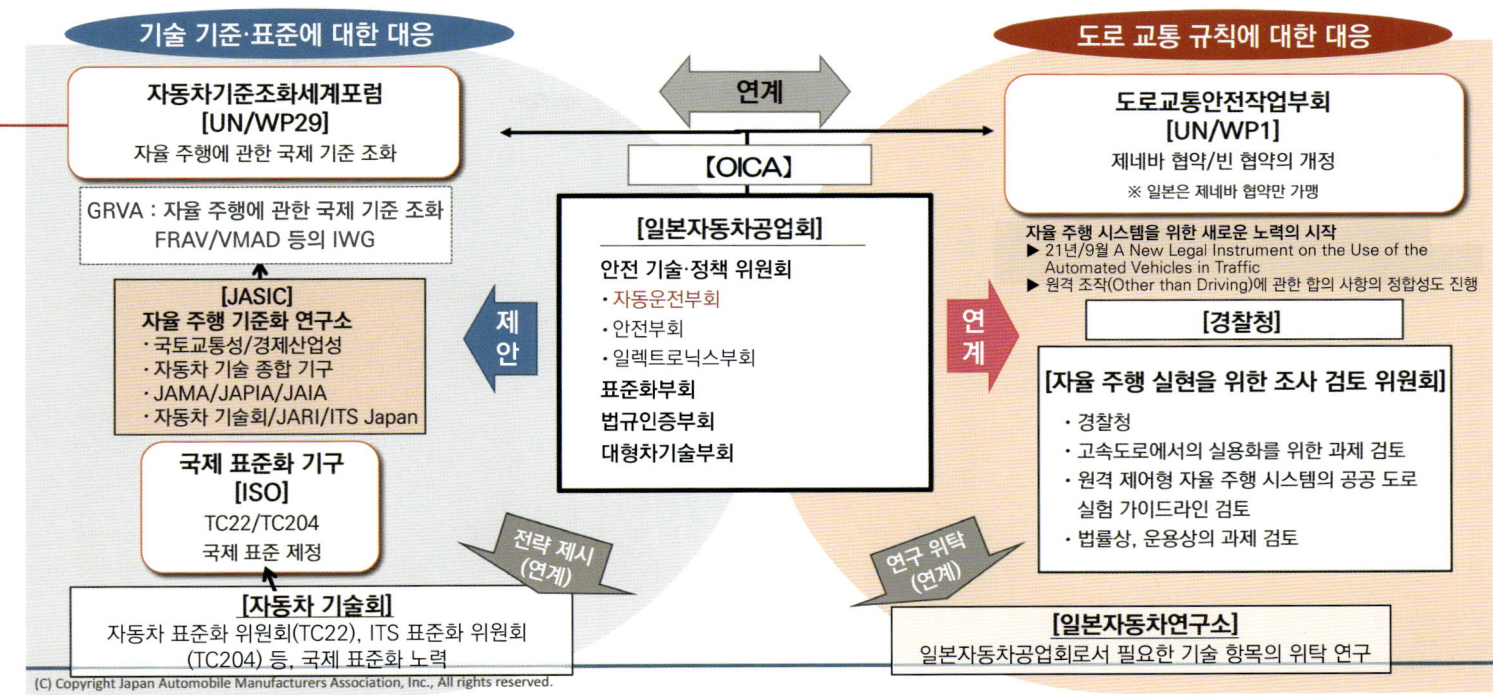

자동차 산업 측면에서 본 기준·표준

OICA(국제자동차회의소)는 각국의 자동차 업계 단체로 구성되며, 일본에서는 JAMA(일본자동차공업회)가 참가하고 있다. ADAS/AD 영역에서는, 상품인 자동차 제조에 책임이 있는 OEM(자동차 제조사) 단체인 JAMA가 기술적 관점에서의 제안을 JASIC/국토교통성과 국내에서 조정하며, 도로교통법규와의 정합성은 경찰청과 연계한다. 국제적인 규칙 제정의 장인 WP.1/WP.29는 OICA와 연계한다.

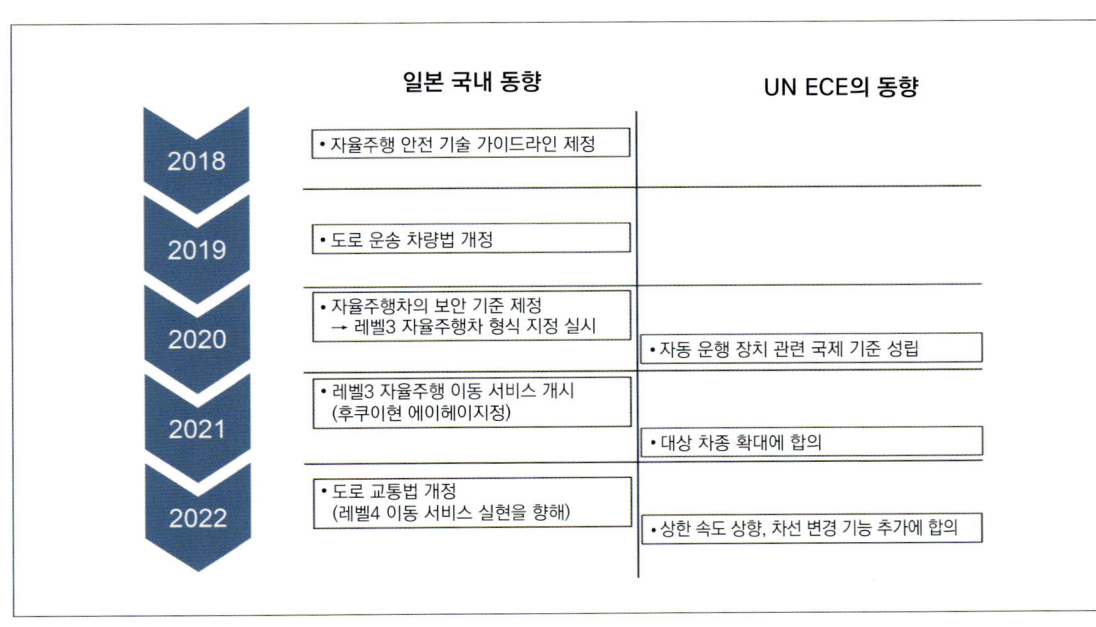

AD 실현을 위한 노력

일본 국내에서는 2018년에 자율주행에 대한 가이드라인이 제정되었다. UN-ECE에서 국제 기준이 성립된 것은 그로부터 2년 뒤였다. 2024년 6월부터 2년간 논의될 AD 국제 법규는 세계적으로 산업계의 관심이 높고, 이를 계기로 '주도권을 쥐려고' 생각하는 국가 및 지역도 있다. 어떤 형태가 되든, 2026년 6월로 예정된 UN-ECE에서의 결정은 AD에게 큰 전환점이 될 것이다. 중국과 미국은 98협정 비준국이므로 58협정 가맹국과 같은 입장에서 논의에 참여하고 있다.

에서 구체화합니다. 이는 일반적으로 V자 형태로 표현되는 MDV의 왼쪽 부분입니다. 그 결과를 어떻게 평가할지, 어떤 사례를 고려할지 정리한 것이 오른쪽 부분이며, 최종적으로 FRAV-VMAT 통합 가이드라인이 되었습니다. 이는 지난해 말에 완료되었습니다. 현재는 AD에 대한 UN 규정을 수립하는 단계에 들어섰습니다. 올해 6월부터 논의가 시작되어 2026년까지 규정을 수립할 계획입니다. 해당 규정의 형태가 시스템에 관한 것인지 여부는 아직 불확실하지만, 2년 후를 목표로 하는 일정은 확정되었습

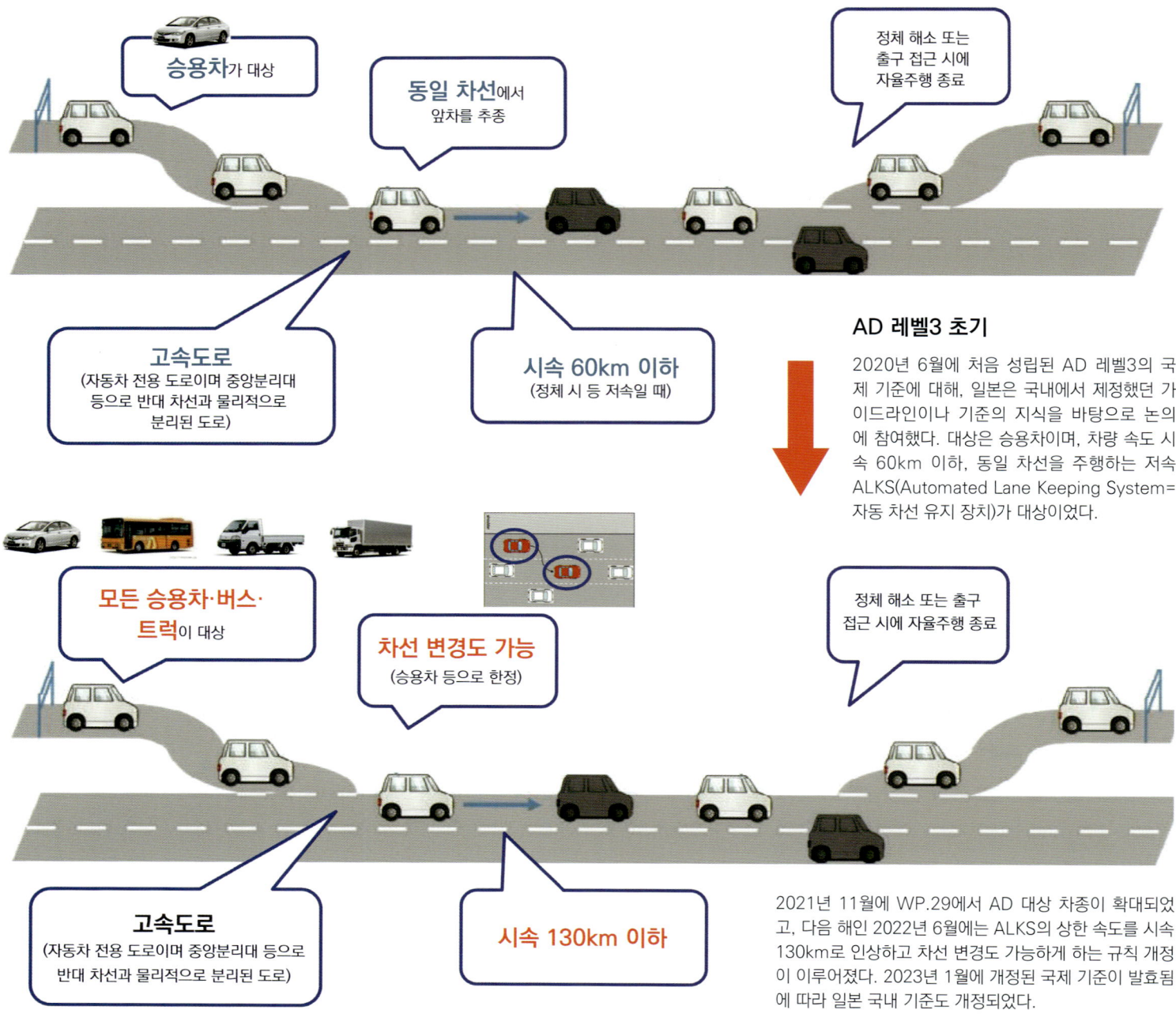

AD 레벨3 초기

2020년 6월에 처음 성립된 AD 레벨3의 국제 기준에 대해, 일본은 국내에서 제정했던 가이드라인이나 기준의 지식을 바탕으로 논의에 참여했다. 대상은 승용차이며, 차량 속도 시속 60km 이하, 동일 차선을 주행하는 저속 ALKS(Automated Lane Keeping System=자동 차선 유지 장치)가 대상이었다.

2021년 11월에 WP.29에서 AD 대상 차종이 확대되었고, 다음 해인 2022년 6월에는 ALKS의 상한 속도를 시속 130km로 인상하고 차선 변경도 가능하게 하는 규칙 개정이 이루어졌다. 2023년 1월에 개정된 국제 기준이 발효됨에 따라 일본 국내 기준도 개정되었다.

니다."

현재 AD/ADAS 관련 국제 규정은 어떻게 되어 있을까?

"국제 규정은 결정 순서에 따라 번호가 부여됩니다. 가장 오래된 규정은 R131로, 이는 충돌 피해 경감 브레이크(AEBS)에 대한 규정입니다. 이 규정은 내년 2025년부터 승용차 및 상용차의 신차에 대해 의무화되고, 기존 생산 모델은 2028년부터 적용됩니다. 같은 AEBS에 대해 차량분 아니라 보행자·자전거까지 대상 범위를 확대한 R152는 승용차를 대상으로 하며, 이는 올해 7월부터 신형 차량에 의무화됩니다."

스바루 '아이사이트'와 같은 AEBS는 이미 보급이 진행 중인 장비지만, 신형(신규 형식 신청 모델) 승용차에서는 2024년 7월부터 장비가 의무화된다.

"레벨 2 AD에서 저속 차선 유지(LKAS)를 규정한 R157은 핸즈오프(hands-off, 운전자가 스티어링을 잡지 않은 상태)였지만, 개정되어 차선 변경 요건이 추가되어 차속은 130km/h까지를 커버합니다. 다만 이는 레벨 3의 핸즈온(hande-on, 운전자가 스티어링을 잡은 상태)입니다. 핸즈오프에 대한 법규는 앞으로 논의될 예정입니다."

한편, WP.29에서 결정된 기준을 각국이 비준할지 여부는 각국의 판단에 달려 있다.

"일본과 유럽은 UN 규칙을 만들고, 미국은 이에 준하는 FMVSS(Federal Motor-Vehicle Safety Standard: 연방자동

현재의 WP.29에 대한 일본의 입장

AD/ADAS/커넥티드를 다루는 GRVA(자율주행 부회)에서 일본은 부의장을 맡고 있으며, 그 산하의 5개 전문가 회의 중 4개에서 공동 의장을 맡고 있다. WP.29에서의 논의에는 EU 가맹국과 영국, 일본 등 1958년 협정 비준국 외에 98년 협정을 비준한 중국이나 인도 등, 그리고 FMVSS라는 독자적인 안전 기준을 가진 미국도 참가한다. 일본은 과거에도 기준의 국제 공조에 적극적으로 참여해 왔다.

차안전기준)를 만듭니다. 중국 또한 국내 법규를 정비합니다. 일본과 유럽이 합의하면 UN 기준으로 만들 수 있습니다. 다만, 주장하는 바가 다른 부분도 있습니다. AD에 관해서는, 예를 들어 '자율주행 중'임을 외부에 알리는 HMI 기능에 대해 의견이 나뉩니다. 영국은 '장난의 대상이 될 가능성'이 있다며 외부 발신에 반대하고, 일본은 찬성합니다. EU는 일단은 한 덩어리로 찬성하는 입장입니다. 논의는 이제부터 시작입니다."

현재 AD 비공식 회의의 의장국은 EU를 비롯해 일본, 미국, 영국, 캐나다, 중국이다. 세계 자동차 생산의 대부분을 담당하는 회원국들이며, 미래를 내다본 논의가 진행되고 있다. 당연히 관심도가 높은 분야이며, 이해관계가 충돌하는 부분도 있다.

"회의에서는 다양한 의견이 나옵니다. AD에 대해서는 레벨 2에서 레벨 3, 레벨 4로 단계가 올라왔지만, 이미 공공 교통이나 상업용 차량의 AD는 이미 레벨 4 서비스를 포함한 논의가 진행되고 있습니다. 레벨 3의 승용차가 정말 필요한지 여부에 대한 논의도 진행되고 있습니다. 더 나아가, 국제 법규로서 R 번호가 제정되더라도 각국의 국내 법규 및 부령에 적용되는 것은 다소 지연될 것입니다. 모든 것이 전환되기까지는 10년 이상 걸릴 것입니다."

국제 규칙 제정이 착실하게 진행되고 있는 AD/ADAS 분야이지만, 실제로는 상용화가 먼저 진행되고 있다. "규칙은 나중에 제정될 수 있다"는 것이 현실이다.

PROFILE

츠부라이 요시히사
Yoshihisa TSUBURAI
자동차 기준 인증 국제화 연구 센터
연구부 제1기술과 과장 대리

야마우치 가쓰토시
Katsutoshi YAMAUCHI
자동차 기준 인증 국제화 연구 센터
연구부 제1기술과 과장

가사이 다카키
Takaki KASAI
자동차 기준 인증 국제화 연구 센터
연구부 부장

도해 특집 자율주행, 어디로 가는가?

Assessing the situation
▶ 상황 파악

자율주행을 뒷받침하는 '눈과 귀'의 구조와 원리

AD/ADAS를 위한 센서 기술

운전자를 돕는 안전 운전 지원에는 차량 주변의 상황을 인식하기 위한 센서가 필수적이다.
일반 승용차에 이러한 ADAS가 보급되기 시작한 지는 아직 십여 년밖에 되지 않았지만, 그 진화의 속도와 비용 절감의 흐름은 눈이 핑핑 돌 정도이다.
본고에서는 현재 주류를 이루고 있는 각종 센서의 특징과 사용되는 영역을 다시 한번 해설한다.
각각의 장단점을 이해하는 것이 ADAS의 이해로 이어질 것이다.

본문 : 이페이 다카하시(Ippey TAKAHASHI)/MFi
사진 : NISSAN/TOYOTA/HONDA/SUBARU/MERCEDES-BENZ/VOLVO/DENSO/BOSCH/해상자위대 홈페이지

자율주행을 뒷받침하는 다양한 센서군

닛산은 올해 6월, 일본 국내 모빌리티 서비스를 시야에 둔 자율주행 실험 차량의 주행을 공개했다. 리프를 기반으로 루프에 라이다(LiDAR)를 탑재함으로써 탐지 영역을 현저히 넓혀, 더욱 복잡한 주행 상황에 대응할 수 있다.

밀리파 레이더는 24GHz, 60GHz, 77GHz, 79GHz 주파수 대역의 전파를 사용하는 레이더 시스템이다. 이름에서 알 수 있듯이 전파의 발진과 반사파의 포착을 통해 소요된 시간으로부터 대상물과의 거리를 측정하는 TOF(Time of Flight) 원리가 기본이다.

도플러 효과(Doppler Effect)로 인한 주파수 변화로부터 대상물과의 상대 속도도 동시에 측정할 수 있다. 제2차 세계대전 당시 널리 보급된 기술로, 초기에는 사격 통제용으로 사용된 주파수 대역은 600MHz(영국 해군 1940년~), 1~3GHz(P대역), 2~4GHz(S대역. 이들은 미국 해군, 1941년~)로, 현재와 비교할 때 매우 저주파의 전파가 사용되었다. 이러한 군사 목적의 레이더에는 곧 5~15GHz의 X 대역(X 밴드)도

밀리미터파 레이더

전파를 사용해 주변 물체의 방향과 거리, 상대 속도를 파악한다. 반도체 기술의 진보에 따른 밀리미터파 활용이 핵심이다.

비용 절감으로 보급이 급속히 진행된 센서

왼쪽은 덴소에서 만든 밀리미터파 레이더 유닛이다. 레돔(radome)이라 불리는 정면 부품 안쪽에 핵심 부품인 안테나 등의 전자 부품이 수납되어 있다. 전방 감시용은 일반적으로 프런트 범퍼에 배치되는 경우가 많으며, 위 사진의 토요타 복시에서는 엠블럼 하단에 설치된 것을 알 수 있다. 햇빛이나 빗물, 엔진에서 나오는 열을 견디는 외장이 필요하다.

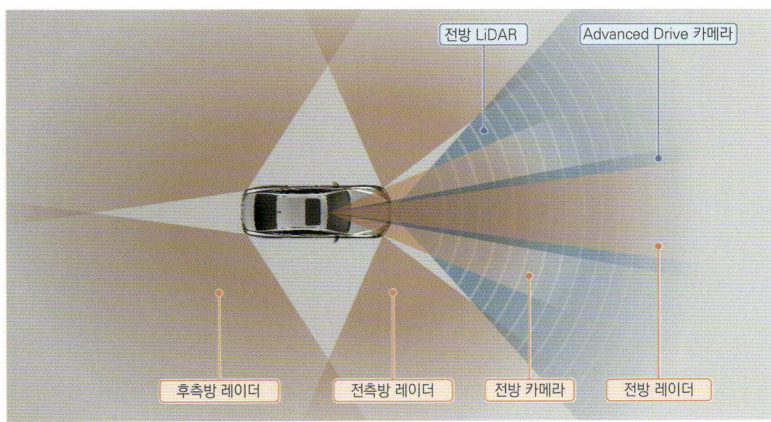

각 밀리미터파 레이더에 사용되는 대역폭

주파수 76-77GHz, 대역폭 1GHz는 전방 장거리 레이더에, 주파수 77-81GHz, 대역폭 4GHz는 후방/측면 모니터에 사용된다. 주파수 57-64GHz, 대역폭 7GHz는 2020년 1월 법 개정 시행으로 향후 이용 증가가 전망된다.

과거 레이더는 회전하는 안테나를 장비했지만…

해상자위대 호위함 '센다이'는 이제 소수파가 된, 회전하는 대형 반사판을 가진 레이더 안테나를 탑재한다. 이지스함 등은 평면의 위상 배열(phased-array) 방식 레이더를 장비한다.

등장하였다. 현재 항공기나 선박에서는 이 중 일부인 9.4GHz 대역이 사용되고 있다(X 대역은 이후 IEEE 표준으로 8~12GHz로 개정되었다). 초기 사용 대역이 저주파였던 것은 반도체가 없던 기술적 한계 때문이었다.

레이더라고 하면 회전하거나 좌우로 움직이는 안테나가 상징적인 존재였지만, 현재 차량용 레이더에서는 다중 안테나를 사용하는 MIMO(Multiple Input and Multiple Output) 안테나를 통해 움직이는 부품 없이 스캔이 가능해졌다. MIMO를 구성하는 각 안테나의 간격은 전파의 파장의 1/2가 한계이므로, 사용 주파수 대역의 고주파화는 MIMO 안테나(안테나 어레이)의 소형화에도 연결된다. 즉, 밀리파 레이더에서 센서란 직접적으로, 궁극적으로는 이 MIMO 안테나라고 생각해도 틀리지 않지만, 그 이상으로 운전자나 신호 처리 시스템이 중요한 의미를 갖기 때문에, 이를 모두 포함하는 것을 가리킨다.

현재 밀리파 레이더(Milimeter-Wave Rader)가 사용하는 '밀리파'의 정의는 파장 1~10mm(30~300GHz, 다만 24GHz의

파장은 12.5mm로 엄밀히 말해 밀리파의 정의에서 벗어남)의 전파로, '마이크로파' 영역에 속한다. 참고로 전자레인지가 사용하는 전파는 2.4GHz 대역이다. 말할 것도 없이 전파는 전자파를 의미하며, 마이크로파 바로 위(고주파 측)에는 적외선, 그리고 가시광선이 이어지므로, 이미 '빛의 한 발짝 전'이라고 할 수 있다. 그만큼 초고주파 영역이며, 빛과 유사하게 매우 높은 직진성을 가지고 있다는 점도 중요한 핵심 요소이다.

초고주파를 다루기 위해서는 이에 대응한 전자 기술이 필수적이다. 특히 아날로그 회로만으로 이를 처리하던 시대와 달리, 디지털화(수치화)가 필수적인 현대에는 아날로그 회로의 정밀도는 물론 디지털 회로의 초고속 동작이 요구된다. 양자를 연결하는 디지털-아날로그 혼합 IC 또는 SoC의 존재도 중요하다. 아날로그 회로의 정밀도를 확보하기 위해서는 열전도율이 우수하고 유전율이 안정적이라는 요소도 중요하며, 이를 위해 세라믹 소재의 고주파 회로 전용 프린트 기판이 사용된다.

2000년대 후반부터 밀리파 레이더가 크게 확산된 것은 반도체의 진화가 컸다. 이 시기에는 과거 주류를 이뤘던 갈륨 아세나이드(GaAs)에서 실리콘 게르마늄(SiGe)으로 기술이 전환되었다. GaAs는 고비용으로 디지털 회로를 만들 수 없기 때문에 디지털 시스템과의 혼합(한 장의 다이에 형성하는 1칩화)이 불가능하여 MMIC(모놀리식 마이크로파 집적 회로: 아날로그 회로로 구성된 집적 회로)로만 만들 수 있었지만, SiGe는 CMOS 공정(SiGe BiCMOS)을 사용할 수

단안 카메라

인간의 눈과 마찬가지로 가시광선으로 주변을 '보는' AD/ADAS 기술의 주역이다. 성능 향상을 위해서는 화상 처리 능력의 진화도 필요하다.

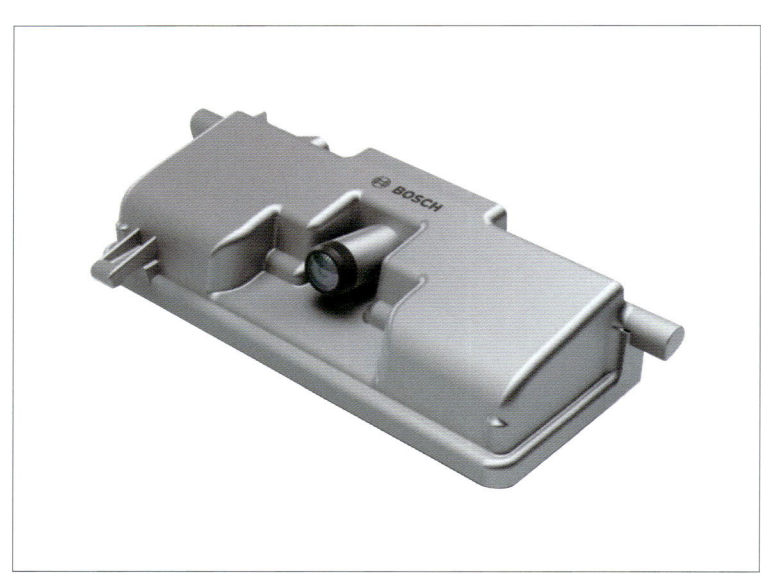

수많은 공급 업체가 진출하여 춘추전국(군웅할거) 시대에 접어들었다.

왼쪽 유닛은 보쉬의 단안 카메라(프로토타입)이다. 차세대 다목적 타입으로 다양한 이미지 인식 알고리즘에 대응한다. 이 단안 카메라는 위 사진처럼 차량 내부 룸미러 주변에 설치되는 경우가 많다. 와이퍼 작동 범위에 둠으로써 비가 올 때도 시야를 확보할 수 있다.

단안 카메라만으로 수많은 기능 실현

2014년에 발표된 닛산 엑스트레일은 단안 카메라만으로 대상물을 인식하는 것 외에 측거까지 하는 기능을 탑재했다. 그전까지는 단안 카메라만으로는 측거가 불가능하다는 것이 상식이었지만, 수많은 차량 형상을 데이터베이스화하여 크기를 추정하는 로직을 활용했다. 이 기술은 그 후 프로파일럿(ProPILOT)에도 사용되고 있다.

있기 때문에 RFIC(고주파 집적 회로)로 통합할 수 있게 되었다.

단안 카메라는 전방의 차량이나 보행자, 도로의 장애물(예: 보도 블록) 및 차선을 표시하는 흰색 선 등 도로 상태를 인식하는 데 사용되는 ADAS용 센서의 핵심 요소이다. 최근에는 적응형 하이빔 제어나 교통 표지판 인식용으로, ADAS용 메인 카메라와 별도로 서브로 독립적으로 설치되는 사례도 증가하고 있으며, 서라운드 뷰 카메라용으로 차량의 전방위를 포괄하도록 각 곳에 복수로 설치되는 경우도 늘고 있다.

스마트폰 카메라 등에 대표되듯이, 카메라 센서 자체는 이제 더 이상 드문 존재가 아니다. 오히려 그 보급(민생 용도에서의 보급)이 차량용으로의 확산을 촉진하고 있지만, 더 중요한 것은 카메라로 촬영한 이미지에서 정보를 추출하는 이미지 프로세서의 존재이다.

예전에는 단안 카메라로 대상을 인식할 수는 있었지만, 아래에서 설명할 스테레오 카메라와 달리 상대적인 거리와 속도를 판별할 수 없었기 때문에 밀리파 레이더 등을 함께 사용해야만 했다. 그러나 이미지를 고속으로 분석하여 단안 카메라만으로도 거리와 속도를 판별하는 기술이 탄생하였다. 이 용도로 널리 알려져 있으며 큰 점유율을 자랑하는 것이 Mobileye의 SOC, EyeQ 시리즈이다. 특히 EyeQ3, EyeQ4(닛산의 프로파일럿 2.0에 채택됨)는 가장 널리 보급된 이미지 프로세서로, 후자의 경우 2.5TOPS(1초당 2.5조 회 연산)의 성능을 갖추고 있다.

ADAS용 카메라 센서의 중요한 기능인 거리 측정 능력은, 화각 내 대상물(전방 주행 차량 등)의 상하 위치와 화각(畵閣)에 대한 크기를 추정하는 방법을 통해 구현된다. ADAS용 카메라 센서에서는 거의 모든 제품이 이 방법을 채택하고 있다. 단안 카메라는 비용 절감이 용이하기 때문에, 모빌아이 외에도 몇몇 반도체 장치 제조사들이 이 용도의 SOC를 개발하고 있다. 참고로 완성차 제조 라인에서는 이 시야각 내의 이미지와 거리 정보를 연결하는 보정 작업이 '타겟팅'이라는 공정에서 수행된다.

물론 정확한 수치 정보로 거리를 측정하는 것은 어려우므로, 최근에는 밀리파 레이더로 획득한 정보(거리 정보를 수치로 얻을 수 있음)와 결합하여 더 높은 정밀도를 달성하는 '센서 퓨전(Sensor Fusion)' 기술도 널리 사용된다.

카메라 센서에서 가장 중요하게 여겨지는 성능 지표는 이미지 센서의 해상도를 결정하는 픽셀 수, 다이내믹 레인지, 그리고 프레임 레이트(FPS)의 세 가지이다. 참고로 흑백 카메라에 비해 컬러 카메라에서는 출력되는 이미지 정보량이 3배로 증가된다. 이는 RGB라는 세 가지 기본 색상을 인식해야 하기 때문이다. 기본적으로 이미지 센서 자체는 흑백과 컬러 모두 동일한 구조이며, 이 앞에 RGB 필터를 배치해 각 기본 색상을 선택적으로 도입하는 방식이 사용된다.

화소수에 관해서는 스바루의 아이사이트(EyeSight) 최신 세대가 채용한 온세미컨덕터(onsemi)제 카메라 센서가 2.3메가픽셀이라는 사양을 가지고 있으며, 이 정도부터 레벨 3 이상의 자율주행 기능이 가능해진다고 한다. 즉, 2020년을 기점으로 자율주행 실현에 필요한 사양이 갖추어졌다는 것이다. 게다가 이는 최소한의 사양이다.

현재 카메라 센서의 주류는 CMOS이다. 과거에는 CCD가 널리 사용되었지만, 촬영 소자의 최소 단위인 포토다이오드에서 포착한 전하의 처리 방식에서 두 기술은 크게 다르다. CCD는 전하를 모아 전송한 후 처리하는 반면, CMOS는 포토다이오드에서 포착한 전하를 각 포토다이오드 별로 현장에서 전하를 전압으로 변환해 추출한다.

한편, 단안 카메라에 비해 수평 방향으로 거리를 둔 두 개의 카메라 센서를 사용해 시차 효과를 활용해 카메라만으로 거리 측정을 실현한 것이 스테레오 카메라로, 스바루의 아이사이트가 대표적이다. 현재 모델에 탑재된 최신 세대의 아이사이트는 단안 카메라나 레이더를 병용하지만, 이전 세대까지는 스테레오 카메라만으로 ADAS 기능을 구현해 승용차에서의 충돌 피해 감소 브레이크 보급에 기여한 것은 잘 알려진 사실이다.

카메라 센서 분야의 현재 주류는 분명히 단안형이기 때문에, 이미지 센서가 '표준 부품'으로 존재하지 않으며, 이를 개발해야 합한다. 스테레오 카메라는 카메라 간 거리인 '기선 길이'와 이를 위한 공간이 필요하다는 등의 장애물이 있지만, 이보다 더 진입을 어렵게 만드는 요소가 있다.

최근에는 기선 길이 160mm라는 극히 컴팩트한 시스템도 등장했지만, 두 카메라 센서 간의 간격이 이 정도로 짧아지면 시차 효과가 필연적으로 작아지기 때문에, 이를 극복하려면 높은 기술이 필요하며, 구체적으로 시차 효과가 화소(Pixel) 차이로 나타나지 않는 경우도 있어 이 '픽셀 미만의 보완 기술'이 핵심이다. 이 '픽셀 미만의 보완 기술'을 적용하면 궁극적으로 단안 카메라로 시차 효과를 얻을 수 있다고 한다.

레이저 광을 사용하여 레이더처럼 스캔하는 센서가 LiDAR(라이더)이다. 극히 높은 직진성을 가진 레이저 광을 활용함으로써 TOF를 통해 높은 정밀도로 거리 정보를 얻을 수 있지만, 이를 위해 레이저 광을 감지하는 광전 센서(APD: Avalanche Photo

스테레오 카메라
두 개의 카메라 센서가 포착하는 시야의 차이로부터 자차와 대상 간의 거리 정보를 추출한다.

카메라 간의 거리가 클수록 측거에 유리하다
스테레오 카메라는 두 카메라 간의 간격과 각 이미지의 보이는 방식의 차이를 이용해 거리를 측정한다. 왼쪽은 렉서스 LS에 탑재된 덴소(Denso) 제품인데, 경차 등에도 탑재하기 쉬운 카메라 간 거리가 짧은 타입(위 사진)도 현재 개발되고 있다.

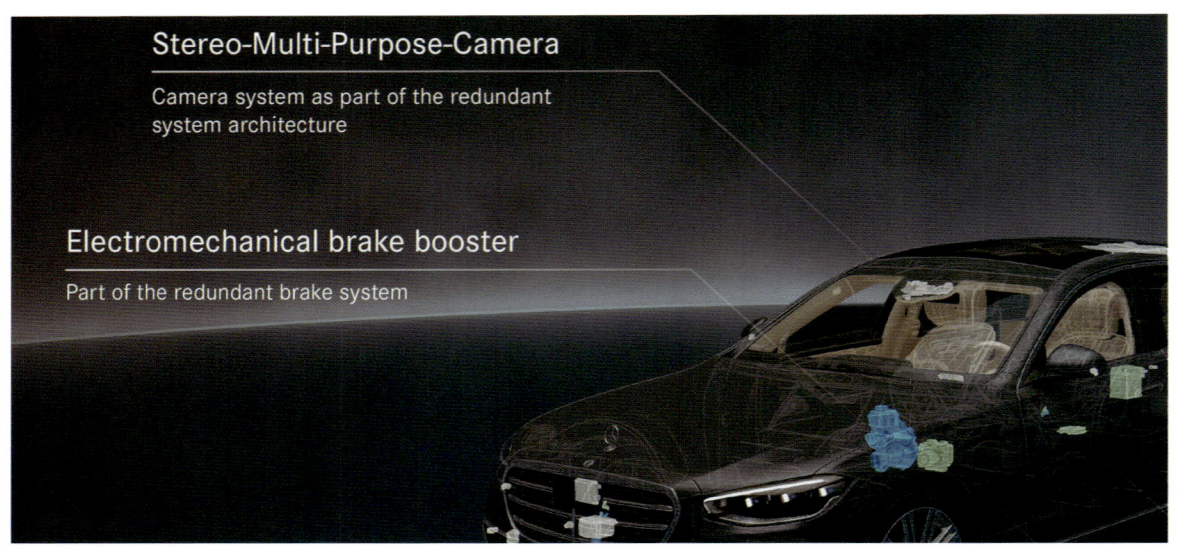

더욱 고도화된 차량 제어에도 화상 정보를 활용한다.
현행 메르세데스-벤츠 S클래스는 스테레오 카메라로 전방 노면의 요철 등의 정보를 수집하고, 전후 서스펜션의 특성을 전동 유압 유닛으로 순식간에 변화시켜 승차감을 향상시킨다. 노면으로부터의 입력이 오기 전에 서스펜션의 설정을 바꾼다는 장비이다.

Diode)의 신호를 검출하는 아날로그 회로부터 해당 신호를 처리하는 디지털 회로 부분(DSP: Digital Signal Processor)까지 초고속 동작이 가능한 전자 시스템이 필요하다. 결국 1나노초에 약 300mm의 거리를 이동하는 레이저 광이 대상이기 때문이다.

과거 레이더처럼 레이저를 모든 방향으로 회전시켜 조사하기 위해 회전 미러를 내장하는 것이 LiDAR의 표준 구조였지만(세계 최초의 양산 차량용 LiDAR인 발레오의 제품이 그 예시다), 더 높은 내구성과 신뢰성, 소형화 및 저비용화를 목표로 움직이는 부품을 갖지 않은 솔리드 스테이트화 방향으로의 연구 개발이 활발히 진행되고 있다.

솔리드 스테이트형 LiDAR의 대표적인 유형은 플래시 LiDAR와 MEMS 기술을 활용해 반도체 위에 형성된 마이크로 미러로 레이저 광의 방향을 변경하며 스캔하는 MEMS형 두 가지이다. 최근에는 아직 연구 단계이지만, 광학 페이즈드 어레이(Phased Array) 기술을 활용해 완전히 가동 부위 없이 레이저의 방향을 자유롭게 제어하는 기술도 제안되고 있다.

플래시 LiDAR는 회절 격자와 다중 레이저를 결합해 레이저 광으로 생성된 점군을 한 번에 조사하고, 이를 APD를 결합한 이미지 센서로 포착된 시간으로부터 TOF를 통해 각 거리 정보를 동시에 얻는 방식이다. 거리 정보가 포함된 점군 데이터를 수집하면 이를 3D로 표현할 수 있다는 것이다. 앞서 언급된 회전 미러 방식과 MEMS형은 기본 원리가 동일하다. 차이점은 한 번에 점군을 '발사'하는지, 아니면 단일 레이저를 '이동시켜' 스캔하는지 여부이다. 참고로, LiDAR에 사용되는 레이저는 근적외선 광(가시광 영역 외)을 이용한다. LiDAR 이미지에 '빨간색'이 자주 사용되는 것은 이 때문이다.

반면 초음파 센서는 레이더나 LiDAR와 마찬가지로 TOF를 사용하는 거리 측정 센

LiDAR
레이저 빛을 사용하여 주변 상황을 포착하는 3D 스캐너는 정밀한 제어가 필수다.

라이다 탑재를 전제로 한 스타일링

볼보의 최신 BEV인 EX90은 일반적인 프런트 그릴 대신, 측정의 명당이라고 할 수 있는 루프 위에 차세대 라이다를 배치했다. 최대 250m 앞의 보행자도 감지할 수 있는 성능을 자랑한다. 커버 형상도 신중하게 검토하여 Cd값 0.29라는 뛰어난 공기 역학적 특성도 얻었다.

전방 LiDAR

고도화된 운전 지원을 업그레이드로 추가

토요타는 2021년에 레벨2 운전 지원을 부드럽게 실현하는 'Advanced Drive'를 미라이 및 렉서스 LS에 탑재했다. 당초에는 전면에만 라이다를 장비했지만, 측면/후면에도 라이다를 추가할 수 있는 구조로 만들어 추후 업데이트에 대응하고 있다.

초음파 센서
'소리'의 반향으로 근접한 물체를 감지한다. 기술적, 비용적으로 부담이 적지만 능력은 제한적이다.

'노후화된 기술'이기는 하지만 각 제조사에서 채택된 사례는 매우 많다.

왼쪽은 혼다 ZR-V 차량에 탑재된 초음파 센서의 위치를 나타낸 것이다. 앞뒤 범퍼에 각각 4개씩, 총 8개가 장착된다. 매우 근접한 거리의 대상물을 감지하는 뛰어난 특성을 활용하여, 앞뒤 양방향의 오발진을 억제한다.

← 스바루는 후방 감시용으로 활용한다.

크로스트렉은 전방/측방 감시는 스테레오 카메라, 단안 카메라, 밀리미터파 레이더가 담당하며, 후방 감시는 초음파 센서가 맡음으로써 후진 시의 운전 실수를 방지한다.

↓ ADAS 보급 전부터 사용되어 온 기본적인 센서

토요타는 '클리어런스 소나'라는 이름으로 2010년대 초반부터 수많은 모델에 초음파 센서를 탑재했다. 저렴하다는 장점을 활용하여 센서 수를 늘림으로써 감지 범위를 넓히고 있다.

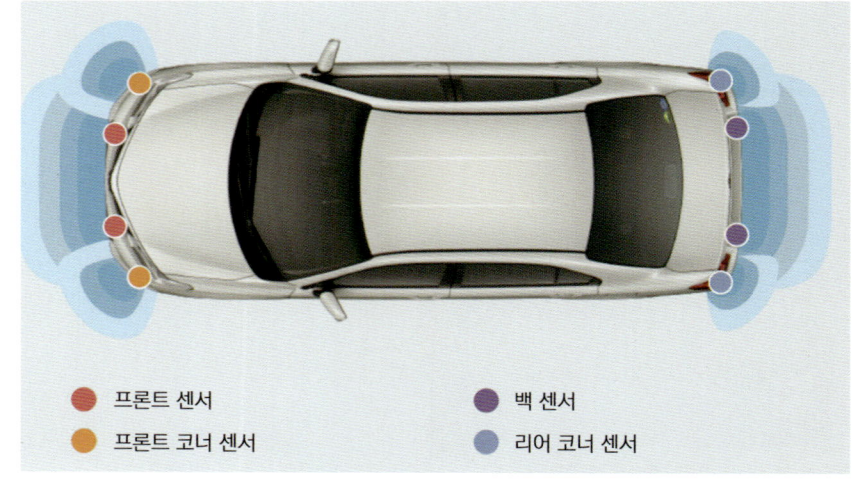

● 프론트 센서   ● 백 센서
● 프론트 코너 센서   ● 리어 코너 센서

서이지만, 공기 중의 밀도 파동인 소리를 사용한다는 점에서 파장이 짧고(저주파수 대역) 다양한 특성을 갖게 된다. 인간이 들을 수 있는 가청 범위에서 고주파 방향으로 벗어난 초음파를 사용하는 것은 말할 필요도 없지만, 인간에게 들리지 않는다는 점만 다를 뿐 여전히 소리이며, 그 전파 속도는 레이더가 사용하는 전파나 LiDAR의 레이저(둘 다 거의 광속)와 비교할 때 수십 배나 느리다. 직진성도 높지 않고(바람이 불면 흐트러짐), 대기의 상태와 소음(가청 범위 외)의 영향을 크게 받기 때문에 기본적으로 주행 중에는 사용할 수 없다(신기술로 일부 예외도 있는 것 같다).

초음파를 발생시키는 트랜스듀서는 압전 소자를 사용하는 지극히 단순한 것이다. 극단적으로 말하면 압전 스피커이며, 이들을 초음파 대역에 최적화한 것이라고 생각하면 된다. 물론, 이 초음파 트랜스듀서만으로는 거리 측정 등의 목적을 달성할 수 없다. 이 부분은 다른 센서들과 유사하지만, 초음파의 주파수는 수십 kHz(일반적으로 인간의 가청 범위는 약 20 kHz까지)이기 때문에, 발진을 위한 드라이버 회로나 구동을 위한 파워 전자 장치, 신호 처리 시스템에는 그렇게 높은 사양이 요구되지 않는다.

따라서 주차 보조 용도의 간격 감지 등에서 오래전부터 널리 보급되어 왔지만, 해상도 등 능력에는 한계가 있다. 또한 기본적으로 초음파는 감쇠가 심해 멀리까지 전달하기 어렵기 때문에, 거리 측정에 활용할 수 있는 거리는 최대 몇 미터에 불과하다.

근적외선 레이저는 현재 거의 소멸했다.

약 시속 30km 이하에서의 충돌 피해 경감 브레이크용 센서로서, 2010년대 초반에 경차 등에 사용되었던 것이 근적외선 레이저를 사용하는 센서이다. 사용 기술은 라이다(LiDAR)와 거의 같지만 매핑을 하지 않기 때문에 저비용을 실현했다. 그러나 밀리미터파 레이더의 급격한 비용 절감으로 자취를 감추고 있다.

TURING의 스태프가 생성 AI에 차량 컨셉과 차량 이미지를 전달하여 작성한 2030년 구상한 자율주행차의 디지털 모델이다. 이 회사는 자체 개발한 자율주행 AI를 탑재한 차량을 제조 및 판매하는 것을 목표로 한다. 목표는 레벨5의 자율주행차이다.

Applications
▶ 최신 사례

도해 특집 자율주행, 어디로 가는가?

운전은 놀라울 정도로 어렵고, 인간은 놀라울 정도로 현명하다.

카메라와 LLM(대규모 언어 모델)을 사용한 자율주행 시스템을 개발하고 있는 스타트업 튜링(TURING)은 2025년 말까지 도쿄 시내 '어디든' 30분간 자율적으로 주행하는 것을 목표로 한다. 기술적으로 중요한 점은 AI에 인간 수준의 환경 인식 능력을 부여하는 것이지만, 과연 '인간의 현명함'에 견줄 수 있을까?

본문 및 인물사진 : 시게오 마키노(Shigeo MAKINO) 그림 : TURING

자율주행 AI를 다루는 스타트업 기업 TURING(튜링)은 LLM(대규모 언어 모델)을 사용하여 '카메라 이미지를 문맥으로 이해하는 AI'의 완성을 목표로 하고 있다. 본지는 1년 전에 이 회사를 취재했다. 그 후 1년 동안 어떤 진전이 있었는지, 이 회사의 야마구치 씨에게 물어보았다.

"완전 자동 운전을 실현하려면 지능적인 AI가 필요합니다. 이를 위해 LLM을 사용합니다. 현재는 자동 운전에 구체적인 AI를 어떻게 만들지까지 진행했습니다. LLM을 시각 모델과 융합하여 멀티 모달 모델(Multi modal Model)을 만듭니다. 여기에 자사에서 축적한 주행 데이터를 학습시켜 자동 운전에 적합하도록 하는 작업을 진행하고 있습니다. 또한, 경제산업성의 지원을 받아 대규모 계산 환경을 사용할 수 있게 되었습니다."

멀티모달 생성 AI는 카메라로 촬영한 영상을 언어적으로 이해하는 것이다. 이 회사는 이것을 HERON이라고 명명했다. 이 AI를 차량용 액셀러레이터 반도체로 구동하여 차량과 AI를 일체화하고, 실제 차량 제어를 실행하는 자율 주행 시스템에 도입한다.

"가장 주력하고 있는 것은 멀티모달 모델의 개발입니다. 카메라로 촬영한 영상을 언어적으로 이해하는 AI입니다. LLM은 텍스트를 입력하지만, 멀티모달 모델은 카메라 영상에 비친 것을 이해하고 어떻게 진행해야 할지 이해합니다."

자체 개발한 생성 AI 'HERON'

- HERON은 '도로가 공사 중이다'라고 판단하고, 공사 구역으로부터 거리를 유지하며, 사고를 피하기 위해 차의 속도를 낮춘다. 전방의 신호등이나 도로 표지판에 최대한의 주의를 기울인다.
- 반사재를 몸에 두른 인물을 작업원 혹은 유도원으로 인식하고, 손에 들고 있는 빨간색 유도등의 움직임에도 주의를 기울인다.
- 이 이미지의 상태에서는 '앞으로 나아가기 어려울 수 있다'라고 판단한다.
- 유도원이 공사 구역을 안전하게 회피하기 위한 지시를 제공해 줄 수도 있다는 것을 이해한다. 유도원의 지시가 있다면 앞으로 나아가도 좋다.

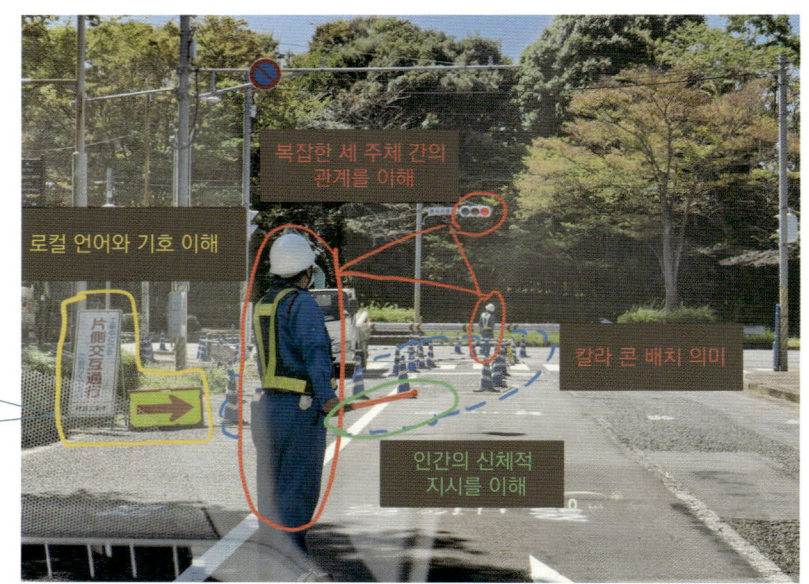

운전 환경은 롱테일(long-tail)이며, 조우 빈도는 낮지만 다양하고 어려운 상황이 존재한다. 꼬리의 끝부분으로 갈수록 어려움은 커진다.

예를 들어, 오른쪽 페이지와 같은 '도로 공사' 장면에서, 간판에 그려진 '일방통행'의 의미를 이해하고, 안내원의 '정지' '진행'이라는 손의 움직임을 인식한다. 도로에 컬러 콘이 놓여 있는 상황도 인식한다.

"이미지를 언어로 변환할 때, 그곳에는 일대일 규칙이 없습니다. LLM이 등장하기 전의 AI는 '신호등이 있다', '신호등이 빨간색이다'를 일대일로 분류하여 인식했지만, 그렇게 하면 비정상적인 것이 비친 경우, 그것이 무엇인지 정확하게 인식할 수 없습니다. 또는 비정상적인 것이 복합적으로 나타난 상황, 예를 들어 도로에 사람이 있고 그 이후에도 사람이 있는데, 그 두 사람의 관계가 무엇인지 인식할 수 없습니다."

야마구치 씨는 계속해서 말했다.

"컬러 콘의 경우에도, 보도에 있는 것과 도로에 있는 것의 의미가 각각 다르다는 것을 인식해야 합니다. 같은 물체라도 의미가 하나만 있는 것이 아니기 때문에 일대일로 대응할 수 없습니다. 그런 것을 의미론적으로 이해하는 것이 중요합니다. 한 장의 이미지 전체를 보고, 그대로 언어적으로 전체를 이해하는 AI를 개발하고 있습니다."

그것이 바로 HERON이다. 그렇다면, 어떤 센서를 사용하는 것일까?

"현재의 계획으로는 카메라 8대, 가속도계, GPS 센서를 탑재할 예정입니다. LiDAR와 레이더는 사용하지 않습니다. 차량 전방의 카메라는 2k의 해상도를 가진 것을 사용할 예정이지만, 그대로 AI 모델에 넣지 않고 다운샘플링하여 압축한 후 GPU에 넣습니다. 데이터가 너무 무거우면 추론에 시

카메라 이미지가 포착한 '정보'를 '맥락'으로서 이해시킨다.

유도원과는 복장이 다른 사람이 손을 들고 있다. 그 시선이 향하는 곳에는 무엇이 있는가? 모든 시나리오를 사전에 예측하여 규칙을 작성하는 것은 인간(프로그래머 포함)에게는 불가능하다.

운송 차량에서 탈출한 돼지 세 마리가 도로 위에 있다. 애초에 보통은 있을 수 없는 광경이지만, HERON은 '돼지에 해를 가하지 않는다', '교통 흐름이나 다른 운전자의 시야를 가로막지 않는다', '돼지가 안전하게 이동할 수 있도록 할 필요도 있다', '필요에 따라 감속·정지할 수 있도록 준비한다'와 같은 판단을 내린다.

간이 걸리기 때문에, 그 부분은 트레이드오프의 관계입니다. 해상도는 고정하지 않습니다. 고속 주행 시에는 먼 곳을 볼 수 있도록, 필요에 따라 가변적으로 할 예정입니다. 프레임 속도는 아직 정해지지 않았습니다. 예상치는 10~20Hz로, 1초에 10~20회 정도 회전하는 속도입니다."

즉, 그다지 정교한 센서는 사용하지 않는다는 것이다. 대신 멀티 모달 생성 AI를 매우 '똑똑한' 것으로 만든다. 이를 차량용이라는 엣지 환경에 특화된 반도체로 구동하여 자율주행 시스템을 작동시킨다.

"이미지를 제공하고 '이 경우 운전할 때 주의해야 할 점은 무엇입니까?'라는 질문을 던지면 적절한 답변이 돌아오게 되었습니다. 언어적 사고 능력과 이미지 상황의 파악이 중요합니다. 그 부분은 어느 정도 실현되고 있습니다. 하지만 운전 환경은 복잡합니다. 공사 현장도 그렇고, 평소에 볼 수 없는 물체가 발생하기도 합니다. 자동차를 운전하지 않을 때의 지식도 동원하여 추측해야 하는 상황도 발생합니다. 그것이 운전에서 발생하는 롱테일 문제입니다. 예를 들어, 도로에 '돼지'가 있는 경우, 어떻게 운전해야

기존의 자율 주행 시스템

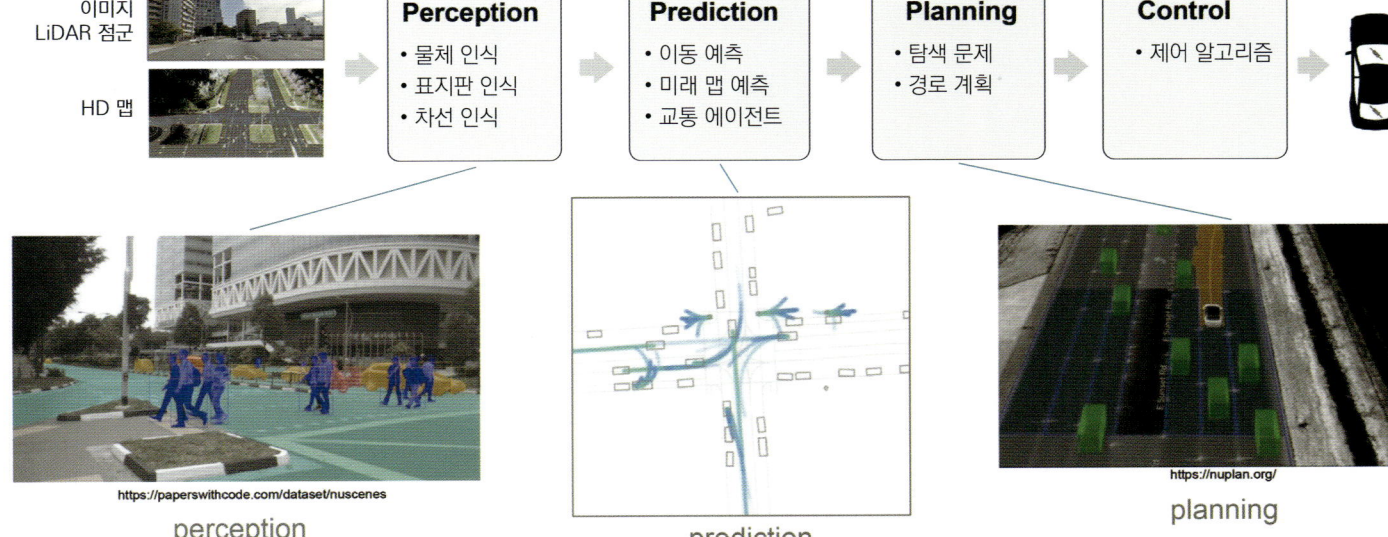

할지 일반적인 규칙으로 프로그램으로 작성할 수는 없습니다."

지난번에 야마구치 씨는 "AI는 자동차와 무관한 일본 문화를 알아야 한다"고 강조했지만, 그 부분은 어떻게 되었을까?

"학습이 상당히 진행되었습니다. 스모의 모습을 보여주고 '지금은 무엇을 하고 있나요?'라고 물으면 '스모입니다'라고 대답할 수 있도록 해야 합니다. '초등학교가 있다'는 간판을 보면 '가방을 멘 초등학생이 갑자기 튀어나올지 모른다'고 예측할 수 있어야 합니다. 이러한 교육을 진행하고 있습니다."

이러한 지능적인 AI를 어떻게 작동시킬 것인가? 필자는 약 8년 전부터 반도체 제조업체에서 자율주행용 컴퓨터를 취재해 왔지만, 그 케이스는 아직 크기가 크다.

LLM을 사용하는 대형 AI 모델에서는 데이터 센터에 있는 여러 대의 서버 랙을 사용하는 시스템과 같은 것을 작은 차량용 칩에 넣을 필요가 있다. 그렇게 하면 계산 속도가 몇 초에 한 번 정도로 떨어지게 된다. 이렇게 되면 달릴 수 없기 때문에, 기존과는 차원이 다른 수백 배의 속도로 AI 모델을 작동할 수 있는 컴퓨터를 준비해야 한다.

그런 반도체가 있을까?

"지금은 세상에는 없습니다. 그래서 자체 개발하기로 했습니다. 데이터 센터에서 작동하는 반도체와 자동차와 같은 에지에서 작동하는 반도체는 개념과 특성이 크게 다릅니다. 데이터 센터에서는 대량의 전력을 사용하여 대량의 요청에 동시에 응답하는 '대량 작업'과 '대량 응답'이 요구되지만, 자동차에서는 소량의 전기로 작동하며 저비용으로 '자신의 자동차를 어떻게 움직일지'라는 '단일 작업'에 대해 고속 응답이 가능하면 됩니다. AI 관련 반도체는 '학습용'과 '추론용'으로 크게 나눌 수 있습니다. NVIDIA의 반도체는 우수하지만 데이터 센터용입니다. 물론 추론에도 사용할 수 있지만, 에지용과는 다릅니다. 우리가 원하는 반도체는 스타트 업에서도 만들지 못하고 있습니다. 그래서 만들기로 했습니다."

데이터 센터용 반도체는 LLM의 토큰(단어)으로 1초에 42단어 정도밖에 말하지 못한다. 앞서 언급한 건설 현장 이미지를 예로 들면, 초당 1000~수천 토큰, 또는 1만 토큰 수준의 성능이 필요하다고 말한다.

"작년 12월에 칩 개발을 착수하고, 전용 개발팀을 출범했습니다. 현재는 1단계로, 2026년에는 2단계로 실제 반도체 웨이퍼로 평가할 수 있게 할 예정입니다. 2028년에는 양산을 목표로 하고, 제조는 위탁할 예정입니다. 튜링에서 하는 일은 반도체의 논리 설계, 즉 어떤 로직으로 어떤 처리를 할지 설계하는 것입니다. 물리적 설계 이후의 공정은 외주할 예정입니다."

또, 2025년 말까지 '도쿄 도내의 임의의 도로를 30분 동안 사람의 개입 없이 자율 주행으로 주행하는' Tokyo30 프로젝트를 야마구치 씨가 언급했다. "도쿄의 다양한 환경을 달릴 수 있다면 합격"이라는 것이다. 승용차로 자율 주행을 실현하려면, 도로변에 차가 정차해 있고, 보행자가 많으며, 전기 킥보드가 달리고, 옆으로 자전거가 스치며 지나가는, 매우 어려운 도쿄의 도로를 '인간의 지혜'로 달릴 수 있어야 한다고 야마구치 씨는 말했다.

TURING의 접근법

제1세대 (CNN 2012~)
- 전방카메라
- LiDAR

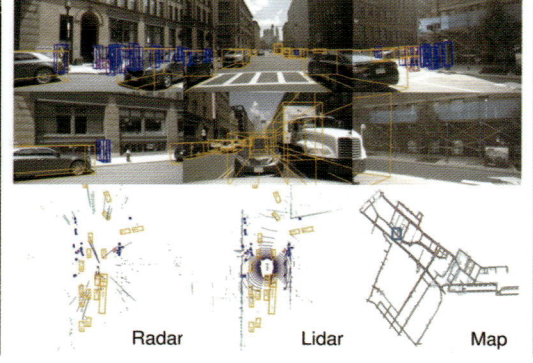

제2세대 (Transformer 2019~)
- 주변카메라
- Radar
- LiDAR
- HD 맵

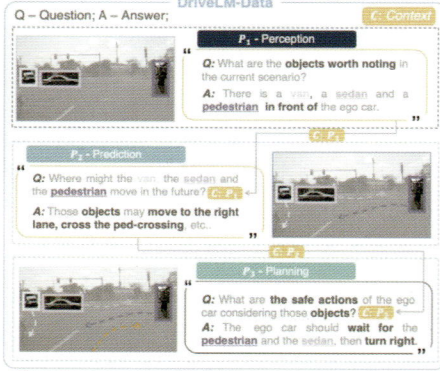

제3세대 (LMM 2023~)
- 주변 카메라
- 언어에 의한 질문/응답

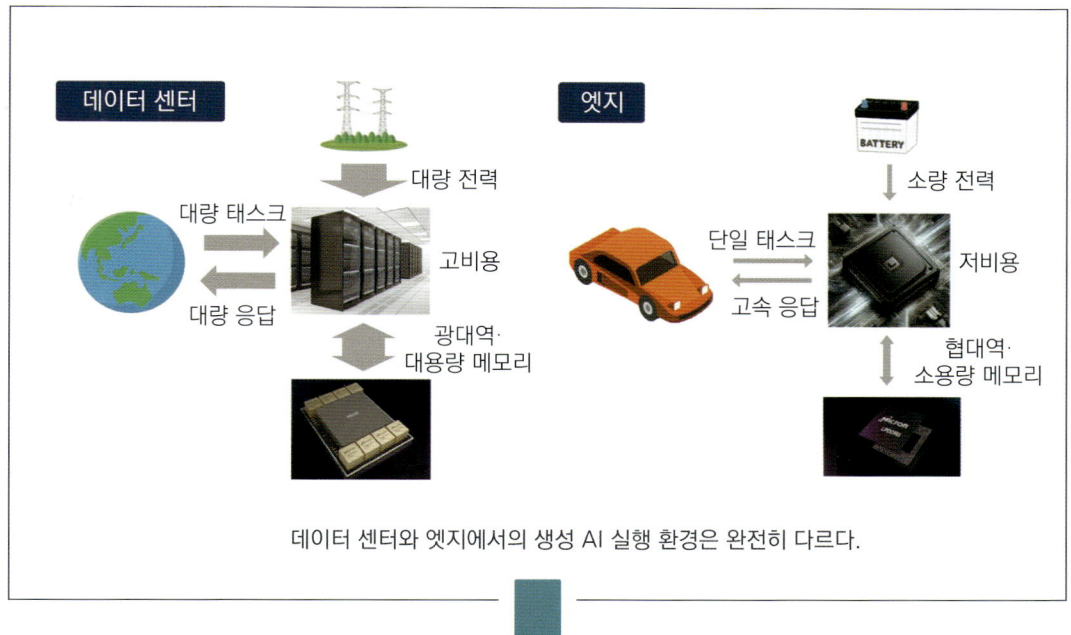

데이터 센터와 엣지에서의 생성 AI 실행 환경은 완전히 다르다.

1년 전 취재에서는 자체 반도체를 설계한다는 계획이 없었지만, 이미 '엣지에서의 추론에 특화된 고속 응답 반도체'의 설계에 착수했다. 스타트업은 이러한 의사 결정과 실행이 매우 빠르다. 여담이지만, 중국에서도 국영 자동차 제조사는 판단이 늦어 기술적 지체가 눈에 띄기 때문에, 정부가 강제적으로 스타트업과 제휴하여 AI와 차량 OS 이용에 착수하게 했다. 세계의 움직임은 가속화되고 있다.

---- PROFILE ----

야마구치 유 (Yu YAMAGUCHI)

**Turing 주식회사
인공지능 디렉터**

미국에는 테슬라가 있다. 일본에서도 스타트업이 나와야 한다. 그런 생각에서 창업자는 컴퓨터 여명기에 활약했던 영국의 수학자 앨런 튜링에게서 회사명을 따왔다. 야마구치 씨는 전후좌우에 드라이브 레코더를 부착해 360도 전방위를 기록할 수 있는 차량을 개발하고, 실제 도로에서 데이터 수집을 시작했다. 그리고 인간과 대화할 수 있는 전용 AI인 HERON 개발에 착수했다. 자율적인 자율 주행을 목표로 하며, 센서는 카메라만 사용한다. 고정밀 지도 데이터는 필요로 하지 않는다. 필자는 약 1년 만에 야마구치 씨를 다시 만났는데, 개발은 착실하게 진행되고 있는 듯했다.

도해특집 | 자율주행, 어디로 가는가?　Applications　→　IAV의 실증 실험

운전자 부족과 고령화를 AD로 해결한다

독일의 유력 ESP인 IAV는 대중교통에 자율 주행(Automated Drive) 도입을 지원해 왔다.
독일의 함부르크, 뮌헨, 라이프치히, 오스트리아의 린츠 등, 지금까지 진행된 도시에서의
AD 실증 실험에 대해 독일과 일본 스태프에게 물었다.

본문 : 마키노 시게오(Shigeo MAKINO)　그림 : IAV

ESP(엔지니어링 서비스 프로바이더)의 입장에서 AD 개발을 진행하는 IAV는 시스템 전체의 구축을 목표로 하고 있다.

　독일의 ESP(Engineering Service Provider)인 IAV는 2003년부터 자율주행(이하 AD)을 개발하고 있다. 지금까지 여러 AD 실증 실험에 참여한 것 외에도 OEM(자동차 제조업체)의 모든 요구에 부응하기 위해 센서 등 장치의 벤치마킹을 지속적으로 실시하고 있다.

　그 과정에서 다듬어 온 기술 중 하나가 AD의 정확성과 안전성을 높이는 2층 레이어 구조의 로버스트 레이어/퍼포먼스 레이어이다. 독일 IAV 직원에게 따르면 "이중 시스템으로 되어 있어 상호 보완적입니다. 둘 중 하나를 선택하는 것이 아니라 각 데이터를 대조하여 실수를 방지하고 있습니다"라고 한다.

　AD는 카메라 등 센서가 포착한 물체의 존재, 그 모양과 크기, 물체의 위치, 자사 차량과의 상대적 거리를 먼저 인식한다. 그 데이터를 바탕으로 '현재 자사 차량이 처한 상황'을 해석한다. 그 해석을 바탕으로 '어떻게 움직여야 할지' 경로를 계획한다. 그리고 그 계획을 실행하기 위해 파워 트레인, 스티어링, 브레이크 등 액추에이터에 지시를 내린다.

　세상에서 화제가 되고 있는 AD는 여기까지이지만, 실제로는 자동차가 지시대로 움직이고 그 주행 궤적이 지시대로 되어야 한다. AD 시스템 측은 항상 앞서 언급한 인식, 해석, 경로 계획이라는 루프를 돌며 '어떻게 움직여야 할지'를 항상 수정한다. 이 과정에서 IAV는 로버스트 레이어/퍼포먼스 레이어에 의한 상호 보완을 하고 있다. 과거의 경험을 바탕으로 이 2층 레이어는 계속 진화하고 있다.

상황 해석 (Situation Interpretation)
- 본인 차량 주변을 달리는 차량이나 보행자·자전거 등의 의도를 인식
- 교통 상황 분석 → 이 부분은 소프트웨어가 담당한다.

검토 계획 (Path Planning)
- 장애물 회피
- 교통 법규 준수
- 다른 도로 이용자에 대한 배려·대응
  → 현재로서는 인프라로부터 정보를 얻는 것이 유리하다 (노변 차량 간 통신, 도로 위 LiDAR 및 카메라로부터의 정보)

사거리나 T자형 교차로에서는 본인 차량에서 보이지 않는 사각지대가 있다. 교차로에 접근했을 때, 도로 측 인프라로부터 정보를 얻어 본인 차량의 경로 결정에 활용할 수 있다면 안전한 운행이 가능해진다. 단, 그에 따른 비용이 발생한다.

인식 (Perception)
- 센서 융합을 통한 주변 인식
  → 차량 내 카메라, 레이더, LiDAR 인프라 정보를 얻는 노변 차량 간 통신 또는 차량 간 통신
- 고정밀(HD) 지도를 이용한 차량 위치 특정
  → HD 지도는 필수

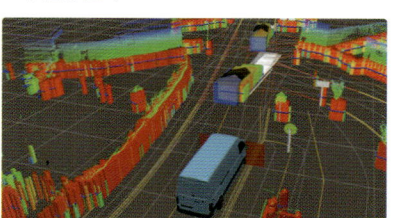

장애물이 없는 시야가 좋은 T자형 교차로에서도 비나 적설 등의 영향으로 차량 내 센서로는 상황 인식이 어려워지는 경우가 있다.

제어 (Control)
- 예측 제어
- 경로 계획 실행
  → 제어 실행 중에 돌발적인 주변 환경 변화가 있을 수 있음을 항상 고려해야 한다.

$$p(\theta), \ y(t_k), \ y(t_{k+1}), \ p(\theta(t_k)), \ p(\theta(t_{k+1}))$$

IAV는 다이내믹 그리드 퓨전 소프트웨어에 고기능·성능(Performance)과 견고성(Robust)을 갖게 했다. UN-ECE(유럽경제위원회) 규칙인 R10(전파 방해 억제), R13(제동 장치), R79(조향) 등에 준거한 소프트웨어를 구축하고 있다.

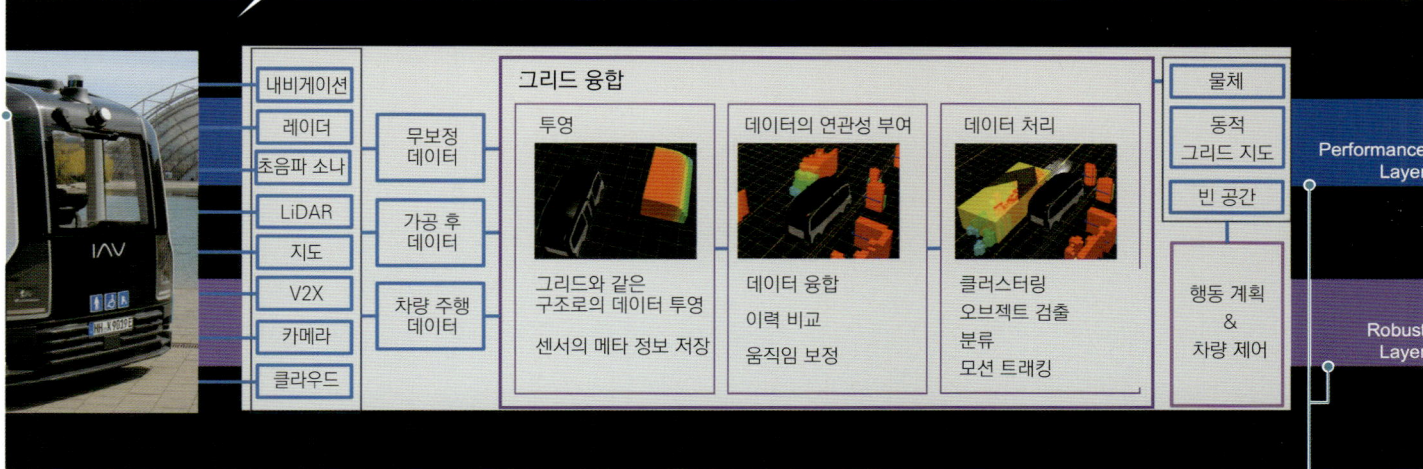

2층으로 된 AD 레이어

2층 AD 레이어 구조의 페일 오퍼레이션 아키텍처 개발

퍼포먼스 레이어는 AD 성능과 인간과 같은 운전을 가능하게 하는 것이 초점
- 인식 : 최첨단 AI 기술을 이용한 인식과 예측
- 계획 : AI 모델을 이용한 행동 결정
- 행동 : 최첨단 모델 예측 제어 사용

로버스트 레이어는 안전성과 최소 리스크 조종에 중점을 둔다.
- 인식 : 기능과 오브젝트의 결정론적 검출
- 계획 : 규칙 기반 행동 계획
- 행동 : 결정론적 제어

조정기는 액티브 레이어를 선택
- 두 AD 레이어 출력을 확인하고, 안전한 행동 계획을 선택

또 하나, IAV가 대중교통용 전기 셔틀 버스를 설계, 제조한 예가 있다. 독일 함부르크에서 개최된 2021년 ITS 콩그레스에 맞춰 운행된 HEAT(Hamburg Electric Autonomous Transportation) 프로젝트이다.

IAV는 9인승 전기 셔틀의 개념 구상, 설계, 하드웨어 및 소프트웨어 구축을 담당했다. 구상 단계에서는 아직 무인 운전이 허용되지 않았기 때문에 HEAT 셔틀에는 운전석이 설치되어 승무원이 탑승한 상태로 운영되었다. 그 의미에서 레벨 3+의 AD이지만, 실제로는 레벨 4 차량이다.

1995-ACC 연구

2003-IAV 최초의 자율 주행차
Level 2.5

2014-하이웨이 쇼퍼
HAD Function

2020/21-자율 주행 셔틀
OTS 1.0 / HEAT

2022/23-자율 주행 대중교통 기관
FLASH

1999-ACC 레이더
Start Series Development

2011-ADAS 시험 설비
Operating State

2018-커넥티드에 의한 완전 자율 주행
Renault Symbioz

2022-자동 딸기 수확 로봇

● **IAV의 AD 개발 실적**
2003년에 자율 주행 개발을 하기 전에 ACC(어댑티브 크루즈 컨트롤) 개발이 있었다. 현재, 승용차에서는 프랑스 르노를 위한 인프라 협조에 의한 완전 자율 주행을 개발하고 있다. 농업용이나 건설 기계에서의 개발 사례도 있다. 클라이언트의 요구에 부응하는 다채로운 개발 경험이 ESP의 강점이다. 지금, 앞으로 막 시작될 프로젝트도 있다.

"차량 탑재 센서와 고해상도 지도를 사용하여 셔틀이 자신의 현재 위치를 파악하고 주변을 확인하면서 자동 주행합니다. 기능적으로는 최고 속도 50km/h로 운행할 수 있지만, 안전을 고려하여 25km/h로 운행했습니다. 하지만 혼잡한 시간대에는 차량 속도가 15km/h 정도까지 떨어집니다. 5.9GHz 대의 도로-차량 간 통신을 사용하여 도로에 설치된 LiDAR 및 함부르크 시가 운영하는 컨트롤 센터와 연동하여 셔틀에서 볼 수 없는 도로의 데이터도 받으면서 주행했습니다."

차량의 파워 트레인과 차량용 배터리도 IAV가 설계했으며, 에어컨과 전동 파워 스티어링의 설정도 IAV가 진행했다. "시내 코스를 주행하기 위해 하루에 필요한 전력을 거의 충당할 수 있는 배터리를 탑재했습니다"라고 말했다. 교통 체증에서 에어컨을 최대 출력으로 가동하는 등 예상치 못한 전력 소비를 고려한 결과일 것이다. 그리고 이 셔틀도 IAV가 제작한 로버스트 레이더/퍼포먼스 레이더를 탑재한 SDS(Safety Driring System) 소프트웨어로 운용되었다. 센서는 LiDAR 10기, 레이더 8기, 카메라 5기로 무장하고 있다.

각 센서의 약점을 서로 보완하기 위해 이렇게 설계했다. 날씨에 상관없이 안전하게 운행해야 하기 때문이다. 레이더 전파는 반사율에 따라 반응이 달라지고, LiDAR는 약한 부분도 있다. 언제든지 보완할 수 있는 센서 융합을 하고 있다.

준비를 시작한 것은 2021년 ITS 콩그레스 2년 전이었다고 한다. 하지만 운용을 시작한 초반에는 인식할 수 없는 것이 있었다.

"당시 세상에 등장하기 시작한 날씬한 스쿠터(대화를 나누면서 소위 전동 킥보드라는 것을 알게 되었다)였습니다. 그리고 보행자와 자전거도 이동 방향 등에 따라 인식이 잘 되지 않는 경우가 있었습니다. 물체가 있는 것은 알지만 인식(예측)이 잘 되지 않았습니다. 하지만 하드웨어를 바꾸지 않고 소프트웨어만 개선하여 제대로 인식할 수 있게 되었습니다. 현재는 전혀 문제 없이 운용하고 있습니다."

이렇게 많은 센서를 탑재하고 있음에도 고해상도 지도가 필요하다고 말한다.

"고정밀 지도도 IAV가 제작했습니다. 도심에는 사람과 자동차가 혼재하기 때문에 안전의 여유를 생각하면 고정밀 지도가 필요하다고 생각합니다. 고속도로는 자동차만 다니기 때문에 고정밀 지도가 반드시 필요한 것은 아닙니다. 그리고 보행자나 스쿠터를 제대로 감지하려면 인프라 측에 카메라나 LiDAR를 설치하는 것이 안전합니다. 도시 지역에서 무인 셔틀을 운행하는 것은 셔틀만으로는 어렵습니다."

현재도 이 셔틀은 함부르크 시내를 운행하고 있다. 이 외에도 IAV는 오스트리아의 린츠, 독일의 베를린, 뮌헨, 라이프치히 등에서 여러 유형의 AD 셔틀을 운행했다. 흥미로운 점은 교외 마을에서 운행되는 FLASH 프로젝트가 전기차가 아닌 엔진 차량이라는 점이다. IAV는 파워 트레인이 어

◉ FLASH 프로젝트 (2021~현재)

자율 주행 수송 서비스를 지방의 대중교통 기관에 통합하는 프로젝트. 본인 차량의 위치 특정, 주변 인식, 경로 계획 결정을 차량 측에서 수행한다. 운행 거리는 8km. IAV는 센서 융합 방법 개발과 차량 세팅을 담당했다.
- 차량은 최고 시속 60km/h로 주행
- 정류장은 4곳

◉ Absolt 프로젝트 (2019~2022)

라이프치히 박람회장과 BMW 공장을 연결하는 온디맨드 셔틀입니다. IAV는 주행 경로 결정과 차량 제어 관련 부분, 그리고 경로 내의 고정밀 지도 제작 및 그 적합성 부분을 담당했습니다.
- 차량은 최고 시속 70km/h
- 신호등이 있는 교차점은 11곳

→ 차량은 전장 5m 이상, 전폭 2m로, Velodyne(벨로다인)제 LiDAR 10개, 레이더 8개, 카메라 5개 등 센서 중무장이다.

↑ 차량 내 배터리는 '하루를 달릴 수 있는 용량'을 가지고 있지만, 운행 경로 내에 충전 스테이션을 설치했다.

떻든 AD는 대응 가능하다. 엔진 차량이라고 해도 AT이므로 HEV도 실현할 수 있다. 엔진은 스로틀 바이 와이어로 협동 제어하고 있다. 단, 전기차에 비해 엔진 차량은 제어가 조금 어렵다.

IAV에 꼭 물어보고 싶었던 것은 ESP로서 승용차의 AD를 어떻게 생각하고 있는지였다. 최근에는 레벨 3 부정론이 들리기 시작했다. 그렇다고 레벨 4는 매우 어렵다.

"OEM의 생각은 제각각이지만, 예를 들어 메르세데스 벤츠는 시도하고 있습니다. 고속도로에서는 가능할 것입니다. 3년 후에는 가능할 것이라고 생각합니다. 자동 발레 파킹은 속도가 느리기 때문에 문제 없습니다. 목적지에서 운전자가 차에서 내리면 차량이 자동으로 주차 구역으로 들어갑니다. 이것은 비교적 도입하기 쉽습니다."

그렇다면 함부르크의 HEAT와 같은 대중 교통은 어떨까?

"도시에서의 AD는 주행 경로가 정해져 있는 대중 교통이 먼저라고 생각합니다. 현재 독일에서도 대중 교통은 운전자의 고령화와 인력 부족 문제가 있습니다. 이것은 사회적 요구이며, 사회 비용과 효과의 균형을

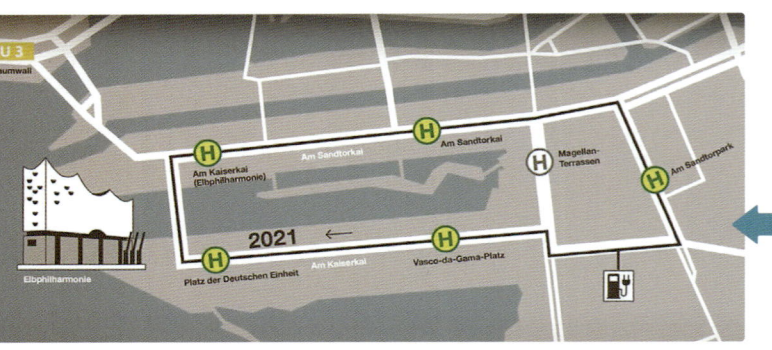

2021년의 운행 경로. 전체 약 20분의 하버시티 관광 명소 순회이다.

⬈ HEAT 프로젝트 (2019~2021)

인구 밀도가 높고 교통량도 많은 함부르크에서의 AD 셔틀버스 실증 실험. 실시 시점에는 아직 무인 운전이 허가되지 않아, 9인승 차량은 조종석을 갖추고 운전하지 않는 승무원이 동승했다. 본래는 완전 자율 주행 차량이며, IAV는 센서 융합 방법 고안, 차량 패키징을 포함한 설계와 차량 제조를 담당했다. 100% 전기 차량이다.
- 차량은 최고 시속 25km/h
- 정류소 5곳, 운행 거리 2km

총 23개의 센서를 통합하여, T자형 교차로에서의 일시 정지~출발(왼쪽)이나 좌우 회전(오른쪽)에서도 자율 주행이 가능하다. 하지만, 안전을 기하기 위해 도로 위 LiDAR나 카메라의 정보도 받아들이고 있다. 2021년경에 늘어난 전동 킥보드는 처음에는 인식하기 어려웠다고 한다.

어디에서 잡을 것인가 하는 문제입니다. 무인 셔틀이 한 가지 해답이라고 생각합니다."

다시 한 번, 시판 승용차에 대해 물어보았다.

"승용차의 AD화는 비용이 많이 들고 개발도 복잡합니다. 하지만 유럽에서는 전체적으로 고령화가 진행되고 있습니다. 하지만 자동차로 외출하고 싶다는 요구는 있습니다. 이 요구를 충족하려면 주차 및 고속도로에서의 운전 조작을 자동화하는 것이 유리합니다." ESP는 OEM의 모든 요구에 대응하는 것이 업무이다. 그런 의미에서 "해주길 바란다"고 말하면, 무슨 일이 있어도 실현한다. IAV의 실적을 보면, 도심 무인 셔틀은 이미 실용화 단계에 들어섰다고 할 수 있다. "도입 장소마다 최적의 해법을 생각했다"고 한다. 그래서 엔진 차량의 AD에도 도전했다. 이러한 개별 최적화가 공공 서비스로서의 AD에는 필요할 것이다. 한편, AD 셔틀의 경험을 통해 "승용차에서 레벨 4의 AD를 구현하려면 많은 센서가 필요하다"고도 말한다. 당연히 비용이 많이 든다. 인프라를 조정하면 조금은 쉬워지겠지만, 그 비용도 누군가가 부담해야 한다. 그럼 어떻게 될까?

PROFILE

Carsten Simon

Department Manager
Intelligent Perception
Functions
IAV GmbH

Carsten Schroeter

Department Manager
Motion Planning & Vehicle
Control IAV GmbH

다카야마 쿠니하루
Kuniharu TAKAYAMA

IAV 주식회사
차량 솔루션 자율 주행 사업부
프로젝트 매니저

아오키 마사타카
Masataka AOKI

IAV 주식회사
영업부
비즈니스 개발 매니저

'부딪히지 않는 자동차?'의 최신 상황

SUBARU의 안전 운전 지원 장치 아이사이트(EyeSight)는 전신인 ADA 이래 25년에 걸쳐 스테레오 카메라를 사용하여
합리적인 가격으로 사용자에게 제공되었다.
추돌 사고 감소에 크게 기여했다. 신세대 아이사이트는 기능을 대폭 확대하고 진화시켜 더 많은 사고를 줄이려는 노력을 기울이고 있다.
여기서는 신세대 아이사이트의 기능을 파헤쳐 보고자 한다.

본문 : 세라 코타(Kota SERA) 사진 : MFi 사진 및 그림: SUBARU

스바루의 운전 지원 시스템 'EyeSight(아이사이트)'는 스테레오 카메라만으로 사전 충돌 방지 브레이크(충돌 피해 경감 브레이크)를 구현한 것으로 유명하다. 너무도 특별한 기술이라 그 정보만 알고 있는 분도 많을 것이다. 사실, 최신 아이사이트는 스테레오 카메라만으로 구성되어 있지 않다. 스테레오 카메라를 사용한 스바루 최초의 운전지원시스템은 1999년에 출시된 ADA(Active Driving Assist:능동형 주행 보조 시스템)였다.

좌우 두 대의 카메라로 촬영한 이미지의 차이로 정확한 거리 정보를 얻어, 그 정보와 이미지 인식 기술을 결합한 운전지원시스템으로 세계 최초의 기술이었다. 하지만, 당시에는 아직 프리크래시 브레이크 기능이 탑재되어 있지 않았기 때문에, 앞차에 접근하면 경고를 발한 후, 변속기를 자동으로 다운시켰다. 변속으로 감속이 충분하면 크루즈

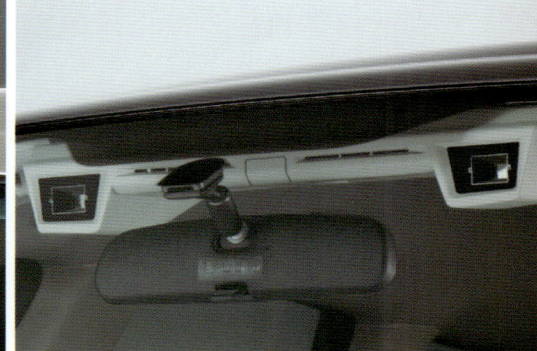

SUBARU의 스테레오 카메라의 진화

스테레오 카메라는 1999년에 ADA(Adaptive Driving Assist)로 처음 채용되었다(왼쪽 상단). 선행 차량과의 거리를 측정하여 엔진 브레이크(후에 풋 브레이크)를 제어했다. 2008년에는 프리크래시 브레이크 제어를 수행하는 아이사이트(EyeSight)로 진화했다. 처음에는 감속만 가능했지만 2010년에 정지 제어를 추가한 ver.2로 진화했다(오른쪽 상단). 2013년에는 아이사이트 ver.3이 등장했다(왼쪽 하단). 스테레오 카메라는 컬러 인식을 지원하며, 선행 차량의 브레이크 램프나 빨간불 신호 인식이 가능해졌다. 충돌 회피 성능도 대폭 향상되었다.

컨트롤 주행을 계속하지만, 그것으로 충분하지 않으면 운전자가 브레이크를 밟을 필요가 있었다.

ADA는 3세대 레거시(BH) 랭커스터에 채택되어 4세대 레거시(BP)까지 계속 사용되었다. 모델 말기에는 브레이크 제어로 감속할 수 있도록 개선이 이루어졌다.

첫 번째 아이사이트(소위 ver.1)는 2008년, 4세대 레거시(BP)의 일부 제품 개선 시에 도입되었다. 충돌 전에 완전히 정지하는 기능으로 만들면 시스템에 대한 과신으로 이어질 수 있으므로, 피해 경감에 그치는 제어로 설계되었다. 2010년 ver.2에서 정지까지 제어하는 기능이 적용되었다. 이를 계기로 '충돌하지 않는 자동차'로 인식이 확산되었다.

2013년, 1세대 레보그의 발표에 맞춰 아이사이트는 ver.3로 진화하였다. ver.3는 조향 지원 기능인 '액티브 레인 킥'을 비롯해 'AT 오작동 후진 억제' '브레이크 램프 인식 제어' 등의 새로운 기능과 '프리 크래시

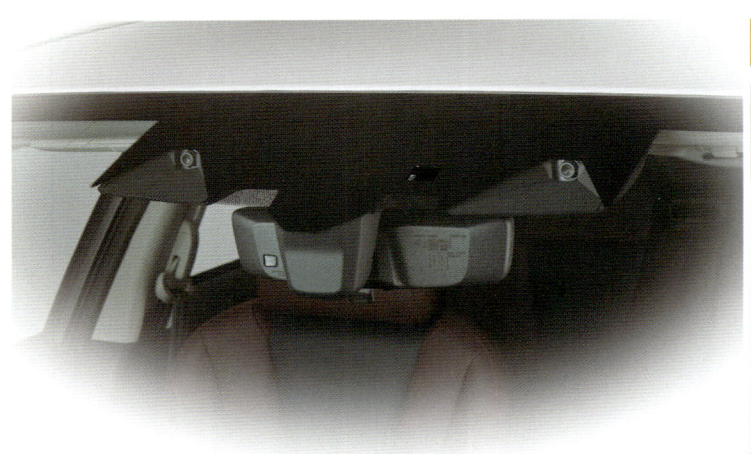 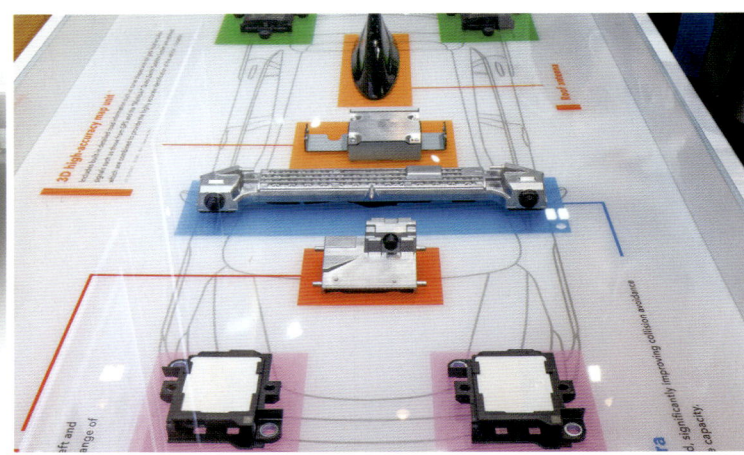

■ 센서 선정 이유와 교통사고 형태의 통계

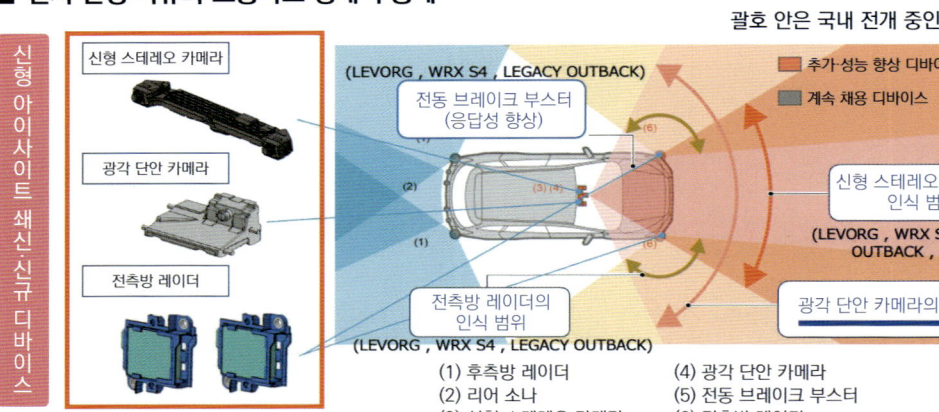

■ 광각 단안 카메라에 의한 프리크래시 브레이크 ※로 새롭게 대응하는 사고 시나리오

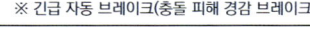

신세대 아이사이트에 채용된 광각 단안 카메라와 전측방 레이더

신세대 아이사이트는 스테레오 카메라를 유리 부착식으로 하여 화각을 ver.3보다 대폭 확대하고, 전측방 레이더(밀리파 레이더)를 갖추었다. 2022년에는 광각 단안 카메라를 추가했다(왼쪽 상단). 광각 단안 카메라는 교차로를 건너는 보행자와의 추돌 사고나 자전거와의 충돌 사고를 줄이는 것을 목표로 한다(오른쪽 상단). 전측방 레이더는 교차로에 진입하는 차량을 인식하여 정면충돌 사고를 줄이려 했다. 영상 처리 소프트웨어와 제어 소프트웨어의 성능도 향상되었다.

브레이크' '전 속도 범위 어댑티브 크루즈 컨트롤'의 성능을 향상시켰다. 그러나 '투어링 어시스트'에서는 조향 지원 기능의 작동 범위를 확대하고, '전 속도 범위 어댑티브 크루즈 컨트롤'과 결합하여 고속도로에서 액셀, 브레이크, 스티어링 조작의 자동 제어를 실현하였다.

지금까지 흑백이었던 스테레오 카메라의 센서가 컬러로 바뀌어 선행 차량의 브레이크 램프와 빨간 신호등을 인식할 수 있게 된 것이다. 2016년 11월에는 세계 누적 판매 대수 100만 대를 달성하였다. 2022년 6월에는 500만 대로 그 수를 늘렸다. 일본 국내 사고 건수 조사에서 아이사이트 ver.3 탑재 차량의 추돌 사고 발생률은 0.06%로, 미국 IIHS(Insurance Institute for Highway Safety:미국 고속도로 안전보험협회)의 조사에서는 아이사이트를 탑재한 차량의 부상 동반 추돌 사고가 85% 감소한 효과가 나타났다.

2020년에 2세대 레보그에 맞춰 아이사이트는 새로운 세대로 진화하였다(ver.4에 해당하지만, 버전으로 불리지 않게 되었다). 새로운 세대의 아이사이트의 특징은 화각과 해상도가 크게 향상된 것이다(ON Semi-conductor의 230만 화소 이미지 센서를 채택). 이를 통해 우회전 및 좌회전 시 보행자와의 사고, 우회전 직진 사고 등 다양한 사고 형태에 대응할 수 있게 되었다.

또한, 프론트 범퍼의 좌우 코너 부분에 밀리파 레이더를 추가했다. 즉, 이 단계에서 아이사이트는 스테레오 카메라만으로는 충분하지 않게 되었다. 교차로에서 마주 오는 차량과의 사고에 대응하기 위해서는 화각이 넓어졌다고는 하지만 스테레오 카메라만으로는 커버할 수 없기 때문에 밀리파 레이더가 필요했다.

아이사이트가 신세대로 진화한 시점에, 운전 부하 경감 기능을 중심으로 다양한 기능을 추가한 아이사이트 X를 설정했다.

신세대 아이사이트의 기본 구성을 기반으로, 준정지 위성 미치비키를 사용한 고정밀 GPS 정보와 3D 고정밀 지도 데이터를 결합한 것이 시스템 면에서의 큰 차이점이다. 이를 통해 교통 체증 시 핸즈 오프 보조, 교통 체증 시 출발 보조, 액티브 레인 체인지 어시스트, 커브 전 속도 제어, 요금소 전 속도 제어, 운전자 이상 대응 시스템 등 운전 지원 기능을 실현하고 있다.

2022년에는 신형 크로스 트렉의 신세대 아이사이트에 광각 단안 카메라를 추가했다. 신세대 아이사이트에서 스테레오 카메라를 광각화했지만, 더 넓은 화각을 가진 단안 카메라를 추가함으로써 우회전 및 좌회전 시 보행자 사고와 직진 시 좌우에서 빠르게 튀어나오는 자전거와의 사고에 대응할 수 있게 되었다.

스바루는 스바루 차량이 일으킨 교통 사고의 형태를 조사하고, 비율이 많은 사고 형태부터 대응하는 접근 방식으로 '2030년 교통 사고 사망자 제로'를 목표로 노력하고 있습니다. 추돌 사고는 아이사이트 ver.2의 데이터에서 전체 사고 형태의 약 15%를 차지

최고 수준의 안전 성능을 합리적인 가격으로 고객에게 제공한다

[많은 고객이 구매할 수 있는 가격으로 최고의 성능을 제공하는 것]
[보급되지 않는다면 진정한 의미에서 교통사고를 줄일 수 없다]

표 : 프리크래시 브레이크용 센서의 비용 대비 성능 비교 이미지

		스테레오 카메라	광각 단안 카메라	밀리파 레이더 (전측방 장착)	밀리파 레이더 (전방 장착)	LiDAR
		스바루 채용 센서				-
비용		중	저	저	저	고
전방	인식	◉	○	×	△	○
	거리 측정	○	△	△	◉	◉
측면 전방	인식	△	○	△	×	○
	거리 측정	△	○	◉	△	◉
역할, 특징		전방을 중심으로 한 사고에 대응	전방, 근거리 간을 중심으로 한 사고에 대응	전방, 원거리 간을 중심으로 한 사고에 대응	전방을 중심으로 한 사고에 대응	전방, 전방 측면을 폭넓게 대응
		뛰어난 인식, 거리 측정 능력을 양립	전측방의 인식, 거리 측정 능력을 양립	전측방의 원거리 측정 능력에 뛰어나다	원거리의 성능은 좋지만, 상세한 상황 인식에는 적합하지 않다.	비용이 높고, SUBARU의 차와 방향성이 다르다

※표의 '인식'은 물체를 식별하는 능력을 의미합니다.

스테레오 카메라의 가장 큰 장점은 거리 측정과 물체 식별을 하나의 유닛으로 할 수 있다는 것이다.
스테레오 카메라가 커버하지 못하는 부분은 다른 센서로 보완한다.

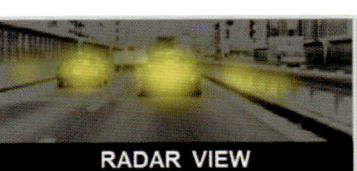

스바루가 스테레오 카메라를 사용하는 이유

스테레오 카메라는 하나의 유닛으로 거리 측정과 물체 식별이 가능하며, 레이더나 LiDAR에 비해 비용 효율이 높습니다. 이는 최고의 안전 성능을 합리적인 가격으로 사용자에게 제공하고 보급해야만 진정한 의미에서 교통사고를 줄일 수 있다는 스바루의 철학이기도 합니다.

정면충돌 사고를 줄여주는 전측방 레이더

아이사이트 보급으로 추돌 사고는 크게 줄었다. 스테레오 카메라는 교통사고의 약 35%(2017년)에 해당하는 추돌 사고 감소에 큰 위력을 발휘했다. 반면, 사고의 약 25%(2017년)를 차지하는 차량이나 사람, 자전거와의 정면충돌 사고에 대해서는 신세대 아이사이트부터 전측방 레이더와 광각 단안 카메라(2022년~)를 사용하여 감소를 목표로 하고 있다.

	변경항목		내용
기존 기능의 진화	프리크래시 브레이크	SUBARU 최초	작동 영역을 확대하고, 교차로에서의 충돌 회피도 지원.
	차선 이탈 억제 기능 / 차선 중앙 유지 제어 / 선행 차량 추종 조향 제어	SUBARU 최초	더욱 부드럽고 자연스러운 어시스트를 실현
	전차선 추종 기능이 있는 크루즈 컨트롤	SUBARU 최초	더욱 자연스럽고 안심할 수 있는 제어를 실현
신규 기능 추가	전측방 프리크래시 브레이크	SUBARU 최초	정면충돌 회피를 지원
	긴급 시 프리크래시 스티어링	SUBARU 최초	프리크래시 브레이크 중의 조향 회피로 충돌 회피를 지원
	이머전시 레인 키프 어시스트	일본 내 SUBARU 최초	차선 변경 시나 차선 이탈 시의 위험을 감지하여, 후속 차량과의 충돌 회피를 지원

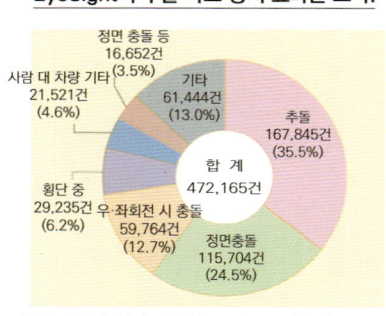

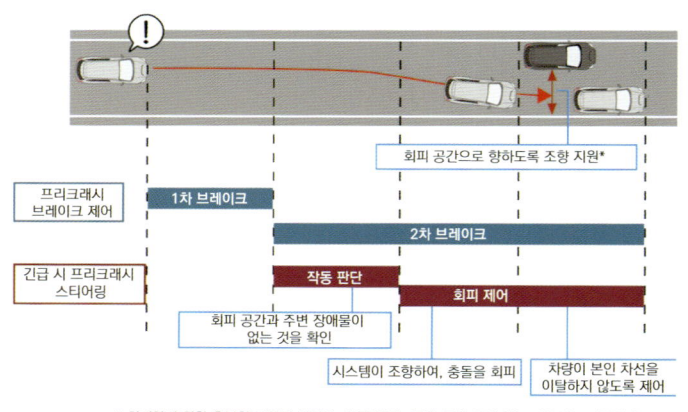

신세대 아이사이트로 기능 향상

신세대 아이사이트에는 전측방 프리크래시 브레이크, 긴급 시 프리크래시 스티어링, 이머전시 레인 키프 어시스트와 같은 신기능을 추가했다. 또한, 기존의 프리크래시 브레이크 작동 영역 및 기능을 확대한 것 외에도, 차선 이탈 억제 기능 / 차선 중앙 유지 제어·선행 차량 추종 조향 제어 기능, 전차선 추종 기능이 있는 크루즈 컨트롤의 작동을 더욱 자연스럽게 하는 등의 개량을 더했다.

한다. 스바루 차량으로는 3위이지만, 국내 전체로 보면 추돌 사고는 전체의 1위로 약 35%를 차지한다 (2017년). 스테레오 카메라를 사용한 아이사이트의 효과로 추돌 사고가 크게 감소하여, ver.3에서는 전체의 약 10%까지 감소하였다.

국내 전체에서는 추돌에 이어 두 번째로 많은 사고가 정면 충돌로, 전체의 약 25%를 차지한다. 스바루 차량의 경우, ver.3의 데이터에서 약 37%를 차지하며, 가장 큰 사고 비율을 차지하고 있다. 아이사이트의 효과로 추돌 사고 비율이 감소함에 따라, 정면 충돌의 비율이 높아진 것이다. 2020년에 신세대 아이사이트에 추가한 전방 레이더와 2022년에 추가한 광각 단안 카메라는 이 영역에 초점을 맞춘 것이다. 한 기술자는 개발 상황에 대해 다음과 같이 설명했다.

"우리는 사고 감소 효과와 저렴한 가격을

■ 운전 지원 시스템 체계 (◎ : 아이사이트X 전용 기능 ○ : 표준 장비 기능 ● : 일부 MOP의 기능)

기능군	고도 운전 지원 시스템	운전 지원 기능 【투어링 어시스트】	예방 안전 성능	아이사이트 세이프티 플러스 【운전 지원】	아이사이트 세이프티 플러스 【시계 확장】
분류·정의	위성 정보와 3D 고정밀 지도 데이터를 중심으로 한 고도 운전 지원 기능군	액셀, 브레이크, 스티어링 조작을 어시스트하여 운전자의 부담을 줄이는 기능군	운전자의 오작동이나 부주의 등으로 충돌 위험이 발생했을 때, 엔진, 브레이크, 스티어링을 제어하여 충돌을 회피하는 예방 안전 기능군	스테레오 카메라 이외의 장치를 중심으로 한 예방 안전·운전 지원 기능군	스테레오 카메라 이외의 카메라 영상을 바탕으로 사각지대를 줄이는 기능군
주요 기능	• 커브 전 속도 제어 • 정체 시 핸즈오프 어시스트 • 액티브 레인 체인지 어시스트 등	• 전차선 추종 기능이 있는 크루즈 컨트롤 • 차선 중앙 유지 등	• 프리크래시 브레이크 • 전측방 프리크래시 브레이크 • 차선 이탈 억제 기능 • AT 오발진 억제 제어 등	• 스바루 리어 비히클 디텍션 • 이머전시 레인 키프 어시스트 등	• 디지털 멀티뷰 모니터 시스템(EX. 그레이드는 표준) • 스마트 리어뷰 미러 (EX. 그레이드만)
아이사이트 X	◎	○	○	○	●
아이사이트	—	○	○	○	●

아이사이트X의 운전 시스템 체계

아이사이트X는 아이사이트의 기능에, GPS와 준천정위성 '미치비키' 및 도로 정보에 의한 3D 고정밀 지도 데이터를 중심으로 한 고도 운전 지원 기능을 추가하여, 운전자의 부담 경감도 도모한다.

아이사이트X의 주요 기능

기능	내용
커브 전 속도 제어	자동차 전용 도로 위 커브 진입 전에, 커브의 곡률에 맞춰 적절한 속도로 제어한다. 차선 중앙 유지 제어·선행 차량 추종 조향 제어 및 전차선 추종 기능이 있는 크루즈 컨트롤의 계속 범위를 확대한다.
요금소 전 속도 제어	자동차 전용 도로 위의 요금소 진입 전 및 요금소 통과 시에, 적절한 속도로 제어한다.
정체 시 출발 어시스트	자동차 전용 도로 위에서의 정체 시, 선행 차량의 재출발에 맞춰 스위치 조작 없이 추종한다.
액티브 레인 체인지 어시스트	자동차 전용 도로 위에서의 고속 주행 시(약 70~120km/h), 운전자가 방향 지시 레버를 조작했을 때 차선 변경을 어시스트한다.
정체 시 핸즈오프 어시스트	자동차 전용 도로 위에서, 정체 시(0~약 50km/h)의 스티어링 어시스트 제어를 고도화하여, 핸즈오프 주행을 가능하게 한다.
운전자 이상 시 대응 시스템	정체 시 핸즈오프 어시스트 중에 운전자가 한눈을 팔거나 눈을 감고 있다고 검출했을 경우 또는 투어링 어시스트 작동 중에 운전자가 스티어링에서 손을 계속 떼고 있었을 경우에 경고를 울리고, 그래도 스티어링을 잡지 않는 상태가 계속되면 운전자에게 이상이 발생했다고 판단한다. 차선 중앙 유지 제어·선행 차량 추종 조향 제어를 가능한 한 계속하면서 서서히 감속하고, 차량을 정지시킨다. 또한 비상등과 경적을 울려 주위에 이상 상태를 알린다.

아이사이트X의 주요 기능은 자동차 전용 도로에서의 커브 전 속도 제어, 요금소 전 속도 제어, 정체 시 발진 어시스트, 액티브 레인 체인지 어시스트, 정체 시 핸즈오프 어시스트입니다. 또한 운전자의 이상도 검출한다.

양립할 수 있는 제품을 목표로 개발하고 있습니다. LiDAR가 저렴한 가격이 되면 탑재도 고려할 수 있을 것입니다. 다만, 현재는 스테레오 카메라로 구할 수 있는 사고 형태가 있다고 생각하기 때문입니다."

 대응할 수 없는 사고 형태에 대응하면서, 대응하고 있는 영역에 대해서는 사고 건수를 더욱 줄이는 접근 방식이다. 정면 충돌의 경우, 충돌 속도가 빠르고 사망 사고가 많기 때문에 우선 순위가 높다는 것을 인식하고 있지만, 상대 속도가 빠르기 때문에 '기술적으로 어렵다'고 밝히고 있다. 예방 안전 기술뿐만 아니라 충돌 안전을 포함한 차량 전체의 사고 건수와 사고 발생 시 피해를 줄이는 것을 생각하고 있었다.

 스테레오 카메라의 가장 큰 장점은 '거리 측정과 물체 식별을 하나의 장치로 실현할 수 있다'는 점이다. "높은 안전 성능을 합리적인 가격으로 고객에게 제공하는 것을 최우선으로 생각하고 있습니다. 그러므로 성능은 좋지만 비용이 높은 센서는 사용하지 않습니다. 그 가운데 스바루의 장점을 발휘하는 것이 스테레오 카메라입니다. 밀리파 레이더는 물체와의 거리를 매우 정확하게 측정할 수 있지만, 그 물체가 사람인지, 자동차인지, 자전거인지 알 수 없습니다. 스테레오 카메라라면 거리와 동시에 대상물을

커브 전 속도 제어

자동차 전용 도로 상의 커브의 곡률에 맞춰, 커브의 손전부터 적절한 속도로 제어한다.

액티브 레인 체인지 어시스트

약 70~120km/h로 자동차 전용 도로를 주행하고 있을 때 윙커를 조작하면, 차선 변경을 어시스트.

요금소 전 속도 제어

자동차 전용 도로의 요금소 손전에서 적절한 속도까지 감속하고, 요금소를 통과한 후 완만하게 가속.

정체 시 핸즈오프 어시스트

자동차 전용 도로 위에서 정체 시에 0~약 50km/h의 범위에서 스티어링 어시스트 기능을 고도화.

정확하게 판단할 수 있습니다."

다만, 화각에 한계가 있기 때문에 보완을 위해 전방에 밀리파 레이더를 탑재하거나 광각 단안 카메라를 추가했다.

"스바루의 강점은 모든 것을 자체 개발하고 있다는 점입니다. 당사의 ADAS 기능 개발은 스티어링을 돌렸을 때 차량의 반응 정도 등, 우선 차량의 특성을 측정하는 것부터 시작합니다. 그 특성에 시스템을 맞추는 것이지만, 자체 제작이기 때문에 세밀한 튜닝이 가능합니다. 그것이 우리의 강점입니다."

액티브 레인 체인지 어시스트 등 운전 지원 시스템은 운전자뿐만 아니라 뒷좌석 승객에게도 자연스럽고 부드러운 움직임을 실현할 수 있다 (필자는 여러 번 직접 체험한 적이 있어 기술자의 말에 진심으로 고개를 끄덕일 수 있었다).

이미지 인식 기술에 대해서는 2020년 12월에 도쿄 시부야에 설립한 SUBARU Lab (스바루 연구소)에서 AI를 중심으로 한 인식 기술을 아이사이트에 융합하는 개발을 시작했다. 또한, 2024년 4월 19일에는 AMD와의 계약 발표. 스테레오 카메라의 인식 처리와 AI 추론 처리를 융합하여 최적의 판단 결과를 출력할 수 있는 SoC(System on a Chip)의 최적화에 대해 협력할 예정이다. 이 성과는 2020년대 후반에 차세대 아이사이트에 탑재하는 것을 목표로 하고 있다고 한다. 충돌하지 않는 기술은 앞으로도 진화할 것이라는 것이다.

PROFILE

코조노 카즈야
Kazuya KOZONO

SUBARU ADAS 개발부 주사8

유카와 히카루
Hikaru YUKAWA

SUBARU ADAS 개발부 주사6

테라다 타쿠로
Takuro TERADA

SUBARU ADAS 개발부 주사5

도해특집 | 자율주행, 어디로 가는가?   Applications → Honda SENSING 360

'전방위'의 감지 성능 강화를 진행한다.

충돌 경감 브레이크나 노외 일탈 억제 기능 등 안전 운전 지원 시스템인 'Honda SENSING'을 거의 모든 차종에 전개한
혼다는 다음 수순으로 교통사고 사망자 제로를 향한 중점 영역에서의 회피 지원을 진화시킨
'Honda SENSING 360'을 신형 어코드에 탑재하여 일본 시장에 데뷔시켰다.
'규제를 기준으로 삼지 않는다'는 사상으로 개발이 진행되는 이 회사의 ADAS가 목표하는 바를 찾는다.

본문 : 세라 코타(Kota SERA) 사진 : MFi FIGURE: HONDA

다수의 신기구를 채용해 온 혼다의 안전 운전 지원 기술에 대한 노력

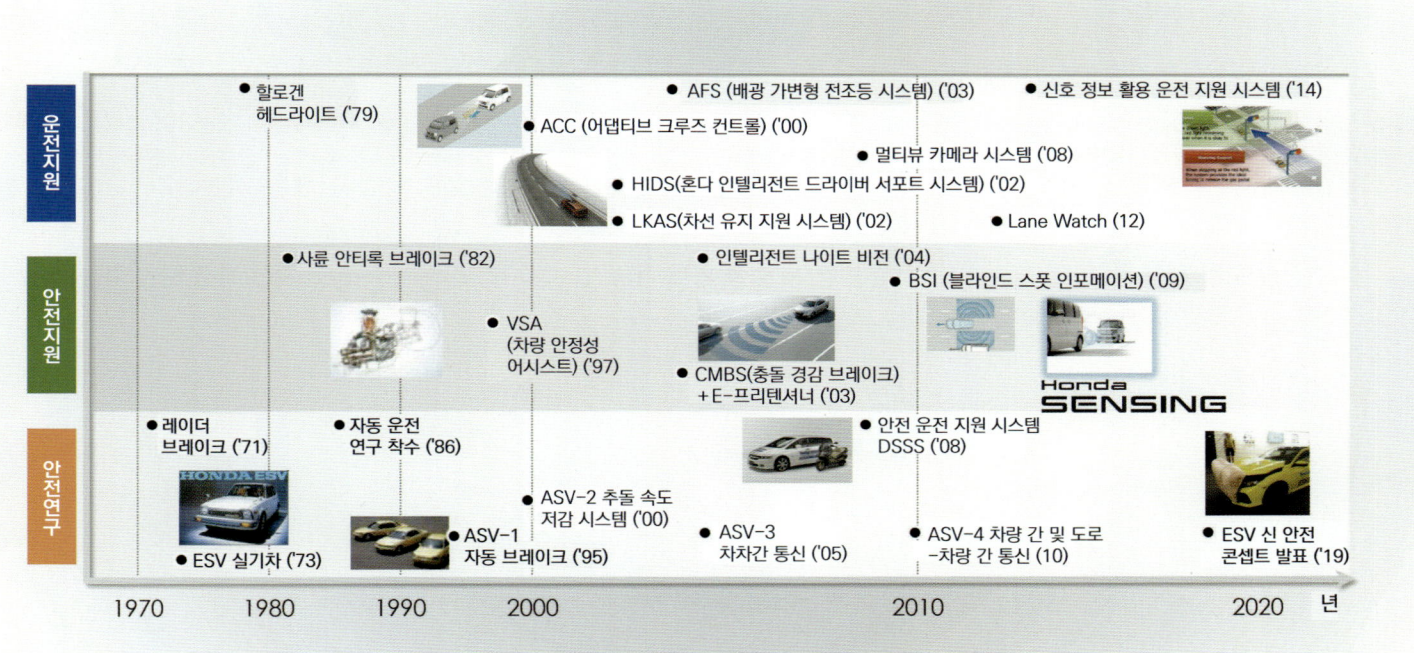

혼다의 안전 이념은 '모두를 위한 안전(Safety for Everyone) ~공존 안전~'이다. 피해자뿐만 아니라 가해자도 지키는 생각이다. 또한, '자유로운 이동의 즐거움'과 '풍요롭고 지속 가능한 사회'의 실현을 환경·안전 비전으로 내걸고 있다. 지금까지 실용화해 온 안전 운전 지원 기술에는 세계 최초나 일본 최초가 많지만, 최초를 목표로 하고 있는 것은 아니고 결과론이다. 기술을 빨리 실용화하는 것보다, 빨리 보급시키는 것이 중요하다고 생각하고 있다. 안전 지원 기술은 2014년부터 Honda SENSING의 명칭으로 통합했다.

혼다는 승용차의 양산을 시작한 이래 '교통 사고 제로'를 통해 '자유로운 이동의 즐거움'을 확대하기 위해 예방 안전 기술의 개발에 노력해 왔다는 역사가 있다. 충돌 안전 기술을 포함한 지금까지의 주제를 나열하면, 1964년에 S600에 일본 차 최초로 3점식 안전 벨트를 채택. 1982년에는 일본 차 최초로 4륜 ABS를 채택하였다. 1987년에는 일본 차 최초로 운전석용 SRS 에어백을 채택했다.

21세기에 들어 2003년에는 CMBS(Collision Mitigation Braking System: 충돌 완화 브레이크) + E 프리텐셔너(CMBS와 연동하여 안전벨트를 당기는 기능)를 세계 최초로 실용화하였다.

2014년에는 CMBS에 더해, 도로 이탈 억제 기능, 정체가 예상되는 도로에서 차를 따라가는 ACC, 표지판 인식 기능, 오발진 억제 기능 등 안전운전지원시스템을 혼다 센싱(Honda Sensing)이라는 이름으로 통합하였다. 2017년에 모델 체인지하여 2세대로 전환한 N-BOX부터 기본 사양으로 장착한 이후, 후방 오발진 억제 기능, 야간 보행자 보호, 근거리 충돌 완화 브레이크 등 기능을 순차적으로 추가했다. 2020년 현재, 혼다 센싱의 적용률은 95% 이상에 달한다.

혼다 센싱의 진화형이 2024년 3월 8일

신형 어코드에 탑재된 'Honda SENSING 360'의 시스템 구성

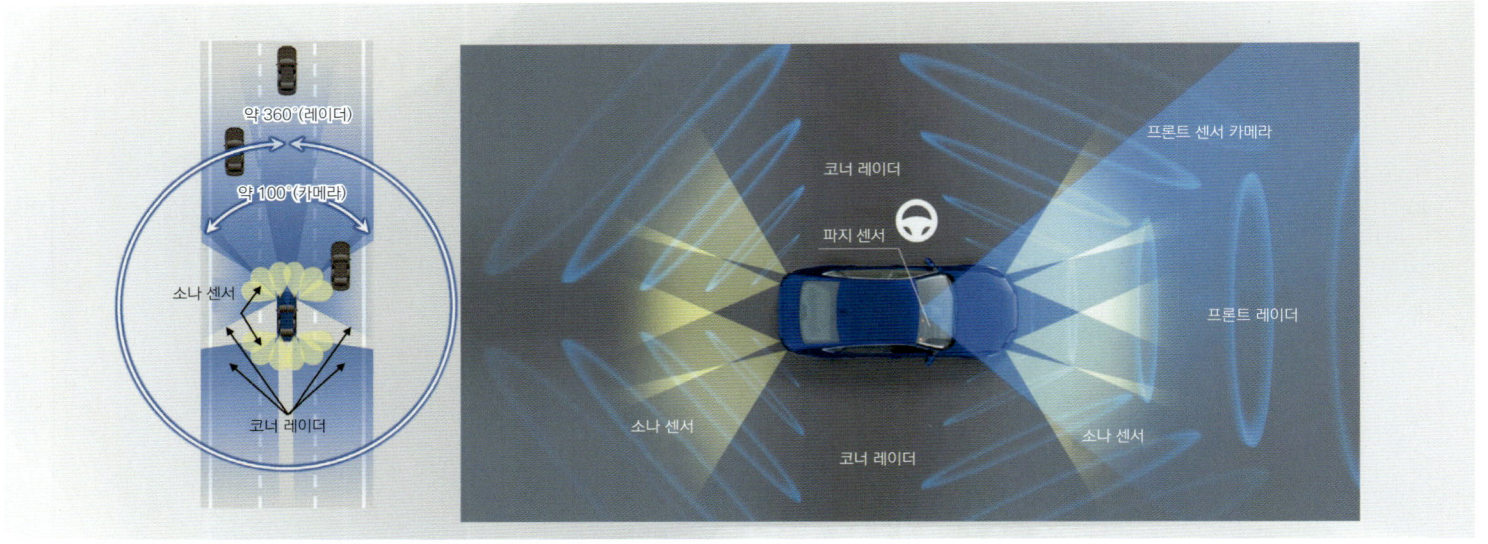

Honda SENSING은 약 100도의 수평 화각을 가진 프런트 와이드 뷰 카메라와 앞뒤 범퍼에 탑재된 소나 센서(초음파 센서)로 구성된다. Honda SENSING 360은 여기에 더해, 프런트(장거리)와 각 코너(중거리)에 총 5개의 밀리파 레이더를 탑재하여 360도 센싱을 실현한다. 그립(핸즈온) 센서는 토크 감응형이 아니라 정전 용량식이다. Honda SENSING 360+는 360의 장치에 더해, 고정밀 지도 데이터와 GNSS의 활용, 드라이버 모니터링 카메라를 추가한 시스템 구성이 된다.

전방 교차 차량 경고

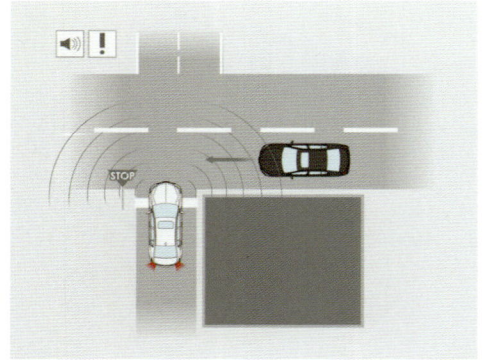

저속 주행 시 또는 정차 후 출발 시에 좌우 전방에서 접근해 오는 교차 차량의 정보를 운전자에게 통지하는 기능. 전면 좌우의 밀리파 레이더로 교차 차량을 감지하고, 본인 차량이 정지해 있을 때는 차량이 접근하고 있다는 것을 운전자에게 통지한다. 본인 차량이 저속으로 움직이기 시작하여, 충돌 가능성이 높아졌을 경우에는, '경고'를 발하여 운전자에게 회피 조작을 촉구한다.

차선 변경 시 충돌 억제 기능

전방의 밀리파 레이더가 차선의 구획선을 인식. 전후 좌우의 코너에 탑재된 밀리파 레이더가 본인 차량 주변을 주행하는 차량을 감지하고, 중속부터 고속 영역에서 주행 중, 후측방에 다른 차량이 접근하고 있는 상황에서 운전자가 차선 변경을 시도할 때, 소리 경보와 표시로 운전자에게 주의를 환기하는 동시에, 스티어링 조작을 지원하여, 차선 변경 중지를 촉구한다.

차선 변경 지원 기능

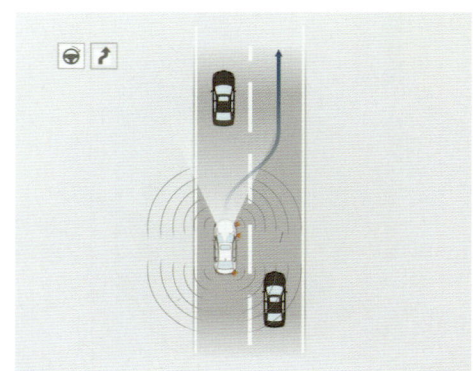

본인 차량이 고속도로 또는 자동차 전용도로의 본선 위를 주행하고 있다고 시스템이 판단하고, ACC와 LKAS가 켜져 있는 것이 작동 조건. 프런트 카메라 + 5개의 레이더가 주변 상황을 인식하고, 안전한 차선 변경이 가능한지 어떤지를 판단한다. 운전자의 방향 지시등 조작에 의해 차선 변경이 요구되면, 가능한 경우에만 시스템이 스티어링 조작을 지원한다.

에 발매된 신형 Accord에 적용된, 국내 최초로 탑재된 혼다 센싱 360이다. '360'은 약 100도의 유효 수평 화각을 가진 전면 센서 카메라에 더해, 전방과 전후 좌우 코너에 총 5대의 밀리파 레이더를 장착하여 360도 센싱을 실현하고 있다. 이를 통해 차량 주변의 사각지대를 커버할 수 있게 되어, 기존의 혼다 센싱의 19가지 기능에 전방 교차 차량 경보, 차선 변경 시 충돌 억제 기능, 차선 변경 지원 기능을 추가하여 다른 차량이나 보행자와의 충돌을 방지하고, 운전에 따른 운전자의 부담을 경감한다.

전방 교차 차량 경보는 일반 도로의 교차로 등에서 저속으로 주행 중이거나 정지 상태에서 출발할 때, 좌우 전방에서 접근하는 교차 차량의 정보를 운전자에게 알려준다. 자차와 교차 차량이 접촉할 위험이 있는 경우, 시스템이 운전자에게 소리 및 미터 표시로 위험을 경고하고 충돌 방지 운전을 유도한다.

차선 변경 시 충돌 억제 기능은 차선 변경

시, 뒤에서 접근하는 인접 차선의 차량과의 충돌을 방지한다. 미러의 사각지대에서 접근하는 후방 차량과의 접촉 위험이 있는 경우, 시스템이 운전자에게 소리 및 미터 표시로 위험을 경고하고, 충돌을 방지하기 위한 핸들 조작을 지원한다. 차선 변경 지원 기능은 고속도로 및 자동차 전용 도로에서 교통 체증 추종 기능이 있는 ACC(Adaptive Cruise Control) 및 차선유지지원시스템(LKAS)이 작동 중이며, 특정 조건을 충족한 상태에서 방향 지시등을 조작하면 시스템이 차선 변경에 따른 핸들 조작을 지원한다.

차량 사방에 밀리파 레이더를 추가하여 CMBS가 보행자나 자전거를 감지할 수 있게 되어, 교차로에서 사고를 방지하고 피해를 경감할 수 있게 되었다. 그러나 ACC에 의한 고속 크루즈 중에는 진행 방향의 커브 곡률을 조기에 판단하여 필요에 따라 감속하는 기능이 추가되었다. 360에서는 새로운 기능이 추가된 것뿐만 아니라 기존 기능도 진화했다.

혼다는 '2030년에 혼다의 4륜 차량이 관련된 교통 사고 사망자를 절반으로 줄이겠다'고 선언하고, 이를 위해 '2030년까지 사망 사고 장면을 100% 커버하는 기술을 모든 4륜 차량에 적용'하는 시나리오로 연구 개발을 진행하고 있다. 실제 사고의 실태를 수집 및 분석하고, 과제를 파악하여 차량에 탑재하는 기술의 연구 개발로 넘어가, 안전성 검증 및 개선을 하고, 양산 차량에 적용한다. 이 루프(loop)를 반복하고 있다.

혼다는 2021년 3월, 혼다 센싱 엘리트(Honda Sensing Elite)를 탑재한 Legend를 출시했다. 자동 운전 레벨 3(조건부 자동 운전)를 실현하고 있으며, 고정밀 지도와 전지구 위치 측정 시스템(GNSS), LiDAR를 포함한 외부 인식용 센서로 주변 360도를 감지하면서, 차량 내부의 모니터링 카메라로 운전자의 상태를 감시한다. 시스템이 인식, 예측, 판단을 적절하게 하고, 고속도로 및 자동차 전용 도로에서 ACC와 LKAS가 작동 중일 때 일정한 조건을 충족하면 운전자가 손을 떼도 시스템이 운전 조작을 지원하는 핸즈오프 기능을 작동할 수 있다.

그러나 핸즈오프 기능이 탑재된 차선 내 주행 지원 기능으로 주행 중 교통 체증에 직면한 경우, 특정 조건에서 시스템이 운전자를 대신하여 주변을 감시하면서 액셀, 브레이크, 스티어링을 조작하는 트래픽 잼 파일럿(교통체증주행기능)을 작동시킬 수 있다.

운전자가 시스템의 조작 요구에 계속 응

「Honda SENSING 360+」가 실현하는 보다 고도화된 운전 지원

GNSS : 전구 측위 위성 시스템 (Global Navigation Satellite System)

가까운 미래에 적용될 예정인 Honda SENSING 360+는, 360의 외부 인식 센서에 고정밀 지도 + GNSS, 드라이버 모니터링 카메라를 추가한 구성. 이에 따라 운전자의 상태 확인이 가능해짐과 동시에 제어 기능이 향상되어, 운전자의 운전 부담을 더욱 경감하는 기능들을 사용할 수 있게 된다. 각 센서로 얻은 외부 상황을 통합하여 인지·예측·판단을 수행하고, 주행을 지원하는 기술은 Honda SENSING Elite의 개발에서 얻은 지견이 활용되고 있다.

답하지 않으면 경고음을 강하게 울리고 시트벨트를 진동시키는 등, 그럼에도 조작 요구에 응답하지 않으면 비상등과 경적을 울려 주변 차량에 주의를 환기시키면서 감속 및 정지를 지원하는 긴급정지지원기능도 갖추고 있다.

혼다 센싱 360은 혼다 센싱의 진화판인 동시에, 'Elite'의 기능을 저렴한 가격으로 보급한다는 관점에서 통합한 형태이다. 현재 LiDAR를 적용하지 않은 것은 역시 비용 상승의 관점이 크다는 것이다.

360의 다음 단계는 360+(360 플러스)이고, 그 다음은 Elite Next Generation이다. 가까운 장래에 적용이 시작될 360+는 360을 기반으로 운전자 모니터링 카메라와 고정밀 지도+GNSS를 추가하고, 하차 시 차량 접근 경보 및 운전자 이상 대응 시스템, 커브 도로 이탈 조기 경보, 핸즈 오프 기능이 포함된 고급 차선 내 운전 지원, '추천형' 고급 차선 변경 지원 등이 추가될 예정이다. 안전 운전 지원 기능을 충실하게 함으로써 운전자의 운전 부담을 더욱 경감하는 방향이다.

개발 중인 Elite Next Generation은 Elite의 기능을 기반으로 운전 지원의 범위를 확대하는 방향이다. 예를 들어, 고속도로에서 레벨 3(조건부 자동 운전)의 지원 범위를 전 영역으로 확대할 생각이다. 그러나 고속도로뿐만 아니라 일반 도로로 확대하는 방향으로 연구를 진행하고 있으며, 승차부터 일반 도로 및 고속도로에서 하차, 주차까지 원활한 운전 지원을 제공하려고 하고 있다.

혼다는 360에서 제어를 내재화하고 있다. 개발 속도를 높이기 위해서이다. 개발에 참여하고 있는 오다테 쇼타로 씨는 그 이유를 다음과 같이 설명한다. "센서는 독자적으로 개발하는 것도 가능하지만, 비용 대비 효과를 생각하면 범용 제품을 사용하는 것이 유리합니다. 하지만 제어는 핵심이기 때문에, 그 부분을 내재화함으로써 경쟁력을 강화할 수 있다고 생각합니다. 개발 중에 문제가 발생했을 때의 대책으로, 공급업체와 협의하면 필연적으로 시간이 걸립니다. 사내에서 제작하는 경우 이러한 상황에서 다른 차원의 속도로 진행할 수 있습니다."

360의 개발에서는 레이더가 조사한 밀리파가 앞 범퍼 내부에서 난반사되어 고스트가 발생하는 현상이 발생했다. 바람이 강한 비가 내리는 날에 사내 시설에서 시험을 진행한 결과, 바람에 날린 빗방울을 장애물로

자동 운전을 시야에 넣은 향후의 ADAS 기술 진화 계획

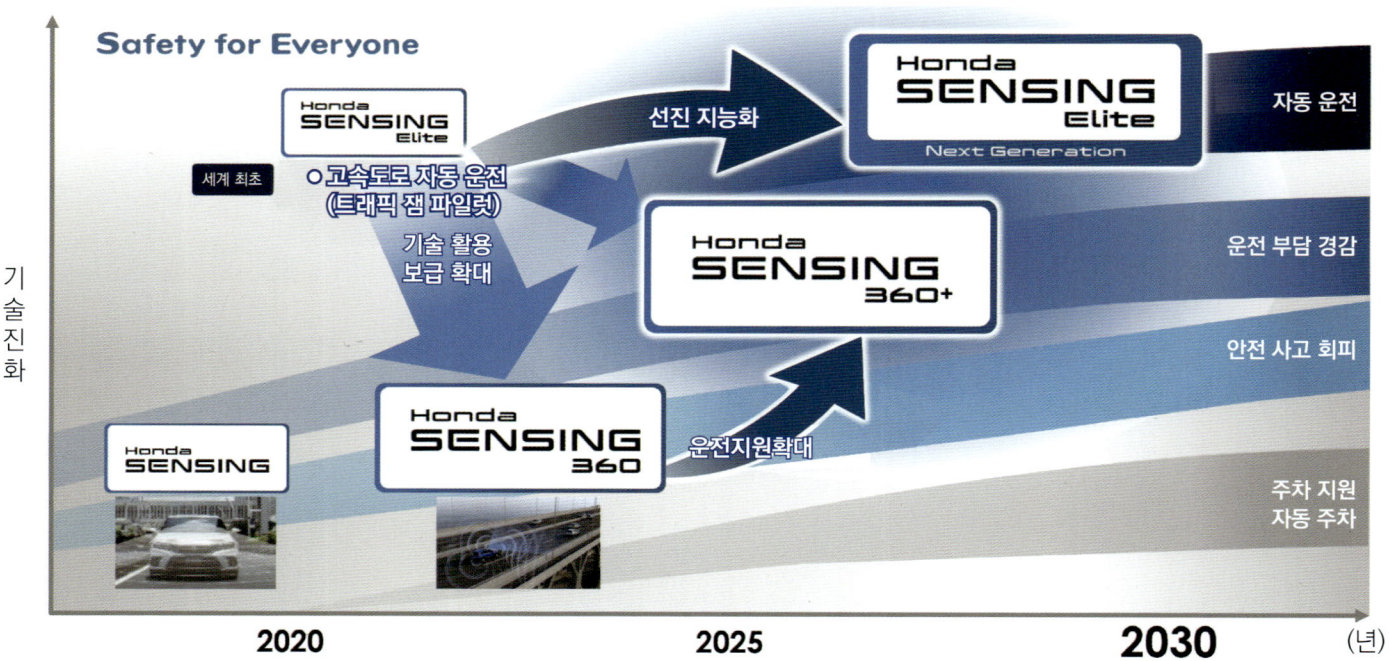

2021년에 실용화한 Honda SENSING Elite의 기술을 활용해, 교통사고 제로 사회와 자유로운 이동의 즐거움으로 이어지는 안전 운전 지원 기술의 보급 확대를 목표로 하는 것이 Honda SENSING 360의 역할. 360+는 운전 지원 기능을 확대해, 한층 더 운전 부담 경감을 도모하는 위치다. Honda SENSING Elite Next Generation은, Honda SENSING Elite로 실현한 고속도로에서의 레벨3 자동 운전(정체 시에만 한정 영역)을 고속도로 전역으로 확대하는 방향으로 개발이 진행되고 있다. 또한, 2020년대 후반을 목표로, 오토 발레 파킹(한정 구역, 저속 레벨 4)의 기술 확립을 목표로 한다.

일장일단이 느껴졌던 신형 어코드의 운전 지원

Honda SENSING 360을 탑재한 어코드에서 차선 변경 지원 기능을 시험했다. 시스템이 제어하는 차선 변경의 움직임은 흐르는 듯 매끄러워, 마치 달인이 운전하는 듯했다. 다만, 시스템이 '가능'하다고 판단하는 조건이 까다로운지, 눈으로 보기에 '갈 수 있을 것 같다'고 생각되는 상황에서도 시스템상으로는 NG로 판단하는 경우가 많았다. 또한, 지원을 시작해도 도중에 중단하는 경우(운전자의 무의식적인 조향 입력이 원인인 듯)가 있어, 시스템과 완전히 친해지지는 못했다.

인식한 경우가 있었다. 그러나 도로 시험에서는 터널 출구의 조명이 좋지 않아 부주의로 제어가 개입되는 상황이 발생했다. 양산에 이르기까지 산처럼 쌓일 이러한 과제를 신속하게 해결하고 정밀도를 높이고 싶어한다. 제어를 사내에서 하는 것이 결론에 도달했다면 비용 대비 효과가 높다고 판단한 것이다.

360을 비롯한 안전운전지원시스템은 인식, 예측, 판단, 조작을 시스템이 하고 있다. 그 개발에는 슈퍼컴퓨터를 사용하여 전국을 달리고 수집한 실주행 데이터를 활용하여 약 1,000만 가지의 시뮬레이션을 실시하였다. 공도 검증도 진행하여 신뢰성을 더욱 높일 예정이다. 지금까지는 '교사 있는 학습'을 통해 인식의 정확도를 높였지만, Elite Next Generation을 위해서는 정답이 되는 데이터가 존재하지 않기 때문에, 입력한 데이터에서 정답을 도출하는 '교사 없는 학습'도 결합하여 복잡한 장면의 인식 정확도를 높일 계획이다.

어쨌든 그 목표는 사고 제로, 운전 부담의 추가적인 경감, 그리고 저렴한 가격으로 제공하여 그로 인한 이동의 즐거움을 제공하는 데 있다. 이상이 2024년 여름 현재 혼다의 안전운전지원시스템 개발 현황이다.

PROFILE

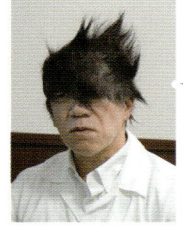

오다테 쇼타로
Shotaro ODATE

혼다기연공업주식회사 전동 사업 개발 본부
소프트웨어 디파인드 모빌리티 개발 총괄부
선진 안전·지능화 솔루션 개발부 선진 안전 상품 개발과
치프 엔지니어

우미노 료헤이
Ryohei UMINO

혼다기연공업주식회사 전동 사업 개발 본부
BEV 개발 센터
소프트웨어 디파인드 모빌리티 개발 총괄부
선진 안전·지능화 솔루션 개발부 선진 안전 상품 개발과
스태프 엔지니어

도해특집 자율주행, 어디로 가는가? Applications → 코이토 제작소의 양산형 LiDAR

시판차 탑재 LiDAR에 이름을 올린다

2024년 4월, 글로벌 OEM 제조사로부터 차량용 단거리 LiDAR의 신규 수주를 획득했다고 발표한 코이토 제작소.
자동차용 등화류의 세계 유수 공급업체인 이 회사는, 수많은 램프에 관한 신기구를 세계에서 처음으로 양산화해 온 실적이 말해주듯이,
도전적인 사풍을 가지고 있다. 향후의 ADAS 성능을 좌우하는 중요한 장치인 LiDAR, 그 양산화를 향한 개발의 흐름을 들었다.

본문 : 세라 코타(Kota SERA) 사진 & 그림 : KOITO/MFi

양산이 결정된 코이토 제작소의 LiDAR 유닛
오른쪽이 글로벌 OEM으로부터 신규 수주를 획득한 차량용 단거리 LiDAR(프로토타입). 상하의 유리창으로부터 적외선 레이저 광을 발광하고 수광한다. 코이토 제작소와 셉톤이, 자동 운전 레벨 4에서의 주변 감시용으로 협업하여 개발. 자동차용 조명기기 티어 1 제조사로서 쌓아온 생산 노하우 등을 활용함으로써, 높은 수준의 QCD(Quality, Cost, Delivery)를 실현할 수 있다. 그것이 평가되어, 공급업체로서 선정되었다고 분석하고 있다. 왼쪽은 얇음을 추구하여 설계한 장거리 LiDAR.

카츠다 다카유키 Takayuki KATSUDA
이토 제작소 전무집행임원
기술 본부장

1985년에 토요타 자동차에 입사, 2016년 4월에 코이토 제작소에 입사했다. 토요타 시절에는 섀시 설계 분야에서 서스펜션 제어 등을 담당했으며, 3세대 렉서스 RX(2009년), 4세대 렉서스 RX(2015년)의 치프 엔지니어를 맡아 개발 전반을 총괄했다.

'KOITO' 브랜드의 제작소는 조명기술회사로 인식이 높아 LiDAR를 다루고 있다고 하면 '왜?'라는 생각이 든다. 분야가 완전히 다르기 때문이다.

코이토 제작소가 LiDAR를 다루게 된 경위는 나중에 하고, 조명의 경우 고화질 ADB(Adaptive Driving Beam)가 최신 기술이다. 2007년에 세계 최초로 LED 헤드램프를 생산 및 판매하기 시작한(Lexus LS600h) 코이토는 2012년에 셔터식 ADB를 생산 및 판매하기 시작했고, 2019년에는 세계 최초로 블레이드 스캔 ADB를 생산 및 판매하기 시작했다(Lexus RX). 고속 회전하는 블레이드 미러에 LED의 빛을 반사시켜 LED 칩의 점등 제어에 의한 어레이 방식보다 훨씬 세밀한 배광 제어가 가능한 시스템이다. 이 블레이드 스캔 기술은 LiDAR와 관련이 있다.

고화질 ADB는 헤드램프의 조사(照射) 범위를 1만 6000개로 분할하여 도로 환경에 따라 다양한 빛의 패턴을 비출 수 있다. 기존 방식의 ADB에 비해 차광 범위를 대폭 줄일 수 있는 것이 특징이다.

즉, 조사 범위를 최대화할 수 있어 선행 차량이나 보행자를 세심하게 배려하면서 운전자와 차량용 카메라에 폭넓은 시야를 제공할 수 있다. 표지판은 밝기를 줄여 눈부심

을 억제하는 등 빛의 강약으로 반사를 억제할 수도 있다.

적외선 레이저 광을 조사하여 반사광을 바탕으로 대상물까지의 정확한 거리를 계산하고 형상을 감지하는 것이 이 센서의 기능이다. 카츠다 타카유키 씨(집행임원 기술본부장)는 차량용 LiDAR를 개발하게 된 배경을 다음과 같이 설명한다.

"코이토 제작소는 램프 사업만으로 성립되어 있다고 할 수 있는 회사입니다. 비즈니스 포트폴리오가 한 가지에 집중되어 있는 회사라고 할 수 있어, 빛의 기술을 어떻게 응용할 수 있을지 생각하고 있었습니다."

자동차 업계에 100년에 한 번의 변혁기가 도래한다고 말하기 시작한 시기이며, CASE가 대두되기 시작한 시기이기도 하다. 자율 주행이 실용화되면 헤드램프는 필요 없게 될 것이라는 당시의 위기감도 새로운 분야를 개척할 동기였다.

"당사는 세계 최초의 LED 헤드램프를 출시하여 실적이 높아지고 있었습니다. 다만, LED가 점점 보급되고 있는 상황이었기 때문에, 다음 단계로 나아갈 새로운 기술이 필요할 것이라고 생각했습니다. 양산 개발과는 별도로 연구 부대에서 안테나를 세우고 있던 중, LiDAR와의 친화성이 높을 것이라고 예상하였습니다."

2015~2016년경의 일이다. 사실 코이토 제작소는 1991년에 레이저 거리 센서를 농약 살포 등에 사용하는 야마하 발동기의 산업용 무인 헬리콥터에 공급한 실적이 있었다. 고도 유지를 위한 1점 거리 측정이 아닌, 세로와 가로 면의 거리 측정을 하는 것이 LiDAR라고 볼 수도 있다. 기반이 없었던 것은 아니다.

헤드램프에 대해서는 오랜 전통을 자랑하는 회사이지만, "예로부터 도전 정신이 매우 왕성한 회사"라고 카츠다 씨는 말한다.

"LED도 세계 최초이고, ADB도 선두를 달리고 있습니다. 예전에는 실드 빔과 디스차지 헤드램프도 그랬습니다. 첨단 기술은 사훈인 '발상과 단행'을 마음에 새기고 구체적으로 개척해 온 역사가 있습니다."

그래서 LiDAR의 개발을 시작한 것은 갑작스럽지 않다는 것이다.

2024년 4월 10일, 코이토 제작소는 차량용 단거리 LiDAR를 개발하고 글로벌 OEM으로부터 신규 수주를 확보했다고 발표했다. Cepton(셉톤)과의 공동으로 개발되었다. 미국 캘리포니아주 산호세에 본사를 둔 Cepton은 2016년에 설립된 LiDAR 및 이미징 기술의 벤처 기업이다. 자사의 기술력에는 자신이 있지만, 당연하게도 OEM과의 연관은 없다. 그래서 1차 공급업체인 코이토 제작소에 문을 두드린 것이다.

물론 코이토도 상대방의 요구를 무조건 받아들인 것은 아니었다.

"여러 벤처 기업과 접촉했지만, 셉톤의 독자적인 기술이 강점이라고 생각했고, 스스로 1차 공급업체가 되고자 하는 벤처 기업이 많은 가운데, 그들은 우리의 1차 공급업체로서의 제조를 존중하는 형태로 협력을 하고 싶다고 했습니다. 제품화하는 것이 얼마나 어려운지 이해하고 있다는 인상을 받았습니다."

물론, 겸손함만 협력 관계를 맺게 된 이유

↓ 셉톤 독자적인 구조로 다방향 스캔을 수행한다.

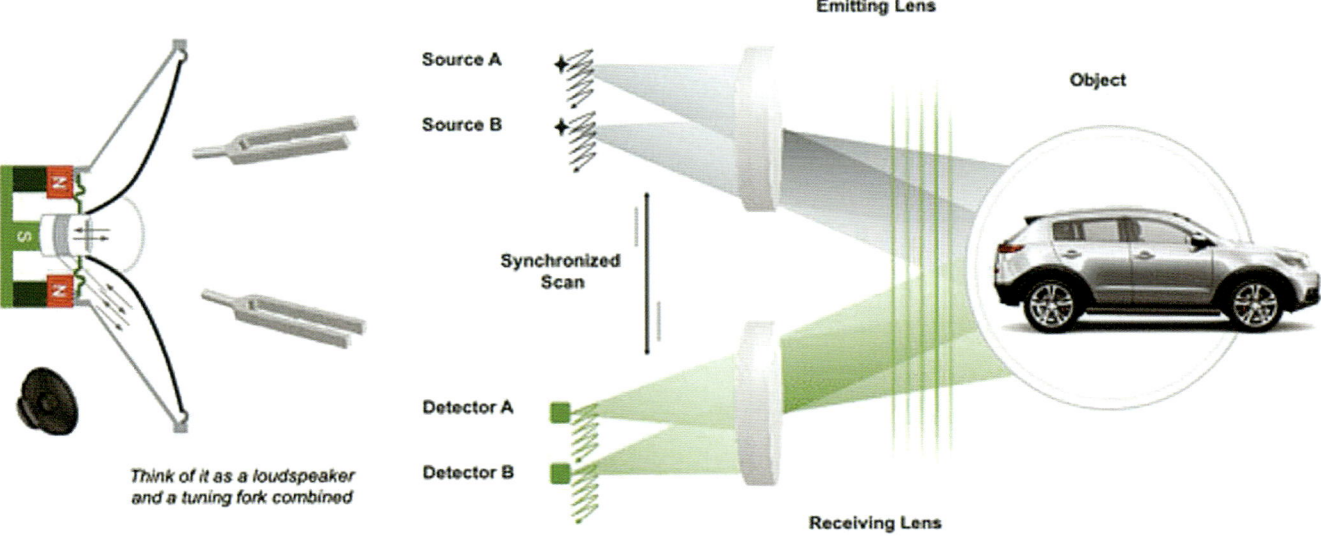

일반적인 LiDAR는 모터에 의해 폴리곤(다면체) 미러를 회전시켜, 적외선 레이저 광을 반사시켜 수평 스캔을 한다. 셉톤사가 개발한 MMT는 회전축을 가지고 있지 않다. 즉, 마모 부품이 없는 것이 특징으로, 따라서 높은 내구성을 보증할 수 있다. 또한, 좌우 방향뿐만 아니라 상하 방향으로도 조향하여, 스캔하는 것이 가능하여, 상하 방향으로 높은 분해능을 확보할 수 있다. 스피커가 자기력으로 콘을 움직이는 원리를 응용하여, 세로 및 가로의 2차원 스캔을 실현하고 있다.

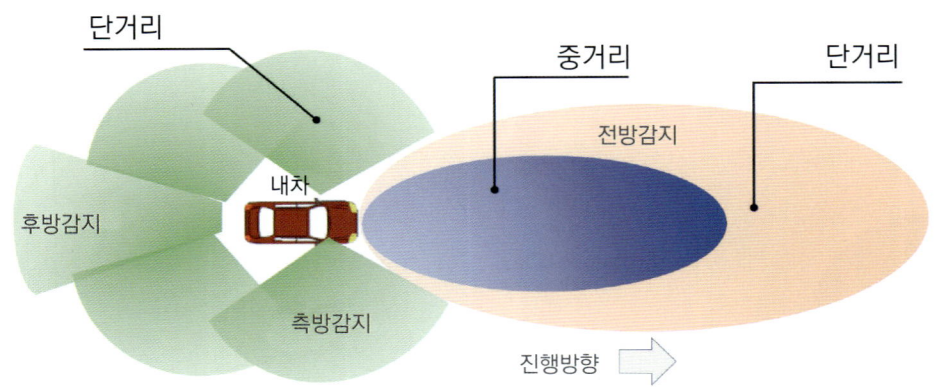

↑ 각 LiDAR 타입이 담당하는 측정 범위

단거리, 중거리, 장거리 각각의 LiDAR가 감지하는 범위의 개념을 나타낸 그림. 단거리는 주변 감시 용도로 사용되는 것이 일반적. 단거리, 중거리, 장거리에 대한 명확한 정의는 존재하지 않으며, 고이토 제작소의 감각으로는 단거리가 50m 이내. 장거리는 300m. 이것은 유럽에서의 목표치인, 130km/h로 주행 중에 장애물을 감지하여 정지할 수 있는 거리에서 유래한다. 장거리의 정의는 비교적 새롭게 생겨난 것으로, 그 이전의 장거리(200m 정도)가 현재는 중거리로 분류된다.

↓ 대폭적인 비용 절감과 소형화를 실현한 전용 칩

MMT 방식의 LiDAR에 특화된 포인트 클라우드 생성용 커스텀 IC를 자체적으로 준비할 수 있는 것도, 셉톤×코이토 제작소 LiDAR의 강점이다. "전용 칩이 없는 회로 구성으로 하면, 제품의 크기가 커지기 쉽다" (카츠다 씨). 적외선 레이저 광을 발광하고, 수광하여 포인트 클라우드라고 불리는 3D의 점군 데이터로 가공한다. 그 처리를 자체 소프트웨어로 수행할 수 있기 때문에, 1개의 칩에 작게 집약할 수 있다. 발열을 억제할 수 있는 것도 장점. 오른쪽은 크기 비교용 1달러 동전이다.

는 아니다. 카츠다 씨가 말한 것처럼, 기술에도 주목할 만한 점이 있었다. 셉톤의 LiDAR는 MMT(Micro Motion Technology) 방식을 채택하고 있었다. 스캐닝 방식인지 아닌지로 분류하면 전자에 속하며, 광학 어레이 방식과 같은 기계식으로 분류되는 방식이다.

"일반적인 LiDAR는 폴리곤 미러를 사용하고, 기계적인 스티어링 기구로 가로 방향의 X축 1축만 스티어링합니다. 세로 방향의 Y좌표의 포인트를 취할 경우에는 발광수광 소자를 세로로 여러 개 배열합니다. 따라서 소자의 수만큼 분해능(分解能)이 있습니다. 가로 방향은 파이어링(firing)이라고 하지만, 발광 수광의 빈도로 분해능이 결정됩니다.

예를 들어 세로로 10개가 나란히 배치되어 있으면 세로 10×가로 초당 수천 발의 빈도로 분해능이 됩니다. MMT는 2개의 축을 가지고 있으며, Y 방향으로 스티어링하는 것이 장점입니다. 따라서 세로 방향으로 세밀한 분해능을 얻을 수 있는 것이 특징입니다."

가로축뿐만 아니라 세로축에도 스티어링 기구가 있는 것이 MMT의 특징이지만, 회전축이 없다는 것도 큰 특징이다. 축이 없다는 것은 마모 부품이 없다는 것을 의미하며, 내구성 면에서 큰 장점이 된다. 그렇다면, 어떻게 가로와 세로로 스티어링을 하는 것일까?

자력을 사용하여 진동시키는 것이다. 셉톤은 MMT를 스피커의 원리로 비유한다.

"회전축을 가진 1축 스티어링의 LiDAR의 경우에도 파이어링은 블레이드 스캔 ADB와 동일합니다. 발광만 하는 것이 블레이드 스캔 ADB입니다. 발광과 수광을 반복하는 것이 LiDAR입니다. 우리에게는 그렇게 먼 기술은 아닙니다. 코이토는 광원 램프 제조업체이므로 렌즈를 직접 설계할 수 있습니다. 이 기술은 LiDAR에도 사용할 수 있으며, 실제로 당사의 노하우도 많이 반영되어 있습니다. 단, 요구되는 정밀도는 램프에 비해 두 자릿수 정도 높고, 0.00 몇 밀리미터의 세계입니다. 그럼에도 불구하고 꾸준히 당사의 기술로 정립하고 있습니다."

코이토 제작소는 글로벌 OEM으로부터 수주를 확보한 단거리 LiDAR 외에도 중거리, 장거리 LiDAR의 라인업을 갖추고 있다. 중거리는 MMT를 사용한다. 장거리는 종방향의 분해능보다 차량 탑재의 자유도 측면에서 횡방향의 파이어링의 세밀함에 특화되어, 얇은 두께를 고집한 설계로 되어 있다.

MMT 방식은 코이토 제작소 × 셉톤의

주식회사 코이토 제작소 기술 본부 센서 개발부 부장
다나카 요시아키 Yoshiaki TANAKA

다나카 부장이 손에 들고 있는 것은 42페이지에 게재된 차량용 단거리 LiDAR이다. 콤팩트한 크기를 잘 알 수 있다. 일반적인 단거리 LiDAR는 부각 범위가 좁아, 멀리 보려고 하면 가까운 쪽이 부각 범위에서 벗어나 버린다. 셉톤 × 코이토 제작소 LiDAR는 상하 방향의 분해능이 높기 때문에, "가까운 쪽도 먼 쪽도 형태를 잘 알 수 있다"고 설명한다.

LiDAR의 강점이지만, 기존형 회전형 기술도 보유하고 있는 것이 강점이다. 또한, 자사 제작 LiDAR에 특화된 소프트웨어와 커스텀 칩을 보유하고 있는 것도 강점이다. 발열을 억

	카츠다	Vista®-X90	Vista®-X120
외관 이미지			
용도	주변 감시 (단거리)	전방 감시 (중거리)	전방 감시 (장거리)
특징	상하좌우에 초광각	차량 외에도 활용	박형/고해상도
감지 거리	0.1m~40m	2m~175m	1m~300m
감지 범위	120°H × 90°V	90°H × 25°V	120°H × 25°V

← 코이토/셉톤 공동 개발 LiDAR 라인업

왼쪽부터 단거리용(주변 감시), 중거리용(전방 감시), 장거리용(전방 감시). Nova, Vista-X90, Vista-X120(중거리와 장거리의 숫자는 수평 방향의 감지 범위=각도에서 유래)라는 각 모델의 명칭은 셉톤 측에서 붙였다.
중거리용은 단거리용과 같은 콘셉트로 설계되었으며, MMT를 사용하고 있다. 상하 방향의 분해능이 그렇게까지 요구되지 않는(올려다보며 신호를 보는 것은 아니므로) 얇은 형태의 장거리용은 수평 방향의 스캔만을 수행하는 사양으로, 회전축을 가진 구조이다.

↓ 단거리 LiDAR 'NOVA'를 사용한 테스트 결과

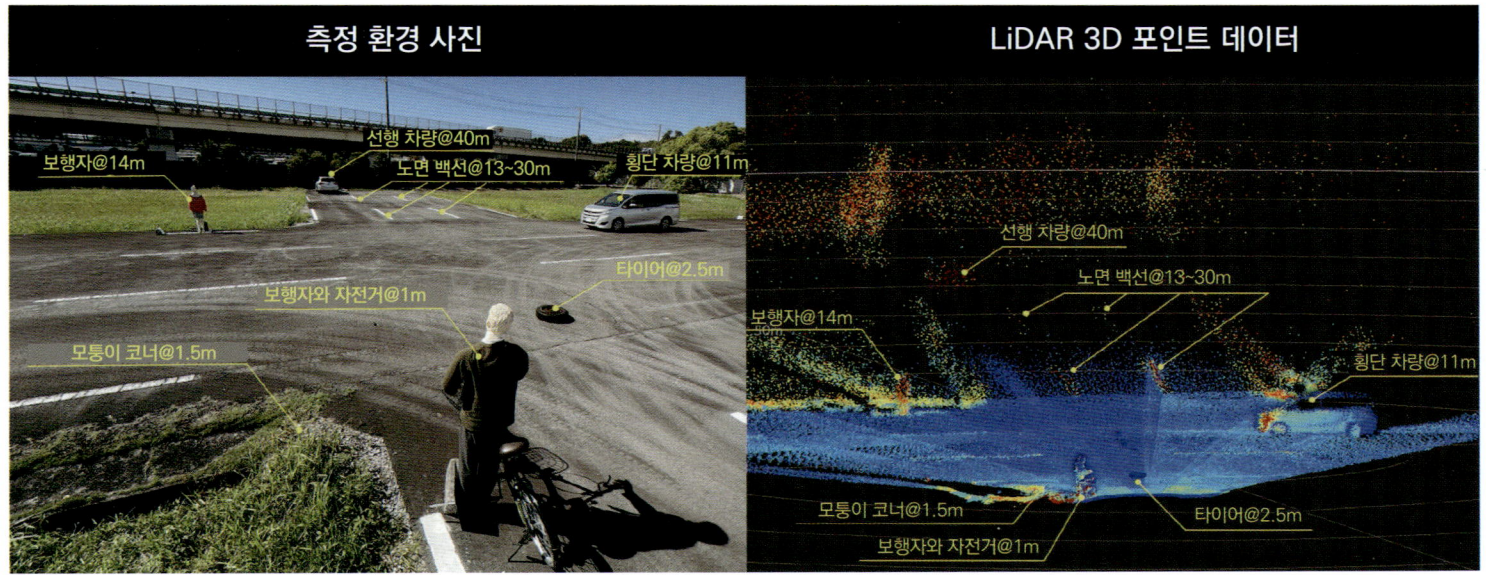

가까이 있는 보행자 마네킹의 왼쪽, 높이 약 2m 위치에 LiDAR를 놓고 센싱한 결과가 오른쪽의 포인트 클라우드 데이터이다. 분해능이 뛰어나기 때문에 오른쪽에서 횡단하는 차량의 차체 형상도 판별할 수 있을 뿐만 아니라, 확산하면서도 40m 부근까지의 세로 방향 넓은 범위에서 빈틈없이 대상을 포착할 수 있는 것이 코이토 제작 단거리 LiDAR의 특징이다. 일반적인 타입으로 옆으로 확산하며 40m 앞의 물체를 인식하려고 하면 센싱이 거칠어져, 보행자의 머리뿐 아니라 2.5m 떨어진 타이어도 판별할 수 없는 경우가 많다고 한다.

↓ 보다 넓은 범위의 시야를 실현하는 램프를 만들기 위한 시설

앞서 언급된 단거리 LiDAR 테스트를 진행하고 있는 장소는, 시즈오카현 마키노하라시에 있는 이 회사의 하이바라 공장 내 배광 시험장이다. 2025년 시장 출시를 목표로 광원인 LED를 16,000개까지 세분화하여, 보행자나 도로 표지판 부분도 감광(위의 도판)하는 고정밀 ADB의 개발도 진행되고 있다.

↓ 사람과 자동차 기술 박람회(人テク展)에서 스캔 능력을 시연

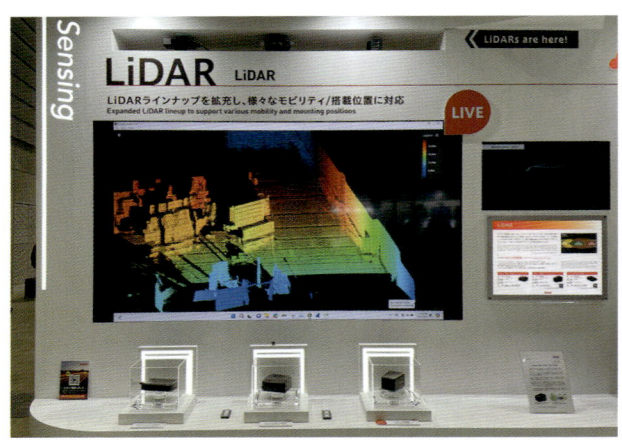

코이토 제작소는 5월 22일부터 24일까지 개최된 '사람과 자동차 기술 박람회 2024 요코하마'에 출품하여, 단거리용, 중거리용, 장거리용 각 LiDAR를 전시했다. 중거리용은 자동차용 외에, 산업 기계·건설 기계·농기 차량 등 다양한 요구에 대응하며, 실내외에서의 인구 밀집·혼잡 상황 파악 용도에도 적합하다고 한다.

↑ 빛의 잔상 효과를 활용한 코이토 독자적인 블레이드 스캔 ADB

단거리용 LiDAR 옆에 있는 것이 블레이드 스캔 ADB 유닛(좌측용)입니다. 고속 회전하는 블레이드 미러에 LED 빛을 비추면서 가로 방향으로 움직여, 빛의 잔상 효과를 이용하여 조사면을 만들어냅니다. 미러의 회전과 12개의 LED 점멸을 제어함으로써, LED 300개에 상당하는 고정밀 배광을 실현합니다. LED는 발열하기 때문에 전동 팬을 탑재하고 있습니다.

↓ LiDAR 양산화를 위한 코이토 제작소와 셉톤의 협력 체제

코이토 제작소는 셉톤에 출자한 후, 공동 개발 계약을 맺고 있다. LiDAR의 핵심 기술 라이선스와 MMT 등의 기간 구성은 셉톤 측이 담당한다. 제품 설계와 생산 기술은 공동으로 개발하며, 제조와 판매, 품질 보증에 대해서는 코이토 제작소가 책임을 지고, 티어 1으로서 OEM과의 교섭에 임한다. 램프 개발과 양산 실적이 있는 코이토 측이 품질과 안정적인 공급을 보증(코로나 사태 반도체 위기 시에 공급을 한 번도 멈추지 않았던 것은 자랑)함으로써, OEM으로부터 신뢰를 얻겠다는 생각이다.

제할 수 있고 소형화가 가능한 장점이 있다.

"셉톤의 MMT는 이미 보유하고 있으며, 조향 방법에 대해서는 여러 가지 선택지가 있습니다. 램프에서 쌓아온 광학 기술을 보유하고 있으며, 신뢰성은 저희에게 맡겨 주십시오. 대량 생산 기술도 보유하고 있어 램프와 마찬가지로 안정적으로 공급할 수 있습니다."

LiDAR에 한정되지 않고 주요 제품의 첫 생산은 시즈오카 지역의 공장에서 하는 것이 관례이며, 단거리 LiDAR의 생산도 같은 지역에서 하고 있다. 중거리 LiDAR에 대해서도 라인이 완성되어 있으며, 장거리 LiDAR에 대한 문의도 있다고 한다.

「ABS가 표준화되어 VSC가 탄생했습니다. 이제 에어백이 장착되지 않은 자동차는 없습니다. 안전 장비의 보급에는 10년 단위의 시간이 걸리지만, 반드시 보급될 것이라고 확신하고 있습니다. 사고가 늘지 않도록 인지 성능을 높이기 위해, 당사의 LiDAR가 도움이 될 수 있는 요구가 반드시 늘어날 것이라고 예상하고 있습니다. 현재는 아직 단가가 높을지 모르지만, 보급이 진행되면 가격도 내려갈 것이며, 그 견인력이 당사의 역할이라고 생각합니다."

코이토 제작소는 램프 제조업체인 동시에 광학 제조업체이기도 하다. 그래서 LiDAR를 선택한 것이다.

도해특집 자율주행, 어디로 가는가? | Applications — Valeo · SCALA

LiDAR의 선구자로서의 자부심

세상에 선진적이고 진보적인 기술이나 제안은 셀 수 없이 많지만, 그것을 실용화하는 것은 매우 어렵다.
시판 차량에 채택되어 그것이 장기간 장착될 경우에는 더욱 그렇다. LiDAR라는 AD/ADAS의 핵심 장치에서,
그 실적을 자랑하는 발레오에게 지금까지의 발자취와 앞으로의 기술 동향에 대해 들었다.

본문 : 안도 마코토(Makoto ANDO)   그림 : Valeo

프랑스를 대표하는 자동차 부품 공급업체 발레오는 1991년 후방 소나용 초음파 센서 양산을 시작으로 ADAS(첨단 운전자 보조 시스템) 분야에 진출했다. 2017년에는 LiDAR(Light Detection and Ranging=근적외선 레이저를 이용한 물체 감지 및 거리 측정) 센서 양산을 시작했으며, 현재는 차량용 LiDAR의 최고 제조사가 되었다. '스칼라(SCALA)'라는 이름의 이 제품은 어떤 것일까.

"LiDAR에는 스캔형과 플래시형 두 종류가 있습니다. 전자는 가늘게 조준한 근적외선 레이저를 움직이며 조사해 스캔하는 방식이고, 후자는 카메라 플래시처럼 전체에 근적외선을 발사해 반사광을 감지하는 방식입니다. 후자는 장거리 대응이 불가능해 자동차용으로는 일반적으로 스캔형이 사용됩니다. 저희 제품도 스캔형을 채택했습니다."

발광부에서 나온 레이저 광을 회전하는 미러에 반사시켜 주변을 쓸듯이 조사한다. 레이저 광은 펄스 형태로 발사되며, 그것이 돌아오는 데 걸린 시간으로 거리를 계산하고, 그 포인트를 모아 '점군 데이터'를 형성한다. 이러한 방식 자체는 다른 공급업체와 다르지 않다. 그러나 Honda SENSING Elite나 벤츠의 DRIVE PILOT 등 시판된 '자율주행 레벨 3' 차량에 채택된 LiDAR는 모두 SCALA입니다. 왜 SCALA가 선택되는 걸까요?

"가장 큰 이유는 '자동차용으로 사용할 수 있는 수준인지 여부'라고 생각합니다. 자동차에는 주행에 따른 진동이 발생하고 온도 조건도 매우 까다롭기 때문에 일반 용도보다 한 단계 높은 내환경 성능을 갖춰야 합니다. 이러한 환경을 견딜 수 있는 제품이라는 점에서 선택받고 있다고 생각합니다."

LiDAR는 원래 지형이나 유적 조사, 기상 연구나 해저 탐사 등 진동이나 온도 조건이 엄격하지 않은 환경에서 사용되어 왔다. 게

다가 환경 조건이 좋지 않을 때 데이터 수집이 불가능해도 지장이 없는 분야에 사용되었다. 그러나 자동차는 어디서 어떤 방식으로 사용될지 알 수 없다. 예상되는 모든 사용 조건에서 정확하게 작동해야 한다.

"예를 들어 미러는 고속으로 회전하지만, 200~300m 앞의 물체를 정확히 파악하려면 회전축의 정밀도가 매우 높아야 합니다. 게다가 진동에 견디고, 자동차가 사용되는 온도 조건(ISO16750 기준 -40℃~+85℃)에도 견뎌야 합니다. 이를 위해서는 기계적 지식이 매우 중요해집니다. 일반적인 전자 제품 제조업체에서는 구조적으로는 만들 수 있어도, 차량에 탑재할 수 있는 수준의 제품으로 만들 수 있을지는 상당히 어렵다고 생각합니다."

회전 정밀도도 중요하지만, 무게 균형 불균형으로 인한 회전 불균일이나 진동이 가해졌을 때의 축 흔들림 등도 고려해야 하며, 온도 변화에 따른 팽창과 수축으로 인한 변형도 일정 값 이내로 유지해야 한다. 자동차가 사용되는 환경 조건을 꿰뚫고 있는 발레로이기에 타사의 추종을 허용하지 않는 제품을 공급할 수 있는 것이다.

"게다가 발레로는 ADAS 개발을 시작한 지 30여 년이 되었습니다. 따라서 ADAS에 필요한 기능과 성능을 숙지하고 있는 것도 우리의 강점이라고 생각합니다."

참고로 제품명 SCALA는 "Scanning LiDAR"에서 유래했다. 17년 SCALA 1 출시 이후, 22년 SCALA 2, 23년 SCALA 3로 진화했다. SCALA 3는 CES2024 혁신 어워드를 수상했으며, 25년부터 스텔란티스(Stellantis)를 대상으로 양산이 시작된다.

최신 사양인 SCALA 3는 SCALA 2 대비 어떻게 진화했는가.

"먼저, 감지 가능한 거리가 크게 확대되었습니다. SCALA 1은 약 60m, SCALA 2는 약 80m였으나, SCALA 3은 200m~300m, 조건이 나쁜 대상물(근적외선 반사율이 낮은 것)도 약 190m까지 감지할 수 있게 되었습니다. 데이터 양도 SCALA 2의 260kp/s(포인트/초)에서 12.5Mp/s로 약 48배 증가했습니다. 먼 거리의 물체를 정확히 파악하려면 해상도를 더욱 높여야 하기 때문입니다."

이 정도의 성능을 요구한 이유는 레벨 3 자율주행을 주행 속도 130km/h까지 대응하기 위해서입니다. 그렇게 하면 아우토반의 속도 제한 구간을 제외하고 대부분의 국가 고속도로에서 흐름이 원활한 상태에서도 자율주행 레벨 3이 가능해집니다. 참고로 SCALA 1을 사용했던 Honda SENSING Elite의 ODD(Operation Design Domain=운행 설계 영역) 차량 속도는 약 50km/h 이하, SCALA 2를 탑재한 벤츠

↑ **Honda SENSING Elite**

혼다의 안전 운전 지원 시스템인 Honda SENSING의 플래그십이 Elite이다. 2020년에 발표되어, 레전드에 탑재되고 세계 최초로 자동 운전 레벨 3을 실현하여 주목을 받았다. 이것을 지탱하는 것이 SCALA이며, 이 시스템에서는 제1세대를 5개(전방 2개/후방 3개) 장착한다.

→ **SCALA의 구조**

발사한 레이저가 거리 측정 대상에 반사되어 돌아올 때까지의 시간(ToF)으로 거리를 판정하는 것이 LiDAR, 즉 3차원 레이저 스캐너의 원리다. SCALA는 넓은 범위에 발사하기 위해 회전식 미러를 내장하여 시야각을 확대하고 있다. (이미지는 SCALA 제1세대의 구조도)

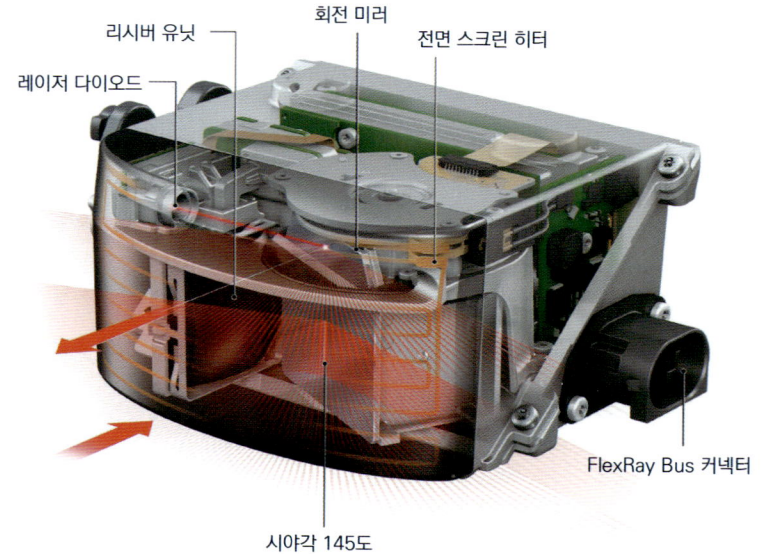

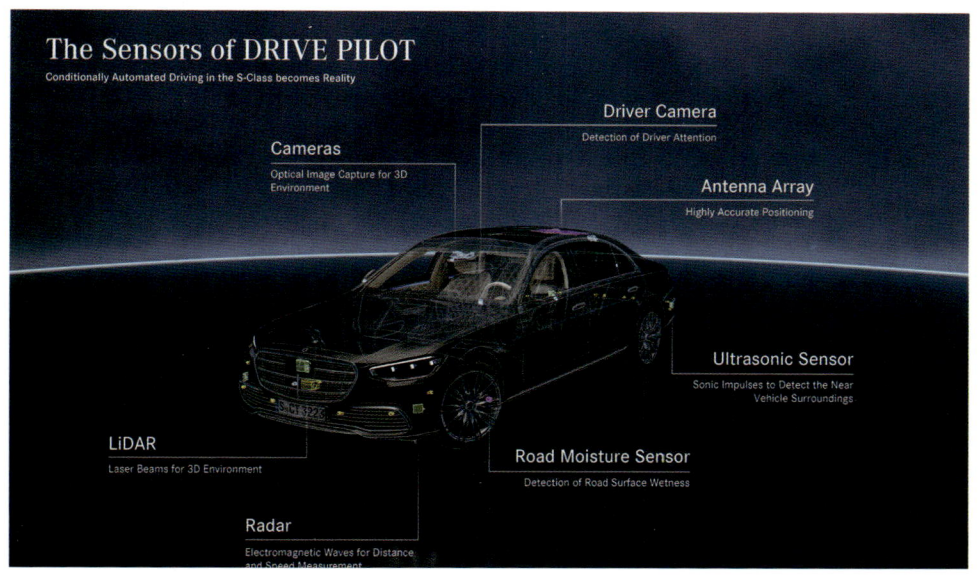

Mercedes-Benz DRIVE PILOT

북미 시장의 S클래스 및 EQS 클래스에 탑재되는 자동 운전 레벨 3 기구로, 이 시장에서 처음으로 공도에 적용할 수 있는 것을 자랑했다(테슬라보다 먼저, 라는 우위 과시일 것이다). 적용 속도는 최고 64km/h로, 캘리포니아 주 및 일부 네바다 주의 프리웨이에서의 주행이 인정받았다. 제2세대 제품을 그릴 내 중앙에 1기 장착한다.

DRIVE PILOT은 40마일(약 64km/h) 이하로 고속도로 혼잡 시~정체 시에만 제한되어 있었다.

이러한 성능을 얻기 위해 하드웨어/소프트웨어 양면에서 개선을 진행 중이다. 더 많은 데이터를 얻으려면 한 번에 조사하는 빔의 수를 늘려야 하며, 멀리까지 도달시키려면 빔의 강도도 높여야 한다. 처리해야 할 정보량도 증가하므로 CPU 용량도 높이고 있다. 그렇다면 소비 전력 및 발열량이 증가하지만, 이 부분은 반도체 진화가 기여하고 있다고 한다.

또한 SCALA 3는 두 가지 형태를 준비한다. "지금까지는 프론트 그릴에 장착하는 박스 타입뿐이었지만, 더 높은 위치에 부착할 수 있는 '슬림 타입'도 준비 중이며 내년 후반에는 양산을 시작할 예정입니다. 높은 위치에 부착하는 것이 센싱이 용이할 뿐만 아니라 충돌 시 손상받을 가능성도 줄어듭니다."

슬림 타입은 루프 전단이나 윈드실드 상부에 장착할 것을 고려해 얇게 설계했기 때문에 센싱부와 데이터를 처리하는 ECU를 분리했다. 양쪽을 하네스로 연결해야 하지만, 데이터 처리량 증가에 따른 발열 관리는 용이해진다는 것이다. 하지만 너무 긴 하네스를 배선할 수는 없기에 ECU는 루프 어딘가에 장착해야 한다. 온도 환경적으로는 오히려 더 까다로워질 전망이다. 그러나 해당 부분은 회사의 열 관리 부서 노하우를 활용해 대응 방안을 마련했다. 레벨 3 영역에서 선두를 달리는 발레오지만, 레벨 2+도 소홀히 하지 않는다. 기술 트렌드로는 중앙 컴퓨터나 도메인 컨트롤러를 사용해 고기능화하는 방향이지만, 저가격도 중요한 상품성이 되는 세그먼트에는 확장성(확장성·유연성)을 부여해 저비용화한 ADAS도 필요하다. 가장 단순한 것은 프론트 단일 카메라만으로 ADAS 기능을 완결하는 것으로, Honda SENSING에 채택된 것이 대표적 사례다. 하지만 향후 GSR(Global Safety Regulation)이나 강화되는 NCAP에 대응하기 위해서는 프론트 카메라만으로는 충분하지 않다. 이에 프론트 카메라를 ADAS 전용 중앙 컴퓨터처럼 활용하고, 초음파 센서나 레이더, 운전자 모니터링 시스템 등의 정보를 통합 처리하는 시스템을 구축했다. 최근 개최된 Auto China 2024에서는 'SMART SAFETY 360'이라는 명칭으로 발표되었다. 제어 ECU를 일체화한 단안 카

SCALA3 라인업

제3세대는 두 종류를 라인업하는 것이 특징 중 하나다. 주목할 점은 슬림 타입으로, 얇은 케이스로 만들어서 루프 장착을 가능하게 한 것이다. 멀리 보려면 조금이라도 높은 곳에서, 라는 것은 수긍할 만한 이야기로, 작고 얇게 만들기 위해 ECU는 별도 부품으로 했다. 범퍼 타입은 올 연말에 스텔란티스가 채용을 결정했고, 슬림 타입도 검토를 진행하는 OEM이 있다.

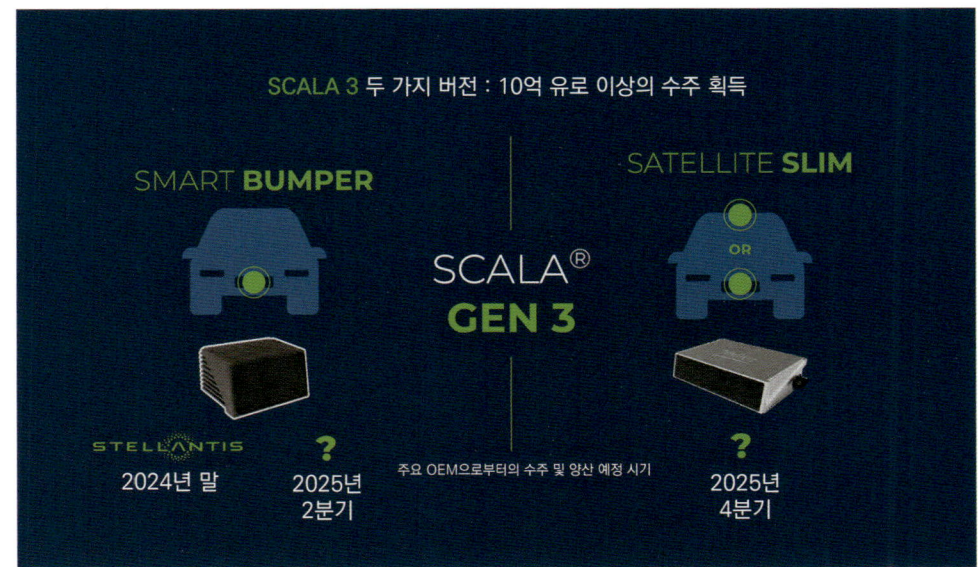

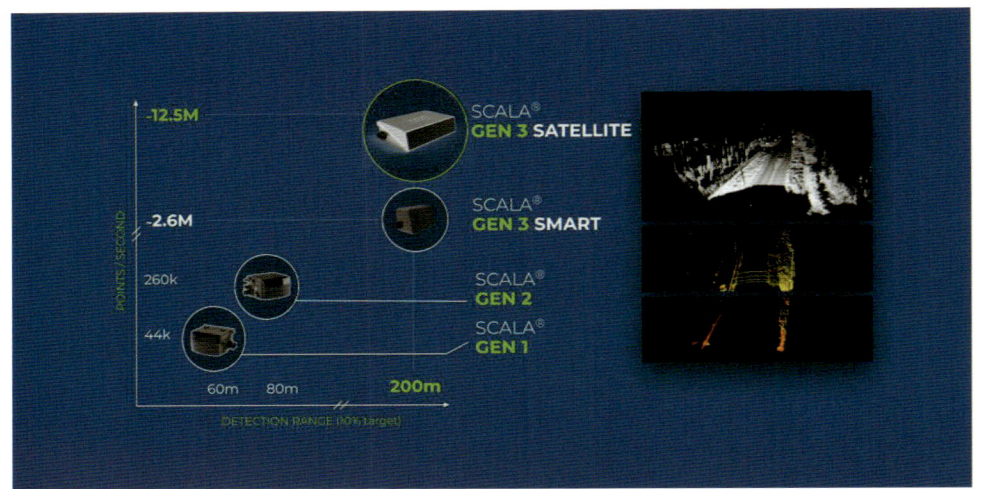

SCALA의 진화와 역대 사양

세대를 바꾼 동기는 고속도 대응이다. 사양 목록에서 엿볼 수 있듯이, 제3세대 제품은 300m 앞까지의 거리 측정을 가능하게 한다. 속도로 환산하면 130km/h에 해당하며, 아우토반의 속도 무제한 구간을 제외하면 전 세계의 고속도로에서 적용할 수 있다고 한다. 또 다른 화제는 시야각의 확대로, 특히 수직 방향으로 넓혀 온 것을 읽을 수 있다.

	SCALA 1	SCALA 2	SCALA 3 Grill / Bumper	SCALA 3 Slim
형식	파장 905nm 회전 미러형 펄스 비행시간 거리 측정			
시야각(수평×수직)	145도×3.2도	133도 × 10도	120도 × 25도	120도 × 26도
해상도(수평×수직)	0.25도×0.8도	0.125도(±15도) ~ 0.25도 × 0.6도	0.1도(±15도) / 0.2도 바깥쪽 × 0.07도	0.05도 × 0.05도
프레임률	25fps	25fps	최소 10fps	최소 10fps
스캔 속도	44,000점/초	260,000점/초	2,600,000점/초 이내	최대 12,500,000점/초
치수(폭×높이×깊이)	100×60×106mm	94×65×107mm	148×80×105mm	285×46×116mm
차량 포인트 클라우드 범위	150m 이내	200m 이내	300m 이내	300m 이내
반사율 10% 범위	80m	80m	최대 190m	최대 190m
생산 개시 년도	2017년	2021년	2025년 1분기 예정	2025년 4분기 예정
IP	Ibeo의 초기 콘셉트를 일부 답습		발레오 자체 제작	

SMART SAFETY 360 — 고급 ADAS 기능을 보급형 차량에도 적용하고 싶다는 콘셉트에서 탄생한 것이 VSS360이다. 스마트 카메라를 핵심 장치로 삼아, 초음파 센서와 적외선 레이더의 감지 데이터를 집중 관리하는 방식을 사용한다. 따라서 ADAS 시스템을 간단하고 저렴한 비용으로 구현할 수 있다. 선택 사항으로 실내 운전자 모니터링 기능도 추가할 수 있다.

← anSWer

구매 후에도 자동차의 매력을 계속 향상시킬 수 있다고 큰 주목을 받는 SDV. 발레오도 소프트웨어 엔지니어 대부분을 이 분야에 종사시켜, anSWer로서 제안을 진행한다. 최종 사용자를 위한 애플리케이션, 시스템을 최적화하는 미들웨어 및 OEM 고객을 위한 서비스 각각에서 고기능화를 도모한다.

↓ Predict4Range

BEV의 배터리를 효율적으로 사용하고 싶다. 그래서 주행 경로에서 가속 및 회생 타이밍과 출력을 세밀하게 예측하고, 충전 및 방전 빈도와 온도 관리 등을 포함하여 치밀하게 관리 제어함으로써 배터리의 부담을 크게 줄인다는 콘셉트이다. 주행 가능 거리를 최대 24% 늘리는 것이 가능하다고 한다.

메라 유닛과 12개의 초음파 센서, 4기의 범퍼 코너 레이더와 프론트 레이더, 운전자 모니터링 시스템이 결합되어 있으며, 도메인 컨트롤러를 사용하지 않는 저비용 시스템임에도 레벨 2+까지 대응 가능하다. 주요 특징 중 하나는 초음파 센서의 배선을 단순화한 점이다. 기존에는 각 센서에 ① 신호선, ② 전원, ③ 접지선 총 3개의 배선이 필요해 12개의 초음파 센서에서 총 36개의 배선이 연결됐으나, 이 시스템은 센서 간을 연결하는 데이지 체인 방식을 채택했다. 배선 수를 줄여 저비용화와 경량화를 실현했다. 구리나 PVC 사용량 감소를 통해 환경 부하 저감에도 기여하고 있다. 해당 시스템은 다임러와 저장 지리 홀딩 그룹(지리)의 합작회사 스마트 오토모빌이 제작한 스마트#3 전기 SUV에 탑재되어 이미 EuroNCAP에서 5스타를 획득했다. 또한 발레오는 SDV 시대에 대응하기 위한 수단으로 'anSWer'라는 컨셉도 발표했다. 기존에 컴포넌트별로 존재하던 ECU가 중앙 컴퓨터로 통합될 때, OS부터 미들웨어, 애플리케이션까지 OEM의 요구에 따라 유연하게 제공함으로써 더 고기능적인 운영을 가능하게 하는 서비스다. 말 그대로 발레오의 '답변'을 의미하며, Software임을 강조하기 위해 SW를 대문자로 표기했다. 구체적인 예로는 '사람과 자동차의 테크놀로지 전 2024'에도 출품했던 'Valeo Predict4Range' 소프트웨어가 있다. EV의 열 관리를 적절히 수행해 전기 효율을 개선하고, 급속 충전 횟수를 최대한 줄여 배터리 수명을 연장하는 동시에 이동 시간 단축을 목표로 한다. 목적지까지의 오르내림 경사 프로필과 외기 온도, 풍향·풍속, 급속 충전 스테이션 위치 등을 클라우드에서 파악해 두고, 예상되는 모터나 배터리의 온도 상태로부터 가장 합리적인 충전 장소와 충전량을 제안한다. 이는 SDV화된 차량뿐만 아니라 기존 EV에서도 텔레매틱스 기능이 있다면 적용 가능하다고 한다.

도해특집 자율주행, 어디로 가는가?　Applications　→　컨티넨탈

센서 융합으로 차량을 보호한다

컨티넨탈은 ADAS 기술의 선구자적 존재다. 1999년에 등장한 이래, 이 회사의 밀리미터파 레이더는 현재 제6세대로 진화하고 있다.
여기서는 레벨 2·레벨 2+의 ADAS에 채용되고 있는 레이더의 진화를 중심으로 컨티넨탈의 기술을 소개한다.
본문 : 다카하시 잇페이(Ippei TAKAHASHI)　사진 : 마쓰누마 다케루(Takeru MATSUNUMA)　그림: CONTINENTAL

컨티넨탈에서 시작된 차량용 밀리미터파 레이더

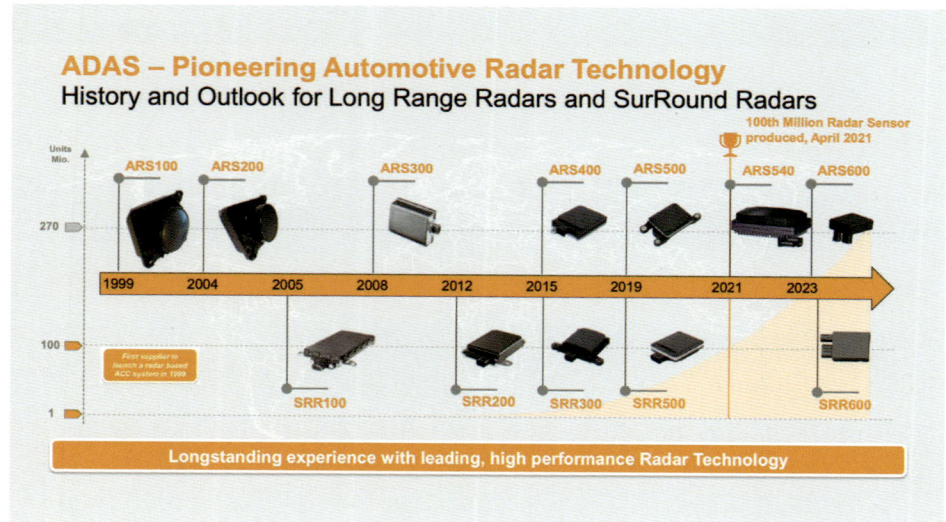

컨티넨탈은 1999년에 세계 최초로 자동차용 밀리미터파 레이더 양산을 시작했다. 어댑티브 크루즈 용도로 유럽의 프리미엄 브랜드에 채용된 이 제품은, 현재 ADAS의 직접적인 시조라고 할 수 있다. 제4세대가 되는 ARS400(제품 번호의 첫머리가 세대를 나타낸다)부터 고주파계 반도체에 실리콘 게르마늄(SiGe)을 채용했다. 이로 인해 저비용화가 가능해져, 그 후 보급으로 이어졌다.

"우리가 비전으로 내걸고 있는 것은 '누구에게나', '어디서나', '언제나' 제공할 수 있는 AM(Autonomous Mobility), 즉 자율주행차의 실현입니다. 자율주행이라고 하면 '고급스럽고 최첨단'이라는 이미지가 강하지만, 선진국뿐만 아니라 신흥국에도 AM 기술을 제공할 생각입니다. 그리고 이를 실현하기 위한 미션, 즉 구체적인 수단 방법이 바로 풀 스택 모빌리티 솔루션의 확충입니다. 다양한 센서에서 인식, 융합, 그리고 기능에 이르기까지 AD/ADAS에 필요한 모든 요소를 갖추고 있다는 것은 우리만의 강점입니다. 다만, 이를 더욱 '강력하게' 만들기 위해 현재 진행형으로 노력을 진행하고 있습니다."
(누키하라 씨)

현재 전 세계의 많은 자동차 제조업체와 공급업체들이 그 실현을 위해 치열한 경쟁을 벌이고 있는 자율주행 기술. 조건부이긴 하지만, 모든 운전 동작을 시스템이 담당하는 레벨 3이 실현되고 있는 현재, 공통의 목표는 ODD(Operational Design Domain = 운행 설계 영역)에 얽매이지 않고, 모든 주행 환경 조건에서 운전자가 필요 없는 레벨 5의 자율주행이다.

콘티넨탈의 누키하라 씨가 설명한 이 회사의 비전도 예외가 아니며, 마찬가지로 궁극이라고 할 수 있는 레벨 5를 목표로 하고 있지만, 흥미로운 점은 그 이후이다. 신흥국까지에도 관심을 두고 있다는 점이다.

자율 주행 기술의 본래 목표인 보다 안전한 자동차 사회의 실현이라는 의미에서는 바로 '정론'이라고 할 수 있지만, '결국은'이라는 형식으로 레벨 5로 가는 길이 어느 정도 보이기 시작한 현재 단계에서는 다소 야심찬 목표라고 할 수 있다. 어쨌든, 이미 실용화되고 있는 레벨 3의 자동 운전 기술조차도 상당히 고도화되고 복잡하며 고가의 시스템이 필요하기 때문에, 그 이상의 레벨에서는 더욱 높은 비용이 소요될 것이 확실시되고 있으며, 레벨 4 또는 레벨 5의 자동 운전 기술이 양산형 상용차에 탑재될 수 있게 되더라도, 그 보급은 당분간 선진국에서도 제한적일 것이라고 말하고 있다. 그러나 '더 안전한 자동차 사회의 실현'을 위해서는 수준 높은 자율주행차가 널리 보급되는 것이 필수적이라고 생각하는 것은 틀림없을 것이다. 기반을 확대하기 위해서는 고급 시스템뿐만 아니라 저렴한 시스템도 필요하다.

고수준의 자율주행은 물론, 앞으로도 이 분야에서 많은 역할을 할 ADAS 기술도 마찬가지이다. 어려운 일이지만, 지향해야 할 방향 중 하나라는 것은 틀림없다. 그리고 기반이 넓어지면 그 이후에는 신흥국도 커버할 수 있게 될 것이다. 이것이 이 회사의 비전이지만, 그렇다고 쉬운 일은 아니다. 기존의 기술과 부품을 모아서 정면으로 도전하는 것만으로는 '결과가 나오지 않을 것'이라는 것도 사실이다.

그래서 콘티넨탈이 주목하고 있는 것이 밀리파 레이더 기술이다. 물론 AD/ADAS 관련 센서 및 ECU 등 부품에 오랫동안 관여해 왔다. 거의 모든 분야를 커버하는 형태로 이러한 기술을 취급하고 있는 이 회사는, 그야말로 하이엔드에 해당하는 '정공법' 시스템도 포함해 다양한 접근 방식으로 자율주행 관련 기술의 연구 개발을 진행하고 있다. 센서의 집합체라고도 할 수 있는 자율주행 시스템에서는 인간의 눈과 마찬가지로 기능을 하는 카메라와 차량 주변을 근적외선 레이저로 스캔하여 디지털화하는 LiDAR가 주목을 받고 있지만, 이 회사가 이미 널리 보급되어 있는 밀리파 레이더 기술에도 힘을 쏟고 있는 데에는 당연한 이유가 있다.

그 기술적 배경으로 들 수 있는 것은 레이더의 분해능을 기존보다 크게 향상시킨 79GHz 주파수 대역을 이용하는 기술의 등장이다. 이 79GHz 대역은 주로 차량용 밀리파 레이더의 수요 증가에 따라 2015년 세계 무선 통신 회의(WRC-15)에서 전파 대역의 할당이 결정된 것이다.

콘티넨탈은 4세대까지 밀리파 레이더 제품에 77GHz 대의 전파를 사용했지만, 5세대부터는 79GHz 대도 사용한다 (장거리 레이더만, 서라운드 레이더는 77GHz). 이미 2021년부터 양산되고 있는 5세대 장거리 레이더 ARS540은 기존의 2차원 평면 정보로 외부 상황을 파악하는 일반화되어 있는 레이더와 달리, 높이 방향으로도 시야가 넓어진 형태이다.

79GHz 대역의 사용으로 고해상화를 실현한 것 외에도 3차원 공간 정보를 얻을 수 있는 진화를 이룬 밀리파 레이더 기술은 '4D 이미징 레이더'라고 불린다. 참고로 4D는 대상물의 거리와 방향, 상대 속도에 높이(앙각과 거리, 물론 상대 속도도)라는

↑ 비전은 "누구에게나, 어디서나, 언제나"

자동 운전 기술에서 컨티넨탈이 내세우는 비전과, 그것을 뒷받침하는 기술 레이어. 아래에서부터 토대가 되는 센서, 센서로부터의 정보 검출과 인식, 그리고 정보에 기초한 판단과 행동에 의해, 자동 운전이라는 기능을 가져오는 소프트웨어층. 이 회사에서는 이것들 모두를 갖추고 있다.

Full Stack System Solutions
Modular & scalable portfolio to manage high complexity

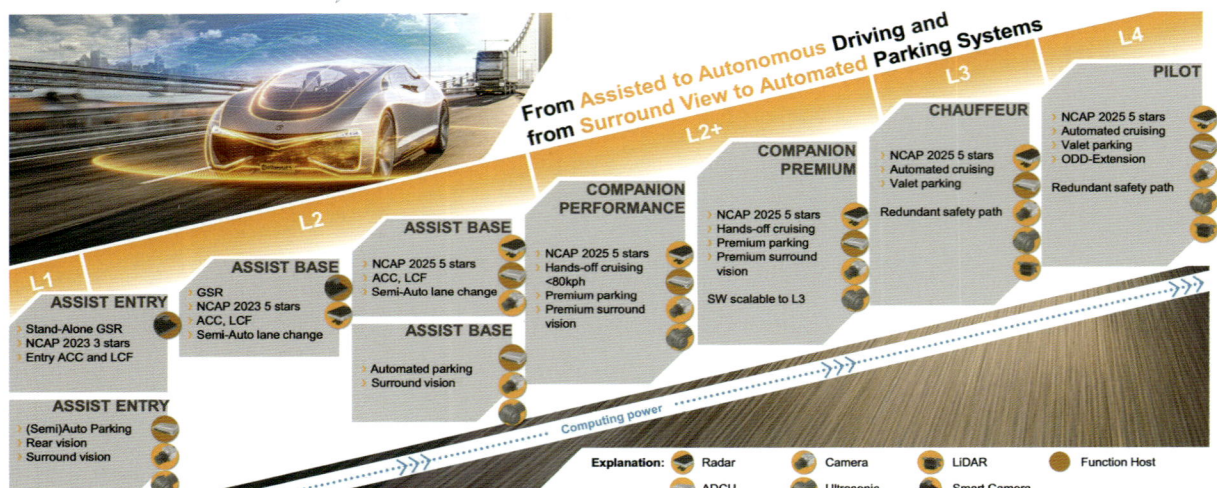

← 레벨에 따른 시스템 솔루션

레벨 1의 자동 운전에 해당하는 단순한 운전 지원 기능부터, 레벨 4의 고도 자동 운전까지, 다양한 요구에 부응하고자 하드웨어부터 소프트웨어까지, 필요한 모든 기술을 풀 스택으로 준비한다. 법령이나 규제, 기준 등에 부합하는 시스템 구축도 잘하는 부분이다.

← 79GHz 제6세대 서라운드 레이더를 사용하는 차세대 자동 주차 기술

최신 제6세대 서라운드 레이더와 서라운드 뷰 카메라를 함께 사용하는 차세대 자동 주차 기술, RVP(Radar Vision Parking). 77~81GHz 사이를 이용할 수 있는 79GHz 대역을 사용함으로써, 레이더의 해상도가 대폭 향상된다. 더 높은 정밀도의 주차 동작이 가능해졌다.

→ 79GHz와 기존 77GHz의 차이

주차장을 나아가고 있는 차량 주변에 있는 주차 차량의 상태를 77GHz와 79GHz 레이더로 감지하고 있는 모습을 나타낸 것이다. 각 화면의 왼쪽이 실제 모습이고, 오른쪽의 파란 점이 감지한 차량을 나타내고 있는데, 왼쪽 아래의 77GHz보다 오른쪽 위의 79GHz 쪽이 파란 점이 더 많다.

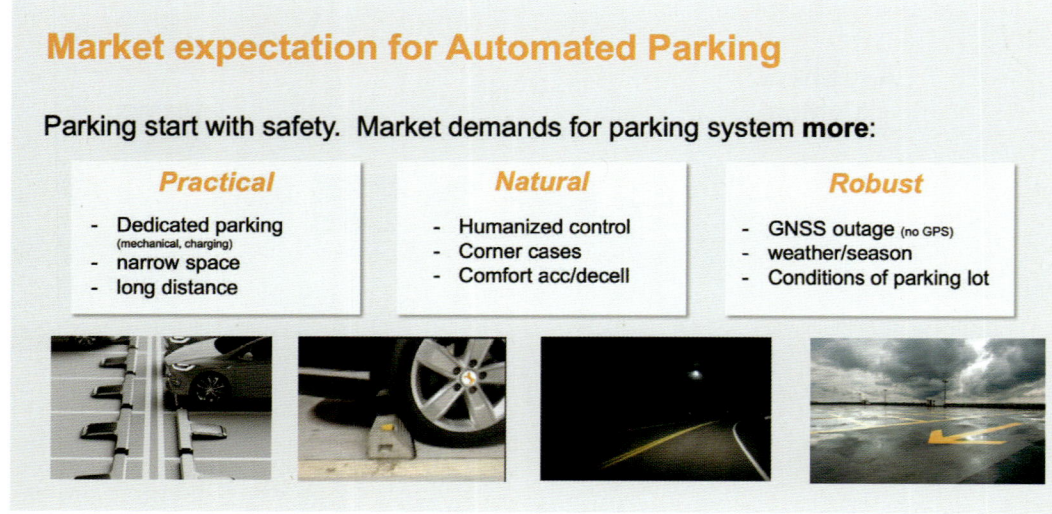

← 사용하는 지역에 맞춘 튜닝

주차장의 환경은 그것이 설치되는 지역이나 시설의 형태에 따라 다양하며, 모든 경우에 쾌적한 주차 동작을 제공하기 위해서는, 고도화된 센싱과 인식을 최대한 활용하면서, 세밀한 동작 품질도 고려하여 제어를 만들어 나가는 것이 필요하다.

← 일본의 주차장에서의 동작 이미지

일본을 비롯한 동아시아 지역에서 많이 보이는, 매우 좁은 주차 공간에 후진으로 진입해 들어가는 주차 동작. 공간 앞에 비스듬히 멈춘 곳에서부터, 방향을 바꾸어 후진으로 주차하는 것이다. 바퀴 멈춤쇠 직전에서 '아슬아슬하게 멈추는' 동작도 포함된다.

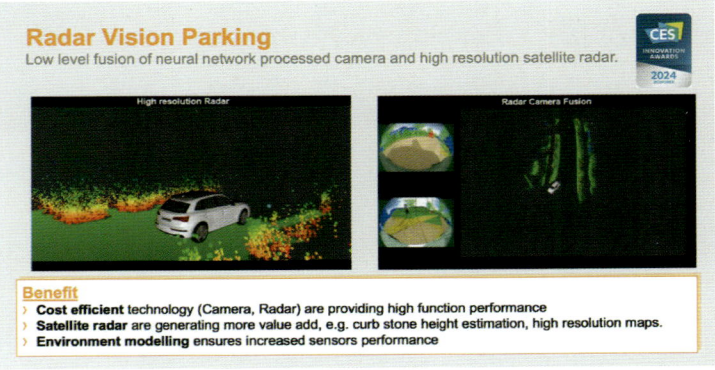

→ 레이더와 카메라의 융합

4D 이미징 레이더와 카메라의 정보를 융합하는 모습을 나타낸 것이다. 앙각 20~30도의 높이 방향으로도 시야를 넓힘으로써, 입체적인 위치 정보에 더해, 대상물과의 상대 속도도 얻을 수 있다. 왼쪽은 RVP의 것으로, 오른쪽 그림에서는 주행 중의 인식 상태를 나타내고 있다.

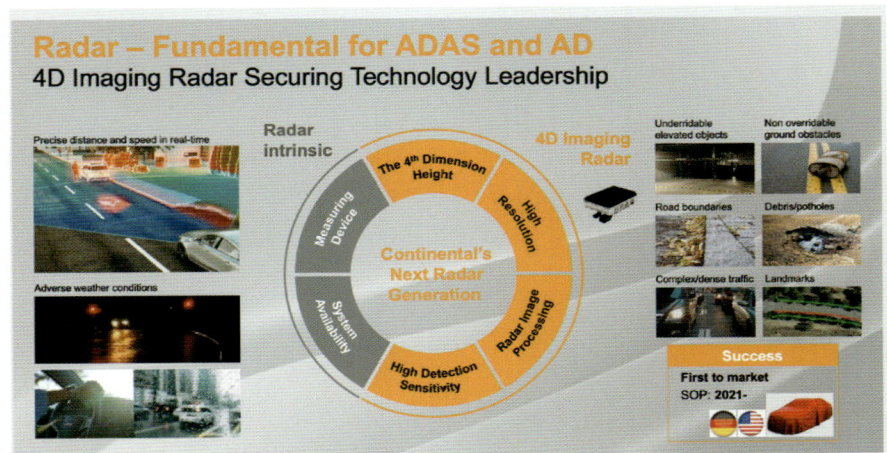

↑ 4D 이미징 레이더는 AD/ADAS의 새로운 선택지로

차량 주변의 상황을 3차원으로, 그리고 상대 속도도 동반하는 형태의 정보로 파악할 수 있는 4D 이미징 레이더는, 밀리미터파 레이더의 존재 방식을 크게 바꿀 가능성을 가진다. 고해상도화는 물론, 도로 위 낙하물 검출을 시작으로, 지금까지 커버하지 못했던 부분까지 수비 범위가 크게 확대된다.

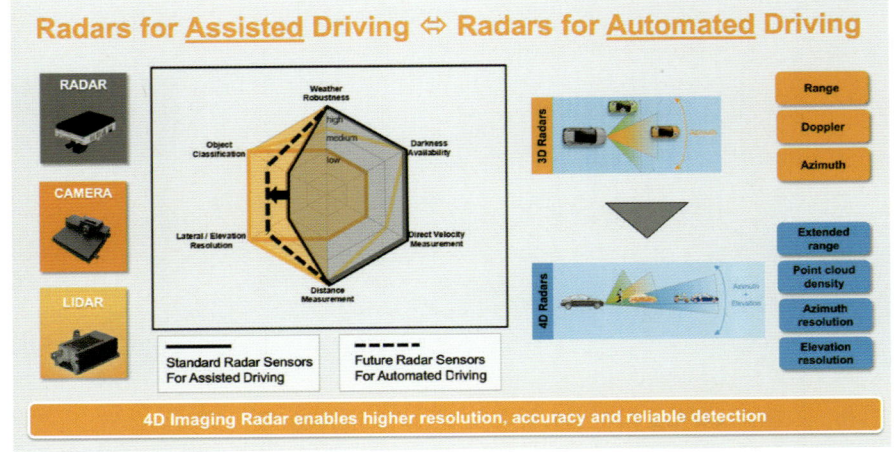

↑ 카메라, 레이더, LiDAR, 각각의 특징

AD/ADAS 기술에 필요로 하는 대표적인 센서 3종의 장점과 단점을 스파이더 그래프로 나타낸 것이다. 밀리미터파 레이더는 이 중에서도 가장 오래전부터 존재하는 기술이지만, 최근 주목받는 LiDAR와 비교했을 때, 날씨에 대한 강건성이나 상대 속도 검출 정밀도 등에서 뛰어나다는 것을 알 수 있다.

네 번째 요소가 추가된 것을 의미한다. 차원의 공간 정보 + 상대 속도 정보로 표현되는 그 인식 이미지는 마치 LiDAR의 것과 같다.

"이미징 레이더는 현재로서는 LiDAR를 대체할 수 있는 것은 아니지만, 자율 주행에 상당 부분 기여할 수 있다고 생각합니다. 그 큰 이유 중 하나는 도로에 떨어진 물체를 감지할 수 있다는 점입니다. 지금까지는 LiDAR가 아니면 어렵다고 여겨졌던 것이, 이미징 레이더로도 꽤 잘 보이기 시작했습니다. 앞으로는 거리와 속도를 정확하게 파악할 수 있는 '강점'을 더욱 연마하면서, 물체 인식(Object Classification)과 높이 방향의 분해능이라는 '약점'을 보완해 나가면 LiDAR와 같은 용도로도 사용할 수 있게 될 것입니다." (누키하라 씨)

카메라, LiDAR, 레이더는 각각 장단점이 있지만(좌측의 스파이더 그래프 참조), 레이더는 상대 속도의 감지 정확도, 기상 상황에 대한 견고함 등 다른 제품에는 없는 뛰어난 성능을 갖추고 있다. 물론, 이미 널리 사용되고 있는 카메라 정보와 융합하면, 그로부터 얻을 수 있는 정보는 '더하기'가 아닌 '곱하기'처럼 풍부해진다.

이미징 레이더 앞에서 사람이 가로지르는

4D imaging Radar Detection capability

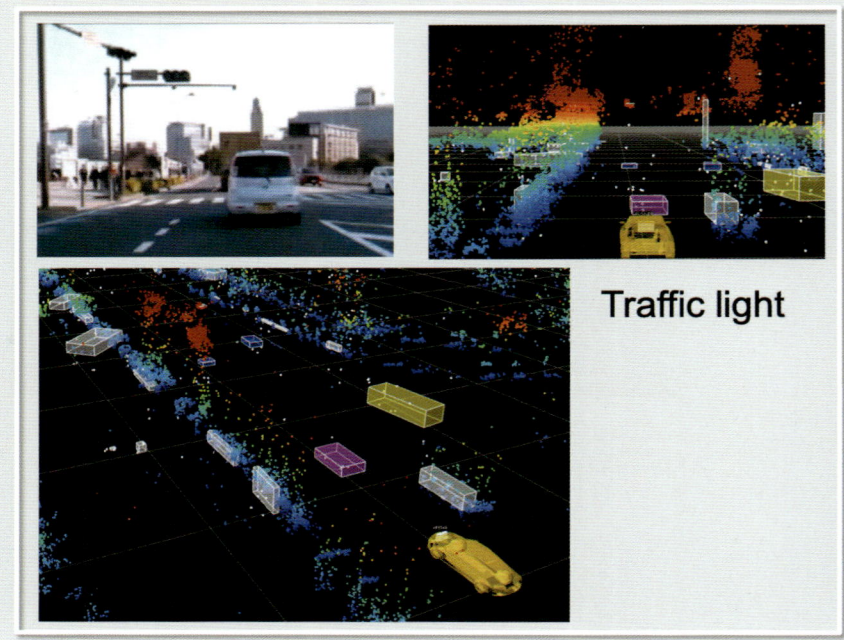
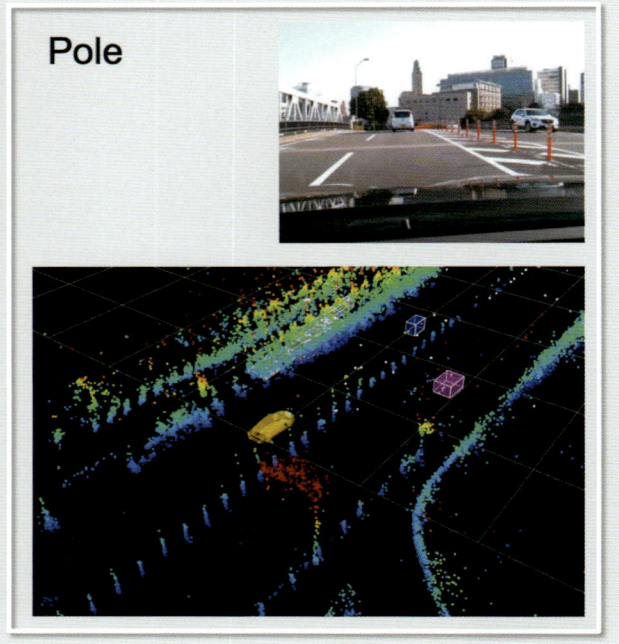

입체적으로 공간을 인식 컨티넨탈 재팬에 의한 4D 이미징 레이더의 개발 풍경. 요코하마 시내를 주행하며 포착한 모습이다. 고분해능으로 3차원으로 포착하기 때문에, 마치 LiDAR와도 비슷한 영상이 되고 있다. 전방에 늘어선 차량 행렬을 바닥 아래 반사를 통해 포착할 수 있는 등, LiDAR로는 할 수 없는 '묘기'도 해낸다. 오른쪽 영상에서는 도로 중앙의 콘까지 포착하고 있다.

시연에서는 보행 시에 내려지는 팔과 다리의 속도 정보까지 포착하는 모습을 볼 수 있었다. CNN(Convolutional Neural Network: 합성곱 신경망) 등의 AI 기술을 활용하여, 본래 레이더가 취약한 물체의 인식도 가능해졌다고 한다. 카메라 정보와 융합을 하면, 당연하게도 인식 정확도가 비약적으로 향상된다.

중요한 것은 이것이 전파를 이용하는 레이더로, 차량용에 국한되지 않고 세계에서 널리 이용되고 있는 기술을 기반으로 하고 있다는 점이다. 레이저라는 특수한 요소를 사용하는 LiDAR에 비해 '저렴한' 기술이라는 것은 말할 필요도 없다. 이제 레이더는 자동차에 필수적인 부품으로, 그 수가 5개 정도는 당연하다. 그만큼 많이 생산되는 장치라면 규모의 장점도 기대할 수 있다.

콘티넨탈은 이 이미징 레이더와 서라운드 뷰 카메라를 융합한 레이더 비전 파킹(RVP)이라는 기술을 몇 년 이내에 SOP(양산 개시)를 목표로 개발 중이라고 한다. 이 기술은 좁은 공간에 후진으로 주차하는 일본을 비롯한 동아시아의 주차 환경도 고려한 것으로, 콘티넨탈 재팬이 개발을 주도하며 진행하기로 했다. 그리고 이 기술의 발전형인 'LiDAR로 사용할 수 있는' 기술의 개발도 이미 진행 중이다. 자율주행의 기반 확대라는 가능성을 내포하고 있는 이 기술은 ADAS에도 큰 혜택을 가져다줄 것이다.

PROFILE

누키하라 겐이치
Kenichi NUKIHARA

컨티넨탈 오토노머스 모빌리티 재팬
첨단 운전 지원 시스템 사업 본부
(ADAS)
일본·한국·인도 사업 전략·제품
기획실 실장

도해특집 자율주행, 어디로 가는가? Applications → ZF · Smart Camera

ADAS 카메라는 어디까지 진화했는가

고기능의 전방 카메라로 고도 운전 지원 기능을 실현한다.
ZF의 Smart Camera 시리즈는 세대를 거듭할수록 단순해지며, 당연히 성능도 높아지고 있다.
지금까지의 발자취와 현행 세대의 특징에 대해, 이 회사의 엔지니어에게 자세히 물었다.

본문 : 안도 마코토(Makoto ANDO) 그림 : ZF

처음에는 '2대를 나란히 놓고 스테레오로 보지 않으면 거리를 측정할 수 없다'고 생각되었던 광학 카메라식 ADAS 센서에 혁명을 일으킨 것이 이스라엘의 모빌아이 회사이다. 원근법을 이용하여 거리를 추정하는 알고리즘을 확립한 것이다.

ZF는 모빌아이의 비전 알고리즘과 SoC(System on Chip) 반도체를 이용하여 독자적인 ADAS 기기를 개발하고 있다. 이 회사의 'Smart Camera' 시리즈는 2013년에 닛산에 채택되는 등, 일본 OEM의 채택 사례도 늘고 있다.

Smart Camera는 어떤 점이 우수하며, 앞으로는 어떤 전개가 예상될까?

"Smart Camera는 윈드 실드에 부착된 카메라 장치 안에 렌즈와 그 빛을 전기 신호로 변환하는 이미저, 그 이미지를 인식하여 장애물을 인식하는 비전 알고리즘 칩이 있으며, 그 뒤에는 자동차와 통신하기 위한 마이크로 컨트롤러가 있습니다.

기존에는 감지한 정보를 차량에 전달하여 차량 측의 ECU가 제어에 사용하는 구조였지만, 마이크로 컨트롤러의 발전으로 이제는 ADAS의 기능도 카메라로 제어할 수 있게 되었습니다. 카메라 장치를 스마트화하여 그것만으로 ADAS를 완성한다는 발상입니다."

"최근에는 SDV(Software Defined Vehicle)의 개발이 진행되고 있으며, ADAS 기능도 중앙 ECU에 통합하려는 흐름도 있습니다. 그러나 고가의 차량이라면 그러한 대규모 시스템도 탑재할 수 있지만, 보급형 차량에 그만큼의 하드웨어가 필요한지 의문입니다. 카메라만으로 완성할 수 있는 것이 더 편리한 세분화는 앞으로도 계속 남아 있을 것이라고 생각합니다."

물론 경차나 신흥국용 대중차까지 SDV화해야 할지 여부는 논란의 여지가 있다. 게다가 기존 모델에 후장착이 쉽다는 점에서 Smart Camera의 유연성은 장점이 된다.

그렇다면 SDV에는 어떻게 대응할 것인가?

"Smart Camera는 센트럴 ECU와 연결하여 SDV에 대응할 수 있으며, OTA(Over The Air)를 통한 소프트웨어 업데이트도 가능합니다. 예를 들어 ADAS와 인포테인먼트 시스템을 연동시키려면 센트럴 ECU로 일원화 관리하는 것이 좋겠지만, 우수한 기본 성능을 저렴한 가격에 탑재하고 싶은 요구도 아직 많기 때문에 양쪽 모두에 대응할 수 있도록 하고 있습니다."

ZF는 닛산의 프로파일럿 2.0과 BMW의 ADAS에 '트라이캠'을 공급하고 있습니다. 이 제품은 스마트 카메라와는 다른 위치에 있는 제품인가요?

"트라이캠은 화각이 다른 3개의 렌즈(수평 화각 28도/52도/150도)를 사용하며, 이들을 적절하게 사용함으로써, 예를 들어 고속도로 입구의 급커브나 본선 주행 중에 필요한 먼 곳의 정보를 얻을 수 있습니다. 스테레오 시야는 사용하지 않고, 독자적인 알고리즘을 적용하고 있습니다. 칩은 모빌아이의 4세대(EyeQ4)로, 당시에는 광학 렌즈의 조합으로 더 먼 곳이나, 넓은 각도의 정보를 파악하고 있었습니다. 그러나 현재 개발 중인 Smart Camera 6는 광각 렌즈를 사용하지 않아도 넓은 범위를 정확하게 파악할 수 있는 처리가 가능해져, 하나의 렌즈로 트라이캠과 같은 넓은 화각과 원거리 파악을 모두 실현할 수 있게 되었습니다."

최근에 '레벨 3을 승용차에 적용하는 것은 현실적이지 않다'고 발표한 OEM이 있다. ZF는 ADAS가 앞으로 어느 수준까지 도달할 것이라고 생각하는가?

"10년 전에는 많은 회사들이 '25년경에는 자동 운전이 실현될 것이다'라는 예측으로 개발을 진행했지만, 실제로는 레벨 3의 벽이 매우 높다는 것을 모두가 실감하고 있습니다. 그럼에도 불구하고, 엔드 투 엔드(end to end) 학습을 자율 주행에 활용하는 새로운 접근법이 등장하고 있으며, 엔드 투 엔드 학습과 기존 시스템을 결합한 하이브리드 방식의 접근법도 등장하고 있습니다. 이러한 사람들은 레벨3 이상을 목표로 할 것이지만, 앞으로 ADAS가 보급될 신흥국의 시장도 크기 때문에, 레벨 3 이상이 실현되더라도 당분간은 레벨 2+의 ADAS가 시장의 대부분을 차지하는 상황이 계속될 것이라고 생각합니다."

↗ Smart Camera 4.8

2020년에 등장한 ZF의 최신 세대 전방 카메라. 수평 시야각은 108도를 확보했으며, 이미지 센서의 화소 수는 1820×940 픽셀(180만 화소)이다. 이스라엘 모빌아이사의 인식 기술인 EyeQ4를 채용하여, 보행자나 자전거를 포함한 감지가 가능하다. 단안식이면서도 고정밀도의 거리 측정 성능을 실현했다. 닛산이 로그(북미 시장의 엑스트레일)에 채용했다.

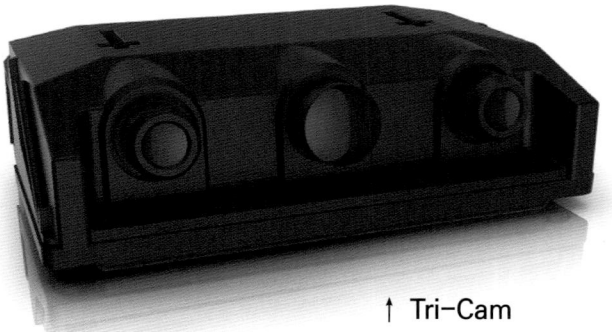

↑ Tri-Cam

Smart Camera의 제4세대 제품 중 하나로, 이름 그대로 망원/표준/와이드의 삼안 렌즈를 가진 프리미엄 모델이다. 수평 시야각은 망원 28도/표준 52도/와이드 150도이다. BMW가 최초로 채용하여 화제를 모았다.

← 밀리미터파 레이더

거리, 속도, 수평각에 더해 앙각을 포함한 '4차원'으로 센싱하는 풀 레인지 레이더. 통상 12채널의 중거리용 레이더에 비해 채널 수를 196개로 대폭 증강하여 해상도가 높은 환경 센싱을 가능하게 한다.

/ Smart Camera 4

2018년에 등장한 제품으로, 이 시스템도 모빌아이와의 공동 개발품이다. 단안식과 삼안식(왼쪽의 Tri-Cam)을 갖추고 있으며, 전자에 대해서는 수평 시야각 52도 타입과 100도 타입의 두 종류가 있다. 제품 버전으로는 4.6이라는 숫자가 부여되어 있었다. 이미지 센서의 화소 수는 1280×960 픽셀(120만 화소)이다.

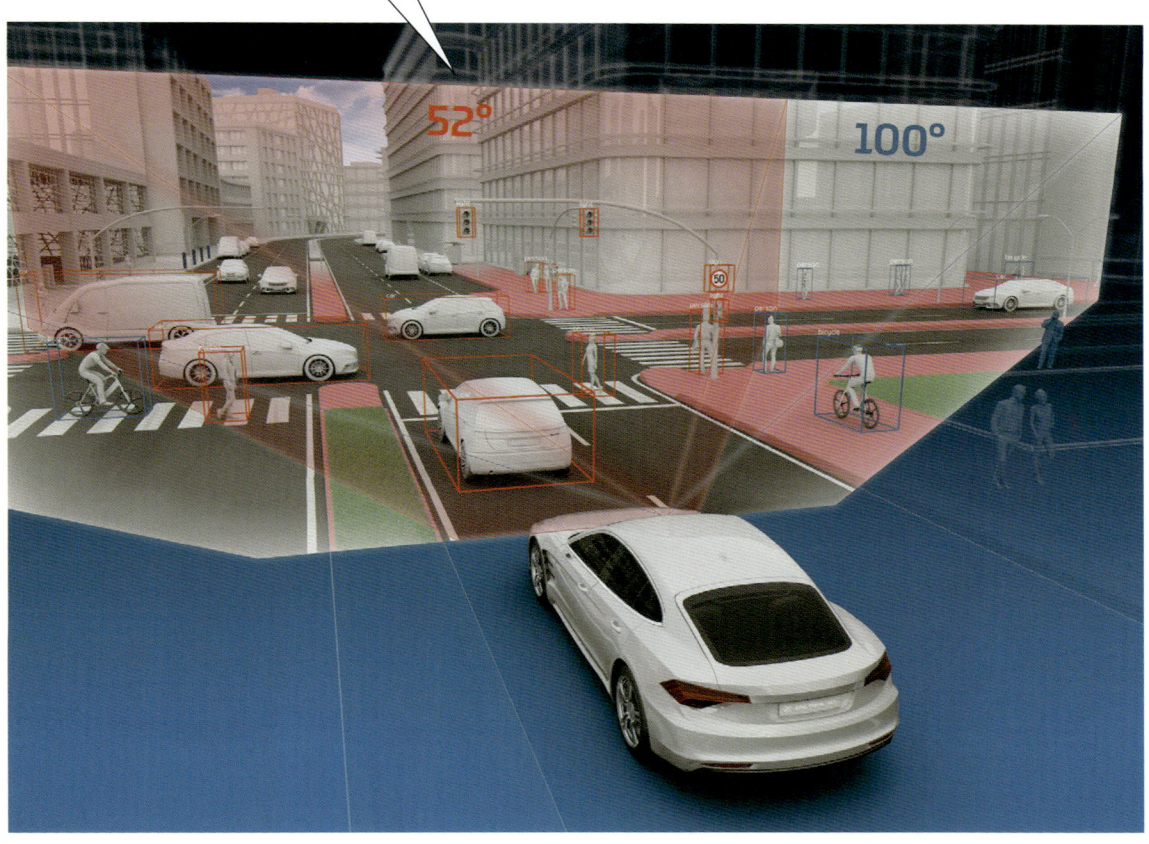

게다가 차세대 시스템을 사용하면 통신 신뢰성, 정보 전달 지연, 전력 소비 증가 등 해결해야 할 과제가 많을 것으로 보인다.

"결국은 '사람이 사용하기 편한가'라는 것이 중요하다고 생각합니다. 제한된 지역에서만 자동 주행이 가능한 '레벨 4'와 어디에서나 주행할 수 있는 '레벨 2+'의 자동차 중 어느 쪽이 '사용해 보고 싶고, 사용하기 편하다'고 느낄까요? '사용하기 쉽다'를 정의하는 것은 어렵고, 차세대 시스템을 사용함으로써 사용하기 쉬워진다면 그런 선택지도 나올 수 있을 것입니다. 그러나 우리는 아직 운전자가 주도권을 가진 세상에서 가능한 한 사용하기 쉽고 사고를 없앨 수 있는 시스템을 제공하고자 합니다."

ZF의 기본 자세는 어디까지나 사용자 지향적이다. 꿈의 이야기를 도전하는 벤처의 존재는 필요하지만, 그 영역에 파고들 생각은 없는 듯하다.

도해특집 자율주행, 어디로 가는가?　Applications　→　와세다대학 × MathWorks

수업 과제로 시뮬레이션을 실천한다

Simulink(시뮬링크)는 미국 MathWorks가 개발한 다목적 소프트웨어로,
모델링, 시뮬레이션, 해석 등을 수행하며 타사 소프트웨어와의 호환성이 높다.
와세다대학 이공계 학부에서는 Simulink와 RoadRunner를 사용한 수업이 진행되고 있다.

본문 : 마키노 시게오(Shigeo MAKINO)　사진 & 그림 : WASEDA University/MFi

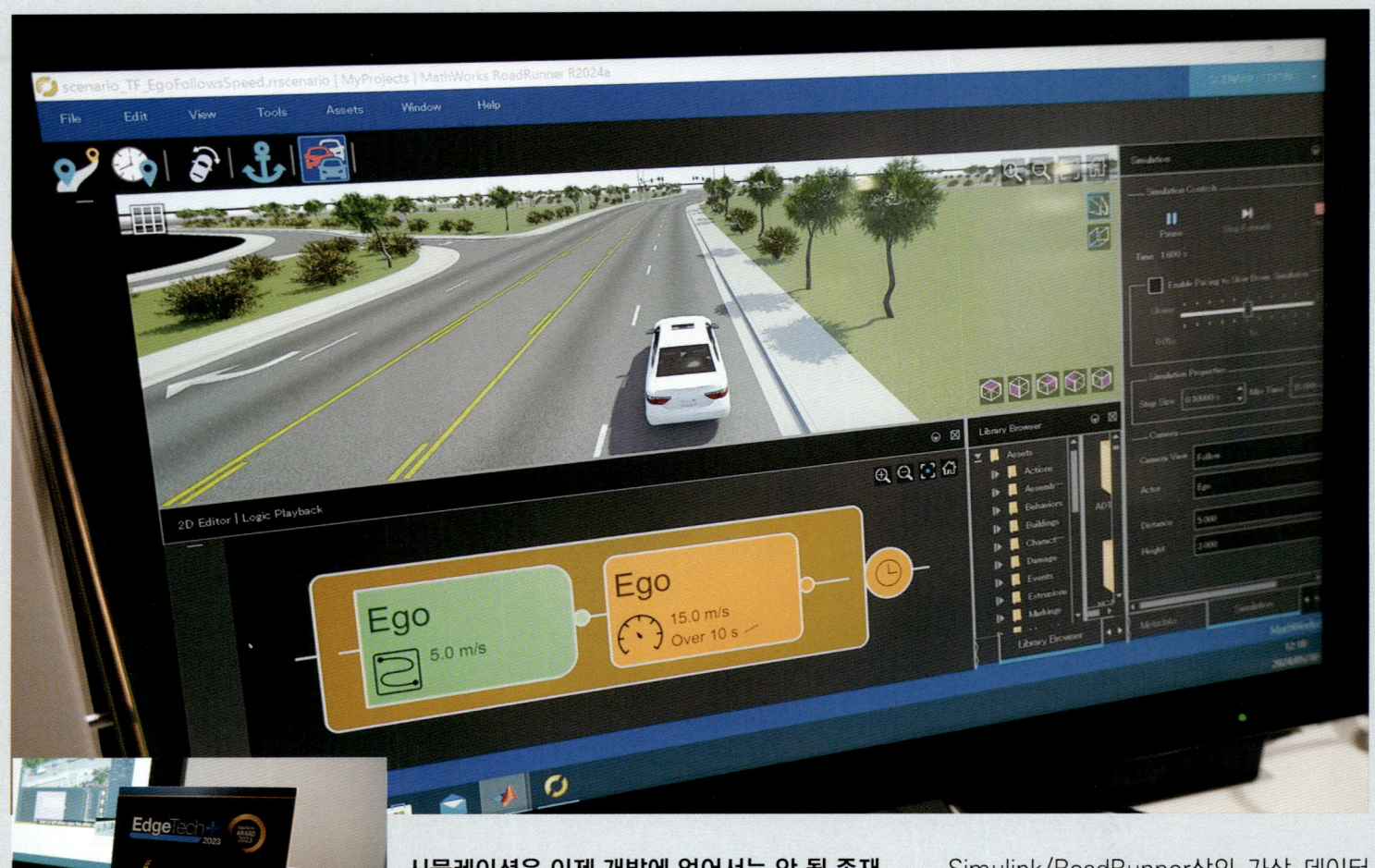

시뮬레이션은 이제 개발에 없어서는 안 될 존재

MDB(모델 기반 개발)로 대표되는 현재의 개발 방식은, 제품의 완성도를 높이기 위해 정밀한 시뮬레이션을 수행하고, 실제 기기에서의 시제품 제작으로 인한 '되돌림'을 최대한 줄이는 것이 요구된다. MathWorks의 RoadRunner는, 그 사용 편의성 덕분에 edgeTech+2023에서 오토모티브 소프트웨어 우수상을 수상했다. 이번에는 이 소프트웨어를 사용했다.

와세다 대학 이공학부 교수인 쿠사카 진 교수는 창조이공학부 종합기계공학과의 필수 과목으로 '환경과 모빌리티'라는 수업을 하고 있다.

PBL-A(Project Based Learning Advance)라는 이름 그대로, 구체적인 프로젝트 과제를 통해 전문 지식을 활용하는 실전력을 습득하고, 구상력과 문제 해결 능력을 기르는 것이 목적이다. 주제는 자동차의 '주행 시뮬레이션'. 실제 주행의 연비 데이터와 Simulink/RoadRunner상의 가상 데이터를 비교하는 작업이다.

"학생들은 소프트웨어를 설치 및 도입하고, Simulink로 구축된 차량 모델과 신호, 경사 등 실제 도로의 데이터 및 도로의 배경이 포함된 RoadRunner의 가상 주행 환경을 통합하여, 시리즈 HEV(하이브리드 차량)의 주행 시뮬레이션을 합니다. 그 과정에서 각 구성 요소의 에너지 변환, 에너지 관리 기술에 대해 학습하고 고찰하는 것이 목표입니다."

이는 이른바 RDE(Real Driving Emission) 시험이다. 실내 섀시 다이나모가 아닌 실제 도로에서 주행하고, 그 주행에서 미리 정한 시험 항목을 추출하여 보다 정확한 연비 및 배기가스 측정을 하는 것이 RDE이며, 일본에서도 곧 도입될 시험 방법이다. 이번 코스 설정은 와세다 대학 이공학부 주변 도로다. 기복이 있고 신호등이 15개 있다. 실제 도로 환경을 RoadRunner에 가져와 3D 가상 환경을 만들고, 그곳에서 주행한다.

"주행 시뮬레이션 전체의 동영상 제작에서는, 자동차를 조감하는 카메라의 위치를 학번의 마지막 3자리 숫자로 나눴습니다. 예를 들어 123이면 거리 12m, 높이 3m로 설정했습니다. 배터리의 초기 SOC 값은 60%입니다. 차량 중량, 타이어와 휠 크기, 최종 기어비, 전방 투영 면적 등 사양을 각자 조사하여 각 요소가 차량 주행에 어떤 영향을 미치는지 상상해 보게 하고, 시뮬레이션 모델에서 앞서 언급한 사양 값을 어디에 설정했는지 조사하여 보고하게 했습니다. 그 후, 운전자 로봇 모델을 구축하고 RoadRunner로 실제 도로를 모방한 가상 도로를 주행한 후, 실제 주행 시의 연비를 비교 검토합니다. 이것이 과제입니다."

이 쿠사카 교수를 지원한 사람이 석사 2년차의 하라다 소라키 씨이다. 전년도에는 동영상이 없는 수업이었는데, 동영상이 있으면 수강생의 의욕이 다르다고 말한다.

"동영상을 사용하지 않았던 지난 해에는 친구의 말을 듣고 대충 끝내자고 하는 학생도 있었지만, 올해는 자신의 PC에서 동영상을 재생하고 싶다는 의지가 느껴졌습니다. 한 명 한 명이 흥미를 가지고 임한 것이 큰 차이점입니다. 동시에 제 자신도 의욕이 생겼습니다. 모델이 처음 움직였을 때의 감동은 아직도 잘 기억하고 있습니다. 처음에는 관심이 없었던 사람도 매료시키는 것이 RoadRunner의 장점입니다. 시뮬레이션에 친근감을 느꼈습니다."라고 하라다 씨는 말한다.

쿠사카 교수도 동영상의 효과를 이렇게 말한다.

"학생들은 이미지를 기억으로 시뮬레이션을 체험했습니다. 게다가 대학 근처의 도로로, 평소에 잘 알고 있는 곳입니다. 그곳은 내리막길이고, 그 이후는 완만한 오르막길이라는 것이 머릿속에 들어 있습니다. 오감에 호소하면서 3차원 이미지를 보고 모델을 사용하는 것은 효과가 큽니다. 이번에는 시리즈 HEV를 사용하여 시뮬레이션과 실제 연비의 차이가 13.7%였지만, 다른 파워 트레인에서도 실현할 수 있으며, 진동과 연비, 배기가스, 주행성 등 서로 다른 기능을 모두

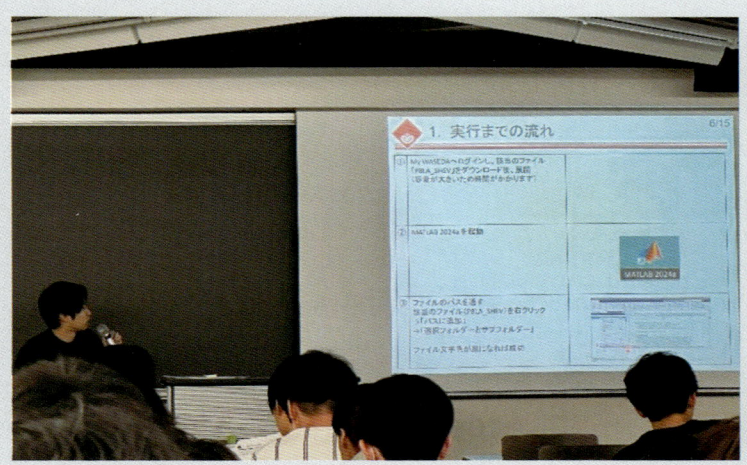

/ 약 200명의 학생이 자신의 PC로 시뮬레이션

이것이 와세다대학에서의 실제 강의 풍경이다. 필자의 학생 시절(44년 전)에는, A4 사이즈로 배터리 구동되는 얇은 컴퓨터 같은 것은 존재하지 않았다. 정말로 기술의 진보가 배움의 현장을 바꾼다. 자신의 PC 위에서 시뮬레이션 영상이 움직이는 것에 감동한 학생도 많았다고 한다. 이러한 체험이 점점 더 흥미의 대상을 넓힌다. 사회에 나갔을 때, 반드시 도움이 될 체험이며, 이 학생들 중에서 장래의 자동차 산업을 짊어질 엔지니어가 성장할 것이라고 생각하니 기대가 부푼다.

하라다 소라키 Soraki HARADA
와세다대학 대학원 창조이공학연구과 종합기계공학 전공 석사 2학년 (공학)

구사카 진 Jin KUSAKA
와세다대학 창조이공학부 종합기계공학과 교수(공학박사)

← 앞으로는 더 재미있는 전개가 가능할 것이다

MATLAB EXPO에서의 강연 후, 구사카 교수와 하라다 씨를 인터뷰했다. 영상을 사용하지 않았던 작년과 영상을 사용한 올해에는, 학생들의 '수업 몰입도'가 완전히 달랐다고 한다. "차량이나 외부 정보 등, RDE에 대해 공통된 인식이 생기면, 사회에 나가서 일할 때 좋은 아이디어가 나오지 않을까 생각한다"고 구사카 교수. 이미 구상이 부풀어 오르고 있는 모습이다.

1차원 통합 모델로 만들 수 있기 때문에, 예를 들어 엔진을 재미있게 만들면 진동이 증가하는 등의 트레이드 오프도 단번에 해결할 수 있는 방향으로 진행할 수 있다고 생각합니다."

"그리고 ADAS의 개발입니다. 동영상을 보면서 ADAS 개발을 체험할 수 있습니다. 예를 들어, 교차로의 시야를 넓히는 것이 좋은지, 아니면 의도적으로 시야를 좁혀 운전자의 주의력을 높이는 것이 교통 사고를 줄이는 데 더 효과적인지 검증할 수 있습니다. RoadRunner에서는 화면에 많은 나무를 심는 것도 가능합니다. 사고가 잦은 지역이나 위험한 상황이 발생하기 쉬운 곳을 소프트웨어로 검증할 수 있다고 생각합니다. 시뮬레이션에서는 안전하게 위험한 상황을 체험할 수 있습니다."

와세다 대학에서는 2학년부터 Simulink를 사용하고 있다. 대학이 MathWorks와 교육 기관용 포괄 계약을 맺고 있어, 학생들은 Simulink의 모든 도구를 자유롭게 사용할 수 있다고 한다. 현재 일본에서는 약 100개의 대학이 MathWorks와 계약을 맺고 있다. '학습'의 스타일은 시대와 함께 변화한다. 초등학생들이 태블릿을 사용하고 있는 상황에서, 대학에서 동영상 시뮬레이션을 사용하는 것은 당연한 흐름이다. 유럽과 미국의 대학을 방문하면 DX의 진행 상황에 감탄하지만, 일본도 뒤처져서는 안된다.

니시와세다 캠퍼스 주변 도로를 시나리오화

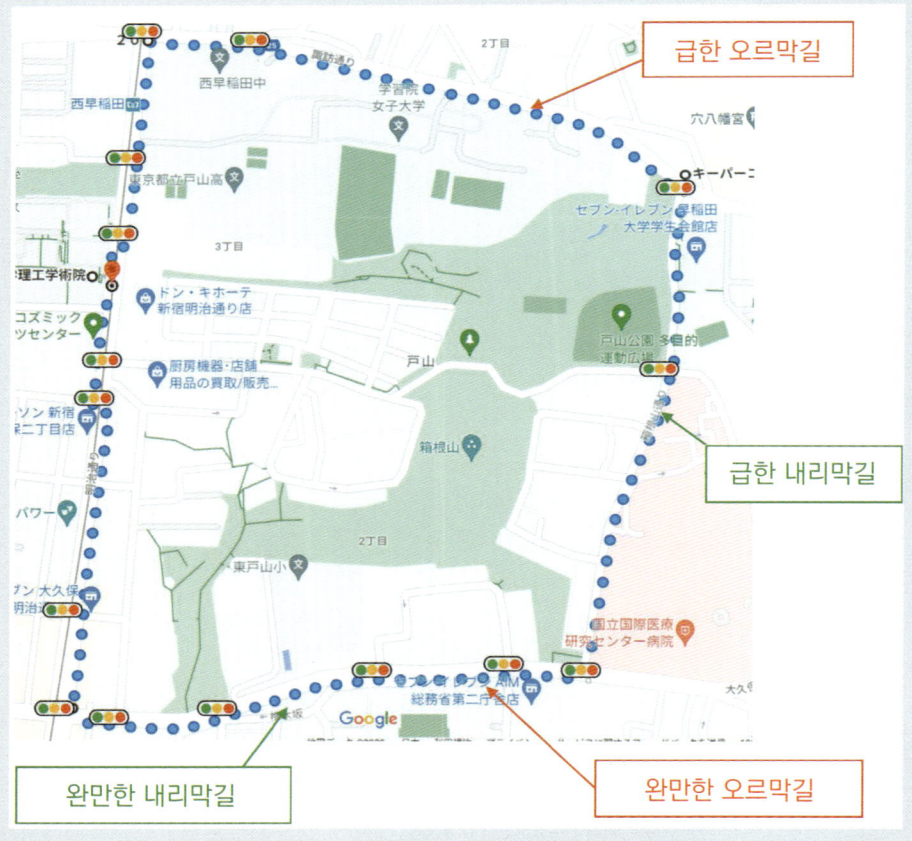

급한 오르막길
급한 내리막길
완만한 내리막길
완만한 오르막길

← 설정한 실제 주행 루트

와세다대학 이공학부를 나와 신주쿠 방향으로 향하고, 그 앞에서 좌회전한다. 급한 오르막길 앞은 도야마 공원, 그 앞은 오르막길...이라는 코스이다. 도로와 교차로를 작성하고 고도 데이터도 넣어 정확한 지도를 만들어, 이 지도 위에서 주행 시뮬레이션을 수행했다. RDE에서의 배기가스·연비 측정에서는, 기존의 시험대 위 시험으로는 불가능했던 등판으로 인한 파워트레인에의 부하 등이 측정된다. 일정 차속으로 달릴 수 있는 직선 도로를 포함해 '와세다 RDE'라고 부를 수 있는 코스 설계이다. 아래의 CG는 RoadRunner 안의 도로만의 모습을 나타낸다.

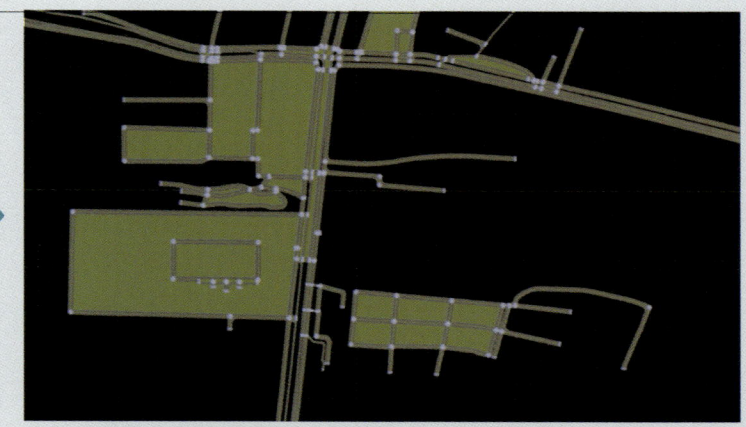

／ 국토지리원 공중 사진과 합체

RoadRunner에 기존 지도에서 데이터를 가져온다. 공중 사진과 경사도 데이터는 국토지리원의 것을 사용하고, 거기에 신호 모델을 겹친다. 신호는 정주기식(현시가 일정 시간)을 상정한다. RoadRunner 위에서는 오른쪽 CG처럼 된다. 마침 니시와세다 중학교와 도립 도야마 고등학교(내 모교인 도립 료고쿠 고등학교의 라이벌 학교!) 부분이 검게 되어 있다.

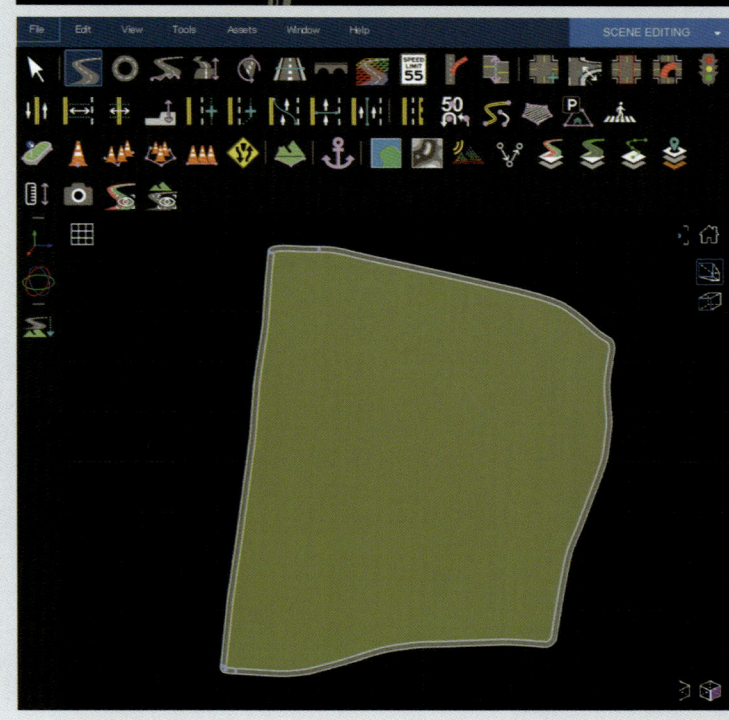

↓ 드라이버 모델 구축

시뮬레이션 상에서의 전방 신호등 읽기와, 그 경우의 브레이크 페달 조작에 대해 드라이버 모델을 구축한다. 전방 신호가 빨간불일 경우, 브레이크를 밟기 시작하는 위치부터 정지선까지의 거리는 일정하다. 주행 중에 신호가 빨간불이 된 경우 에는 감속도가 커진다. 이것들을 수식으로 나타내지 않으면 시뮬레이션에는 사용할 수 없다.

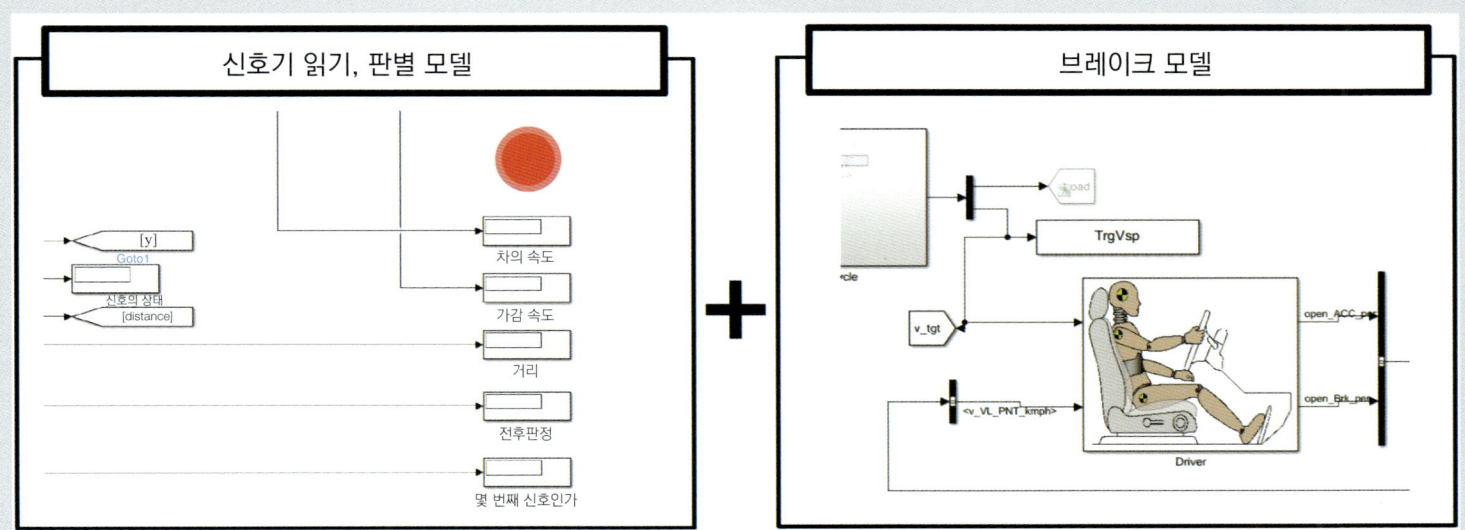

← 실제 차에 장착한 측정 기기

시험 차량은 노트 e-POWER. ①은 GoPro로 GPS 신호를 얻기 위한 용도. ②는 차량의 VCAN 데이터를 얻기 위한 TPM-R. 현재의 차량은 차량 검사 정비 등에 사용하기 위한 ODB용 CAN 출력 단자가 반드시 갖춰져 있다. 출발 지점의 신호가 파란불이 된 순간부터 측정을 시작한다. 운전자는 2명.

╱ 시험 루트 상의 모든 신호기 조사

모든 신호기에 대해 점등 주기를 실측. 시간 경과를 영상으로 촬영하고, 그 영상에서 신호 색깔별 점등 시간을 읽어냈다. 이 점등 시간 데이터와 RoadRunner 상의 좌표를 Simulink 내의 신호 모델에 입력한다. 이러한 사전 준비를 정확하게 하면 시뮬레이션 정밀도가 올라간다. 또한 '전방에 있는 신호'의 정의는 '가장 가까운' '자차의 전방'을 벡터의 내적으로 판단한다.

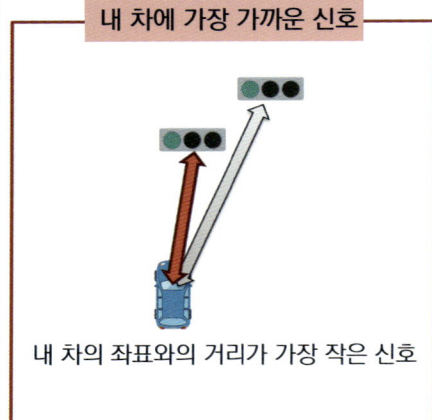
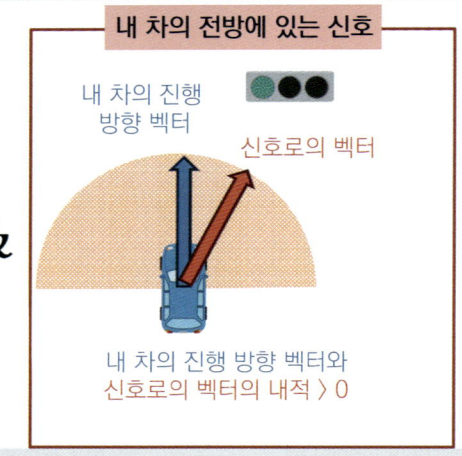

↓ 차량의 전비 계산이나 ADAS까지 책상 위에서 검증

RoadRunner 위에서 이처럼 BEV (배터리 전기차)를 가상 공간에서 주행시키면, 목표 차속이나 진로에 대한 실제 차속과의 차속 오차, 가속 페달 개도, 모터 출력, 모터 토크, 전비 등의 데이터가 출력된다. 그 전 단계로 루트나 장면·시나리오의 그래픽을 준비한다. 구사카 교수의 수업은, 그야말로 차량 개발 현장에서의 시뮬레이션과 같다. 시험 차량은 HEV(하이브리드차)든 ICE차(내연기관차)든 맞춤화가 가능하다. 연도에 따라 과제가 되는 차종을 바꿀 수 있는 것은 학생에게도 즐거운 요소일 것이다.

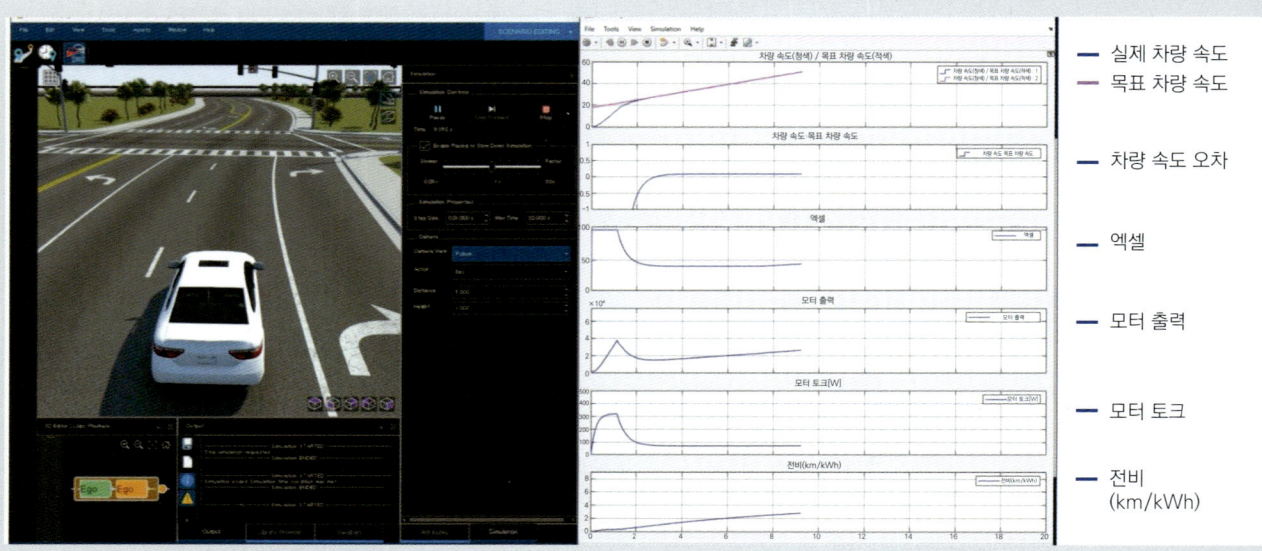

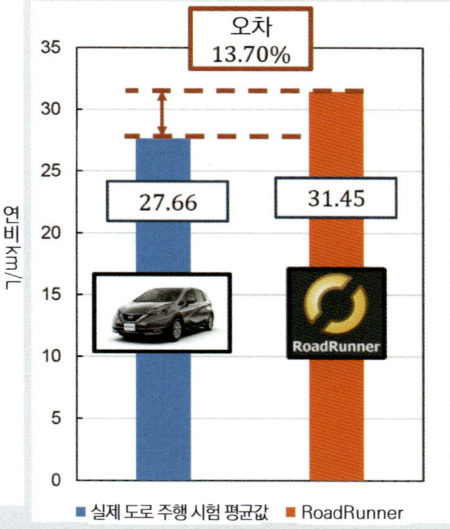

← 시리즈 HEV의 실제 주행과 시뮬레이션의 비교

실제 주행에서의 연비보다 시뮬레이션 쪽이 양호한 결과였다. 그 차이는 13.7%. 초기 SOC(충전 상태)를 60%로, 운전자 2명이 각각 3회씩 측정하여, 가속·감속은 0.5m/sec 이상의 것을 사용했다. 운전자의 가감속 평균을 Simulink 모델에 사용했다. 오차 요인에는 시뮬레이션에서는 맞은편 차를 포함한 주변 차량이 없어서 차속 패턴이 다른 점이나 운전자의 특징이 나타난 점 등을 생각할 수 있다. 조건 개선으로 시뮬레이션 정밀도는 올라갈 것이다.

도해특집 자율주행, 어디로 가는가?   **Applications** ── 재팬 트럭 쇼에 전시된 운전 지원 기술

ADAS는 대형 상용차를 운용하는 방법이다

물류업계에서 일하는 방식 개혁이 추진되고 있는 가운데, 운전자의 기량에만 의존하는 것이 아니라
센서 등의 장치로 업무 부담을 줄이는 움직임이 활발해지고 있다.

글 & 사진 : 마츠누마 타케루(Takeru MATSUNUMA)/MFi

이치코 공업   후부착 차량 주변 감시 시스템

조감 뷰와 3D 영상으로 차량 주변 상황 파악

차량 4곳에 탑재한 HD 카메라의 영상을 합성하여, 차량을 바로 위에서 보는 조감 뷰와 3D 뷰로 차량 주변의 상황을 파악하는 시스템을 딜러 옵션으로 설정한다. 카메라 설치 후에 마커를 이용한 캘리브레이션을 수행하여 실제 차량의 모델 이미지와 크기를 맞춘다. 출발 전에는 자동으로 360도를 확인하고 장애물 등을 체크하거나, 방향지시등과 연동하여 주행 중 진로 확인이 가능하는 등 다채로운 기능을 갖추고 있다. 승용차에서의 조감 뷰는 자율 규제로 인해 일정 속도에서 취소되지만, 트럭용에서는 끼어들기나 접촉, 고속도로에서의 차선 변경을 지원하기 때문에 주행 중에도 이용이 가능하다. 전방 카메라는 약 190도의 광각 화각을 가지고 있어, 좁은 골목 등에서의 사각지대를 줄인다.

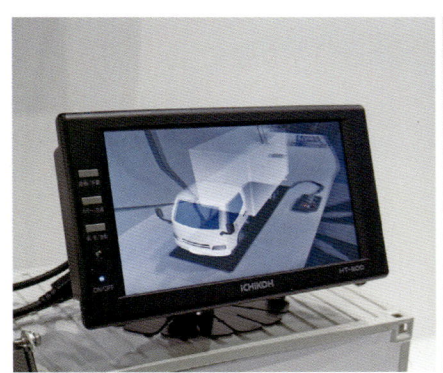

팔기연 후부착 차량 주변 감시 시스템

독자적인 AI 기술로 사람·자전거·오토바이를 감지

팔 기술 연구소는 독자적인 AI 기술을 이용한 트럭용 말려듦 사고 경고 시스템을 전시했다. 시스템은 카메라 2대, 모니터, 인디케이터로 구성된다. 사이드미러 하단에 설치한 2대의 카메라로 왼쪽 전방과 후방을 감시한다. 팔 기술 연구소 독자적인 AI 기술로, 카메라 영상을 실시간으로 감시하며, 사람·자전거·오토바이를 감지하면 소리와 빛과 영상으로 운전자에게 경고한다. 감지 영역은 주행 속도에 따라 전환하는 것이 가능하다. 방향지시등과 연동되어 있다. 좌회전 시 저속에서는 감지 범위를 넓히는 것이 가능하다. 시스템의 후부착도 용이하며, 가격은 30만 엔이라고 한다.

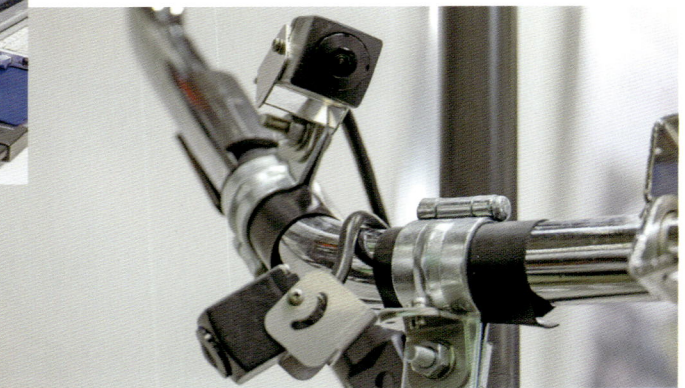

후부착 차량 주변 감시 시스템 Inbyte

저렴한 가격으로 도입하기 쉬운 것이 장점

Inbyte는 AI 카메라 시스템과 AI 서라운드 카메라 시스템을 전시했다. AI 카메라 시스템은 카메라 영상을 독자적인 AI 알고리즘으로 분석하여, 자전거·오토바이·사람을 감지하면 소리와 아이콘 표시로 경고한다. 시스템은 측면·후방·측면+후방을 선택할 수 있다. 실제 가격은 20만 엔 정도라고 한다. AI 서라운드 카메라 시스템은 전방·후방·좌우 측면 4곳에 설치한 화각 180°의 AI 카메라에 의한 서라운드 영상을 HDMI 모니터에 비추는 동시에, 위험 구역 내에서 사람이나 자전거를 감지하면 소리와 표시로 경고한다. 실제 가격은 50만 엔 정도라고 한다.

볼보 트럭스
볼보의 안전 사상은 트럭에도
주변의 사각지대를 없애고 영상으로 육안 확인

볼보 트럭은 FH6×4 트랙터 글로브트로터 캡(하이 슬리퍼 캡)을 전시했다. 전시 차량에는 패신저 코너 카메라(방향지시등과 연동하여 조수석 쪽 카메라 영상을 불러내어, 잘 보이지 않는 영역을 육안으로 확인할 수 있다), 촬영 범위를 확대하고 야간 시인성에도 뛰어난 후방 카메라, 프런트 쇼트 레인지 어시스트(정지 또는 10km/h 이하로 주행 중에 전방 레이더로 앞에 있는 도로 이용자를 감지·경고한다), 측면 충돌 경고 장치(측면에서 접근해 오는 차량이나 보행자를 감지)를 갖추고 있다.

이스즈 자동 운전 레벨 4로의 노력
일미에서 파트너십을 체결하여 조기 실현을 목표로 한다

UD 트럭스와 공동 출전을 한 이스즈는, 일본 국내 대형 트럭 최초의 차량 총중량 25t 저상 3축차를 새롭게 설정한 GIGA에 큰 관심이 모이고 있었다. 또한 이 회사는 2027년에 상용차에 관한 풍부한 지식을 활용하여, 기술/사업 파트너와 공동으로 자동 운전 레벨 4 트럭·버스 사업을 시작할 것을 발표했으며, 노선버스 영역에서는 주식회사 Tier Ⅳ와 자본 업무 제휴를 하는 것에 동의하고, 60억 엔을 출자한다. 또한 트럭 부문에서는 미국의 Gatik사에 3,000만 달러를 출자하는 것도 발표하여, 레벨 4로의 움직임이 활발해지고 있다.

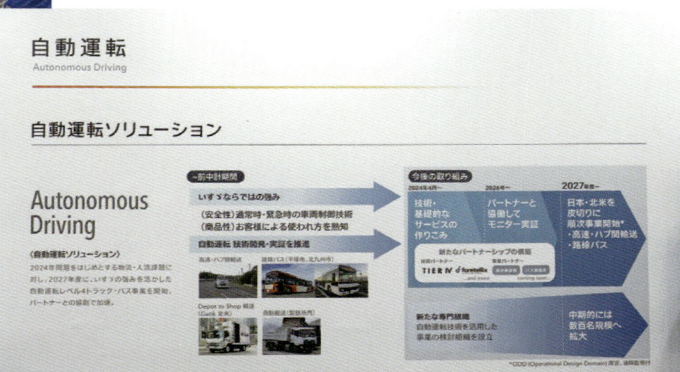

도해특집

차세대 엔진 개발의 현주소

The Next Generation of Internal Combustion Engines

엔진이 재미있어졌다.

생명력이 다한 것으로 여겨졌던 엔진.
모터와 배터리로 대체될 것으로 간주되었던 엔진.
그러나 보급의 선봉이었던 유럽, 전동화 일변도인 것으로 인식되었던 중국,
각각이 엔진을 재인식하기 시작했다.
어느 시대든 자동차 기술의 추세를 결정하는 것은 정치이다.
그러나 산업계가 사실상의 'No'를 내세웠다.
엔진이 없으면, 엔진이 아니면 해결할 수 없다.
하지만 약점은 엄연히 존재하고 해결되지도 않았다.
그렇다면 어떻게 할 것인가. 전 세계 엔지니어들이 머리를 맞대고 고민한다.
더 성능을 높일 수는 없을까. 다른 수단은 없을까. 전동화는 나쁜 것이 아니다.
하지만 엔진도 나쁜 것이 아니다.
어느 쪽이든 훌륭한 기술이며, 인간을 행복하게 한다.
따라서 엔진은 앞으로도 기술 개발을 계속해야 하며, 앞으로도 충분히 활용해야 한다.
본 특집에서는 2023년의 엔진 기술 최신 동향을 살펴보았다.
엔진은 역시 재미있다.

사진 : AVL

Illustration feature : ENGINES FOR NEXT GEN.

Introduction

엔진에는 아직 "측정할 수 없는 현상"이 있다

이이다 노리마사 씨에게 묻는다, 지금 해야 할 일

내연기관 연구에 오랫동안 종사해 온 전 게이오기주쿠대학 이공학부 교수 이이다 노리마사 씨는 현재,
오노소키의 사외이사로서 "측정할 수 없는 것을 측정하기 위한" 연구 개발에 젊은 세대 엔지니어와 함께 몰두하고 있다.

본문 & 그림: 마키노 시게오 (Shigeo MAKINO)   사진 : ONOSOKKI

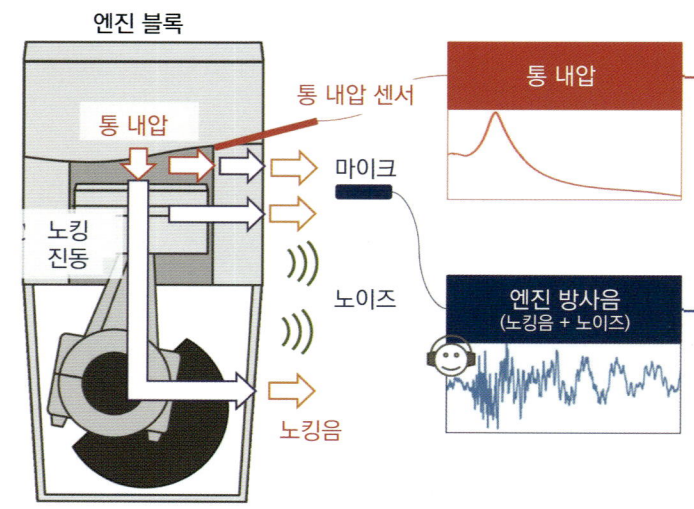

이이다 노리마사
Dr. Norimasa IIDA

주식회사 오노소키 사외이사

게이오기주쿠대학 이공학부에서 박사 학위를 취득. 1997년에 교수 취임. 2014년부터 내각부 종합과학기술·이노베이션 회의(CSTI) 전략적 이노베이션 창조 프로그램(SIP) "혁신적 연소 기술"에서는 가솔린 연소 팀 연구 책임자로서 가솔린 ICE의 순열효율 50% 초과를 달성했다. 2016년에 게이오기주쿠대학 대학원 이공학 연구 특별초빙교수 취임, 2019년 3월부터 현직. AICE(자동차용 내연기관 기술연구조합) 이사.

심층 학습 + 집음으로 노킹 통 내압을 추정

현시점에도 마이크만으로 노킹의 검출과 정량화는 가능해 상품화되어 있지만, 심층 학습을 통해 노킹음을 분리할 수 있게 되면, 다른 이상음 감지로 확장, 전용(轉用)하는 것이 기대된다. 통 내압을 감시하고 지압선도(指壓線図)로 만들면 트레이스 노크인지 강한 노크인지 알 수 있으므로, 노크 발생을 '정답'으로 삼아 AI에 그 소리를 학습시킨다. 이것만이라면 AI 벤처에서도 가능하지만, 통 내압 데이터를 측정하고 노킹음을 정확하게 드러내는 측정 작업은 전문가 기업이 아니면 할 수 없다. 거의 완벽하게 '노킹음만 특정'하기 위한 마무리 작업이 현재 진행 중이다.

ICE(내연 기관)의 발전을 뒷받침한 것은 계측 기술이. 추측에 의존할 수밖에 없었던 '측정할 수 없었던 현상'을 측정할 수 있게 되었고, 그로부터 이상적인 상태로 이끄는 방법이 탄생했으며, 그 실현도 계측기가 뒷받침해 왔습니다.

오랫동안 ICE 연구에 종사해 온 이이다 노리마사 씨는 '측정할 수 있는 것'의 혜택을 누구보다 깊이 느끼고 있는 사람이라고 생각한다. 그래서 그를 찾아가, 지금 측정하고 싶은 것, 측정할 수 있게 되어 더욱 진화가 기대되는 것은 무엇인지 물었다.

"실내 압력을 측정하지 않고도 마이크로 소리를 포착하는 것만으로 노킹이 발생하고

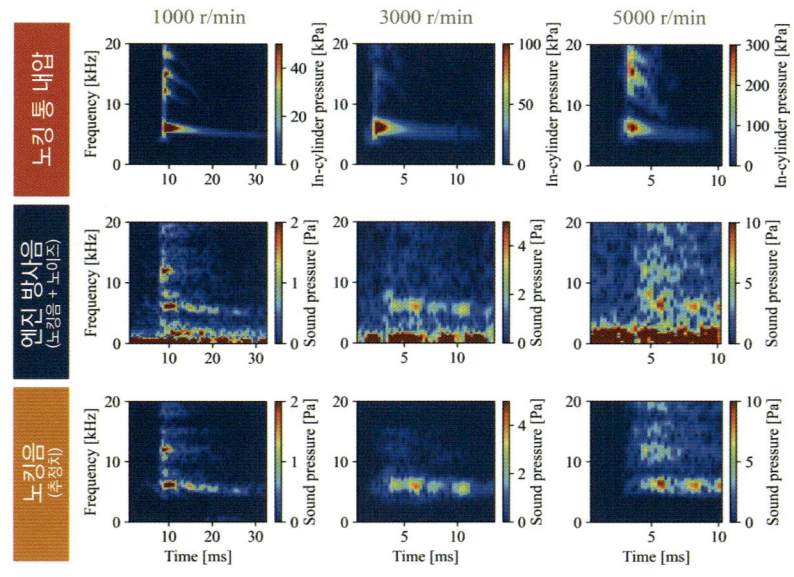
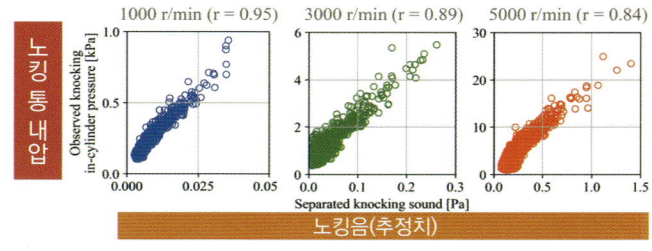

진폭 스펙트로그램으로 분리

왼쪽은 학습된 AI가 ICE 방사음에서 노킹음을 추정하여 추출한 것이다. AI 학습에 제공되는 학습 데이터는 'ICE 방사음'과 '통 내압'이며, 그래프에서는 어떤 회전 영역에서도 6kHz 부근과 10~20kHz 대역에 노크음이 분산되어 있음을 알 수 있다. 이것으로 회전 속도별로 추정하여 추출한 노킹음을 새로운 학습 데이터로 삼아, 모든 회전 속도에서 이용 가능한 AI 구축을 목표로 한다. 위상 정보 맵은 푸리에 변환할 때 유지되며, 원래 신호로 되돌릴 때 사용된다. 위 그래프는 관측된 통 내압과 분리된 추정 노크음의 진폭 평균의 대비(상관 관계)이다.

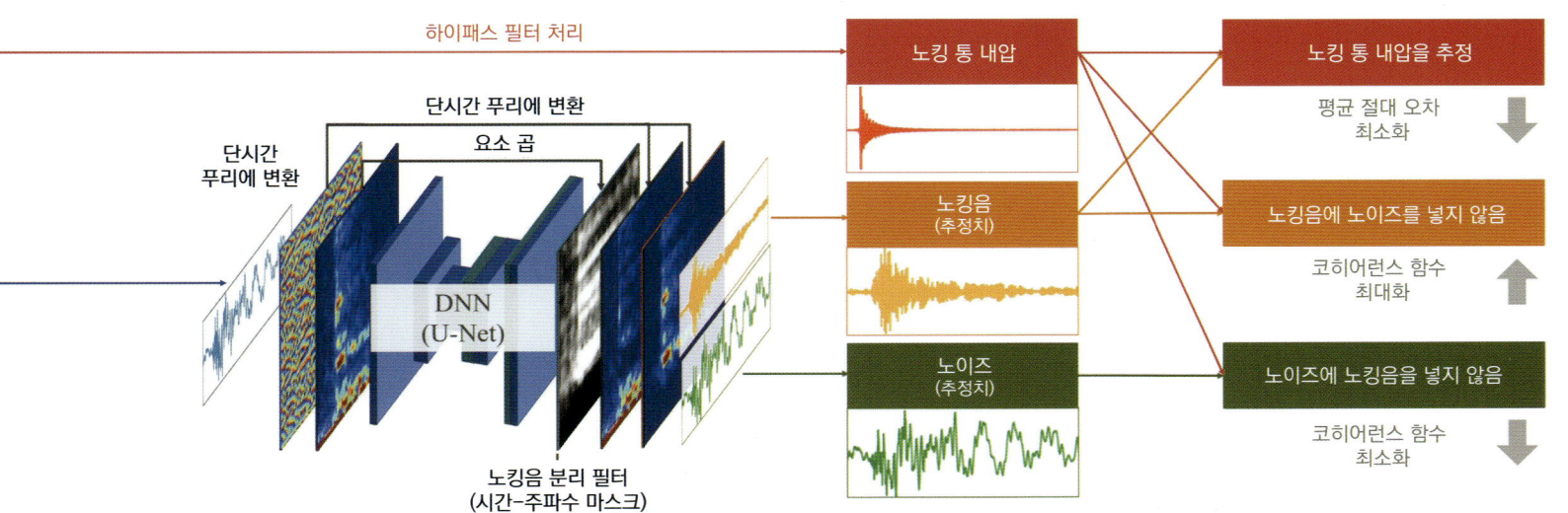

있는지 여부를 알 수 있게 하는 것"

이이다 씨는 이렇게 말했다. "사실은 지금 오노소키에서 AI를 사용한 계측 기술을 개발하고 있습니다." 그 개념을 이 페이지의 그림으로 안내하겠다. ICE 소리를 마이크로 포착하고, 시간 단위로 데이터를 수집하여 노킹 소리만 분리, 추출하는 시도이다.

"노킹은 중요합니다. 엔진 작동을 정밀하게 조정하는 개발 단계에서는 반드시 발생합니다. 노킹이 발생하지 않는 연소 가스 연소 방법은 효율성을 희생하고 있습니다. 가능하면 노킹이 발생하는 상태에서 운전하고 싶습니다. 강한 노킹은 ICE를 파손시키지만, 소위 트레이스 노킹(Trace knocking)이라고 불리는 상태가 중요합니다. 따라서 노킹 감지 기술이 필요합니다."

사실, 오노소키는 약 6년 전부터 이 주제에 대해 연구해 왔으며, 발표된 논문은 2022년에 자동차 기술회상을 수상했다. 현장에서 개발에 참여하고 있는 오노소키의 젊은 기술자도 함께 이 문제에 대해 물어보았다.

"자동차가 서행하면서 엔진 소리가 조용할 때는 트레이스 노킹도 발생해서는 안 되지만, 가속하거나 오르막길에서는 연소를 노킹 영역으로 가져가서 그 상태를 유지함으로써 가장 연비가 좋은 주행 방식을 실현할 수 있습니다. 이런 주행에서 발생하는 노킹 소리는 승객도 인식할 수 없습니다."

적극적으로 트레이스 노크를 사용한다. 약간의 불완전 착화를 허용할 정도로 연소를 극한으로 끌어올린다. 이를 위해 작은 노킹을 감지하는가?

"약간만 실수하면 강한 노킹이 발생하기 때문에 피드백으로 모니터링해야 합니다. 트레이스 노킹의 경우 시간축 측정이 그 이후의 처리가 쉽습니다. 단, 크랭크 회전각 측정과 잘 변환할 필요가 있습니다."

이곳에서 이이다가 말하는 크랭크 회전각

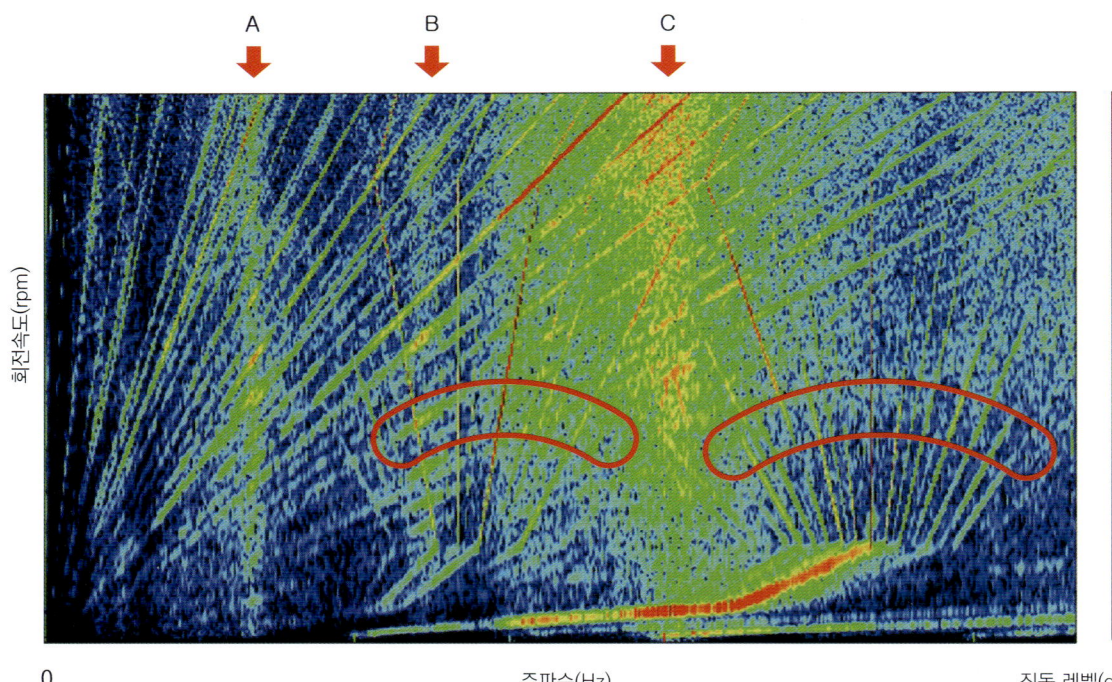

전동 파워트레인의 문제점

모터의 회전 속도와 관계없이 항상 측정되는 진동(소리도 진동이다)이 A/B/C이다. 그중에서도 C는 넓은 주파수 대역에서 소리가 난다. 그 외에 부채꼴 모양의 붉은 선으로 둘러싸인 방사형 진동과, 0점에서 방사형으로 퍼지는 진동은 아직 완전히 원인을 특정하지 못했다고 한다. 흥미로운 것은 저회전 영역의 중~고주파수 대역에서 음압 레벨이 높은 진동이 발생하고 있다는 점이다. 전기 모터는 '회전을 시작한 순간이 가장 큰 토크'이지만, 동시에 신경 쓰이는 잡음도 발생하고 있는 셈이다.

과 시간축에 대한 이야기가 흥미롭기 때문에 조금 언급해 보겠다.

ICE 기술자는 항상 크랭크 각도를 기준으로 현상을 측정한다. 왕복형이든 로터리든 크랭크 각도에 따라 실린더의 내용적(內容積)이 바뀐다. 밸브가 열리면 공기가 들어가고, 밀폐되어 압축된 후 연소되어, 특정 각도에 도달하면 연소 가스가 외부로 배출된다. 크랭크 각도의 변화를 측정하는 것은 즉, 실린더 내의 부피 변화를 측정하는 것이며, 이때 동시에 실린더 내의 압력을 측정하면 PV 선도로 대표되는 연소의 기본 정보를 얻을 수 있다.

한편, 소리를 측정하는 소리 및 진동 분야에서는 시간 축으로 측정한다. 시간의 경과에 따라 주파수 스펙트럼이 어떻게 변화하는지를 관찰한다. 내연기관(ICE)의 연소 계측 엔지니어들은 회전수에 따라 연소 시간이 길어지거나 짧아지는 특성 때문에, 시간 축으로 측정하는 방식을 잘 의식하지 않는 듯하다.

그러나 이 '소리'로 노킹을 감지하는 경우, 음향 측정에서는 잘 사용하지 않는 시간축 데이터를 잘라내는 방법이 사용되었다. 크랭크 회전각 측정에서는 당연하게도 크랭크 각도별로 잘라낸 데이터를 사용하기 때문에 ICE 엔지니어와 음향 엔지니어의 기술이 융합된 것이며, 이것이 바로 이이다 씨가 말하는 '크랭크 회전각 측정과 잘 변환시키는 것'이다.

본론으로 돌아가 보자.

"지금까지는 노킹 측정은 실린더 내의 압력 센서로 하고 있었습니다. 연소실에서 급격하게 자연 발화가 발생하면, 실린더 내 가스는 압축성을 띠므로 앞뒤 또는 클로버 형태처럼 4방향으로 퍼지는 등 다양하게 움직입니다. 하지만 기본적으로는 실린더 내 직경을 음속으로 나눈 진동수의 파동이나 그 2배, 3배, 2/3배의 파동이 발생합니다. 이 파동이 노킹 진동이 됩니다. 실린더 내의 압력을 측정하면 노킹을 즉시 알 수 있지만, 센서를 설치하는 위치에 따라 위상이 반대로 되기 때문에 압력 센서 위치를 신중하게 고려해야 합니다. 하지만 4밸브 실린더 헤드이므로 측정할 수 있는 위치는 거의 정해져 있습니다."

이러한 계측 방식 대신 마이크만 사용한다. 결국 진동이기 때문에, 노킹으로 발생한 진동은 크랭크케이스나 크랭크축의 고유 진동수 등과 얽혀 어떤 소리로든 나타나게 된다. 그 소리를 마이크로 포착하여 노킹을 감지할 수 있지 않을까라는 것이 이 방법이다.

"엔진 방사 소음을 2차원 도표로 나타냅니다. 세로축은 주파수, 가로축은 시간입니다. 파워 스펙트럼을 시간으로 스캔한 것을 준비합니다. 예를 들어 30초간의 데이터를 측정하고, 노킹이 발생한 몇 ms의 기간별 주파수 분석을 하고 가로축에 배열합니다. 그러면 이 중에서, 예를 들어 노킹이 발생하지 않은 데이터의 값을 빼면 노킹이 발생한 부분의 데이터만 나옵니다. 이 아이디어로 소리의 노킹 성분을 분리할 수 있지 않을까 생각한 것입니다."

오노소키의 엔지니어에 따르면, 이 아이디어는 예전부터 있었다고 한다. "노킹이라는 현상의 소리는 측정할 수 없습니다. ICE 자체가 소리를 내고, 외부의 잡음도 있습니다. 따라서 노킹 소리만 AI로 분리하도록 합니다. AI를 사용한 딥 러닝으로 관련이 있는 것과 없는 것을 찾아냅니다. 노킹 소리만 AI로 분리하는 방법입니다."라고 말한다.

그러나 ICE 회전수에 따라 노킹 소리의 파형이 달라진다. 회전이 빨라지면 노킹 소리의 주파수가 높아진다고 들었다.

"예를 들어 회전수별로 AI 모델을 준비하여, 1,000rpm에 특화된 노킹음 분해 모델이나 3,000rpm에 특화된 모델처럼 각 회전수에서 노크음을 분리합니다. 그 후, 이 데이터를 활용해 진폭을 다양하게 조절하여 여러 데이터를 생성하고, 어떤 회전 영역에도 대응할 수 있는 가장 강력한 AI 모델을 학습시킵니다. 하나의 내연기관(ICE)을 측정할 때는 학습 데이터를 만들 때만 실린더 내 압력을 측정합니다. AI는 정답 없이는 학습할 수 없으므로, 처음에는 이 실린더 내 압력을 정답으로 사용했습니다. 분리된 노킹 소리가 실린더 내 압력 파형에 가까워질 것이라는 예측 하에 학습을 진행했습니다. 그 결과, 지금까지는 어려웠던 노크음만을 어느 정도 분리할 수 있게 되었습니다."

이이다 씨는 이렇게 덧붙였다.

"생활 환경에서 카나리아의 지저귐을 구별하는 것과 비슷합니다. 대부분의 사람들은 카나리아가 지저귀고 있는 것을 알지 못하지만, AI에 계속 학습시키면 생활 소음에서 카나리아의 지저귐만 분리할 수 있게 됩니다. 마찬가지로 기어 소리나 크랭크 샤프트의 회전 소리 등 다양한 소리가 겹쳐도 노킹 소리만 분리할 수 있습니다."

갑자기 이런 생각이 들었다. 이러한 소리 측정은 전기 모터에도 사용할 수 있는 기술인가? 이이다 씨는 "물론입니다"라고 대답하며 한 장의 그래프를 꺼내 보였다.

"가로축은 주파수, 세로축은 모터 회전수입니다. 밑변과 평행한 선을 그으면, 특정 회전수에서 모터가 회전할 때 어떤 주파수의 소리와 진동이 발생하고 있는지 알 수 있습니다. 지금 그래프에는 세 개의 세로선이 보입니다. 모터 케이스에는 고유 진동수가 있어, 내부에서 회전하는 영구 자석과 전자석에 의해 코깅 토크가 지속적으로 발생합니다. 케이스는 매번 이 영향을 받아 '쨍쨍'하는 소리를 내며 충격을 받게 되고, 이로 인해 케이스의 고유 진동수 지점에서 진동이 증폭됩니다. 그것이 이 세 개의 세로선입니다. 고유 진동수의 1/2, 2배 지점에서 진동이 나타나고 있습니다."

잘 보면, 비스듬한 선과 방사형 선이 있습니다. 이것은 무엇일까요?

"측정 팀은 알고 있는 것 같은데, 저는 모르겠네요 (웃음). 예를 들어, 비스듬한 선은 코깅 토크가 각 극에서 발생한 결과인가, 여러 극이 합쳐져서 발생한 것인가, 회전수의 차이에 의해 비스듬한 선으로 나타나는 것인가… 어느 쪽이든 모터는 꽤 복잡한 진동을 발생시키고 있습니다."

회전수가 낮은 부분에서 방사형 진동 강도 선도 보인다. 회전수가 올라갈수록 주파수가 낮은 쪽과 높은 쪽으로 퍼져 나간다. 이런 종류의 그래프는 필자도 처음 보았다.

"전자석의 코일은 인덕턴스이기 때문에, 전기 스위치를 전환해도 전압이 0이 되고

SIP(전략적 이노베이션 프로그램)에서의 산학관 프로젝트에서 이이다 씨는 가솔린 연소팀의 리더를 맡았다. 사진은 그때의 모습이다. 투명한 석영 실린더 안에서 모의 연소를 진행하고, 그곳에서 일어나는 현상을 고속 카메라로 촬영하여 이상에 가깝게 만드는 작업이었다. 데이터의 축적이 순열효율 50% 초과라는 목표 달성에 기여했다.

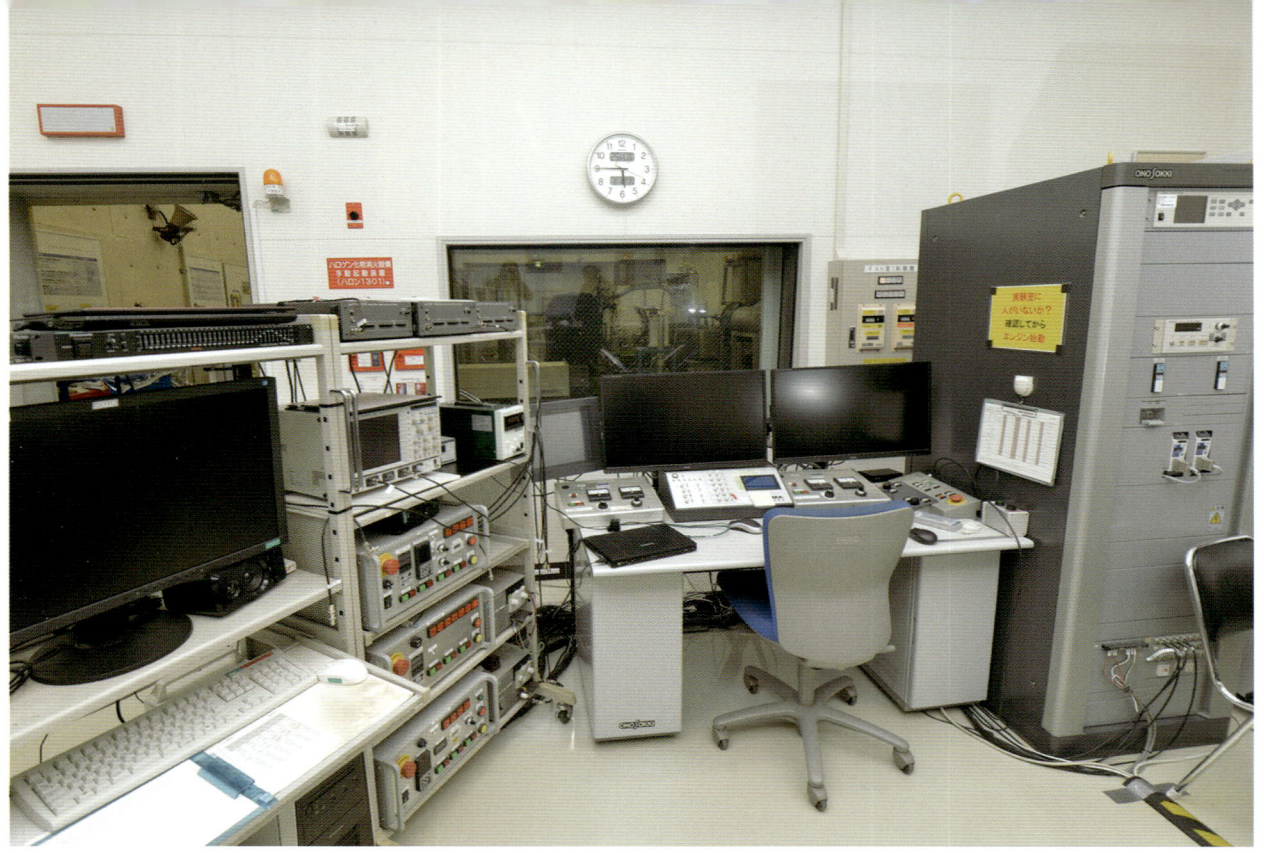

오노소키의 카모이 연구소

연소의 '가시화'를 위한 계측기들이 늘어선 연구소. 이곳은 과거 SIP 가솔린팀의 연구소로 기능했다. 현재는 AICE(자동차용 내연기관 기술 연구 조합)가 운영을 이어받아 산학 공동 연구를 실시하고 있다. 세계가 주목한 일본 SIP의 '혁신적 연소 기술' 연구 성과는 데이터베이스화되어, AIST(국립 연구 개발 법인 산업기술종합연구소)가 사무국을 맡는 ZEM(제로 에미션 모빌리티 파워소스 연구 컨소시엄) 회원인 대학 및 기업이 이용할 수 있도록 정비되었다. 지금, 전 세계적으로 ICE 기술의 계승이 어려워질지도 모른다고 하지만, 일본에서는 AICE와 ZEM의 산학이 그 계승 작업을 지원하는 체제가 갖추어지고 있다. BEV(배터리 전기차)만의 모빌리티를 지향하는 EU(유럽연합)조차, 2040년 시점에서의 ICE 탑재 차량 비율을 40%로 예상하고 있다. BEV의 한계가 올지 어떨지는 별개로, 인류의 기술 자산인 ICE 기술은 계승되어야 한다.

다시 상승하기까지는 반드시 유한한 시간이 있습니다. 이것은 절대적인 시간입니다. 따라서 전기 모터의 진동을 시간축으로 측정하면 다양한 결과를 볼 수 있습니다. 한편, 전기 모터는 크랭크 각도 제어를 하지 않습니다. 회전이 빨라지면 플러스와 마이너스의 전환도 선행하여 빨라집니다. 이것을 인버터가 하고 있습니다. 고속 회전과 저속 회전에서는 이 전환 시간이 다릅니다. 그 때 어떤 진동이 발생할까요? 즉, 측정된 진동에서 대책을 도출할 수 있다면 전기 모터는 더욱 조용해질 것입니다."

e-액슬 케이스에도 반드시 고유 진동수가 존재한다. 따라서 이러한 진동을 탑승자가 느끼기 어려운 지점으로 밀어내는 대책을 시작 단계 시뮬레이션에서 최종 확정할 때, 이처럼 복잡한 진동의 발생원을 알고 있으면 작업이 훨씬 수월하다. 점점 소형화, 고출력화되는 e 액슬을 시간축과 크랭크 각도(크랭크 샤프트가 없기 때문에 회전각도)로 측정하는 요구도 나타날 것이다.

"또 하나, 전기 모터에서 중요한 것은 오일의 윤활, 냉각, 절연 성능입니다. e 액슬 내에서 오일이 어떻게 행동하는지도 진동과 유동 측정을 통해 명확하게 알 수 있게 될 것이라고 생각합니다. 아직 측정할 수 없는 현상이 많이 있습니다. 그 부분이 비즈니스 기회라고 생각합니다."

PROFILE

이케다 타이치
Taichi IKEDA

주식회사 오노소키
개발설계본부
소프트웨어 설계 블록
SV 소프트웨어 그룹 계장

와타나베 히카루
Hikaru WATABE

주식회사 오노소키
개발설계본부
AI 추진실 계장

엔진 기획과 생산 요건

Illustration feature : ENGINES FOR NEXT GEN.

현실은 "만들고 싶은 것" ≠ "만들 수 있는 것"

엔진(ICE 또는 전기 모터)을 만드는 데 있어 중요한 점은 최고 출력, 최대 토크와 비용, 크기(기통 수 포함)이며,
나아가 현재의 생산 설비, 탑재 차량의 크기와 용도·목적 등 다양한 요소가 얽힌다.
그리고 전기 모터는 '배터리와 세트'여야 비로소 엔진이 된다.

본문 : 마키노 시게오 (Shigeo MAKINO) 사진 : AVL/BMW/FORD/마사히로 세야 아카이브 (Masahiro SEYA Archives)/마키노 시게오 (Shigeo MAKINO)

엔진룸 내부 치수

1970년대 후반부터 늘어나기 시작한 엔진 가로 배치 FF 레이아웃은, 휠베이스에서 차지하는 실내 바닥면의 길이를 확대하여 거주성 향상에 기여했다. 그 결과 엔진룸의 앞뒤 길이는 짧아졌고, 정면 충돌 요건이 엄격해지면서 치수적으로는 더욱 까다로워졌다. 이 안에 파워트레인을 어떻게 배치하는지가 차량 패키징의 핵심이다.

좌우 프런트 사이드 멤버의 간격이 파워트레인 치수를 규제한다. 이 사진은 미쓰비시 미라지로, 직렬 3기통 엔진 가로 배치에 특화하여 직렬 4기통 엔진 탑재는 '상정하지 않는' 설계이다. 그와 동시에 차량의 차체 중량은 충돌 대책 강화로 조금씩 무거워지고 있으며, 엔진에는 중량 증가에 대한 대책이 나중에 추가되는 경우가 많다.

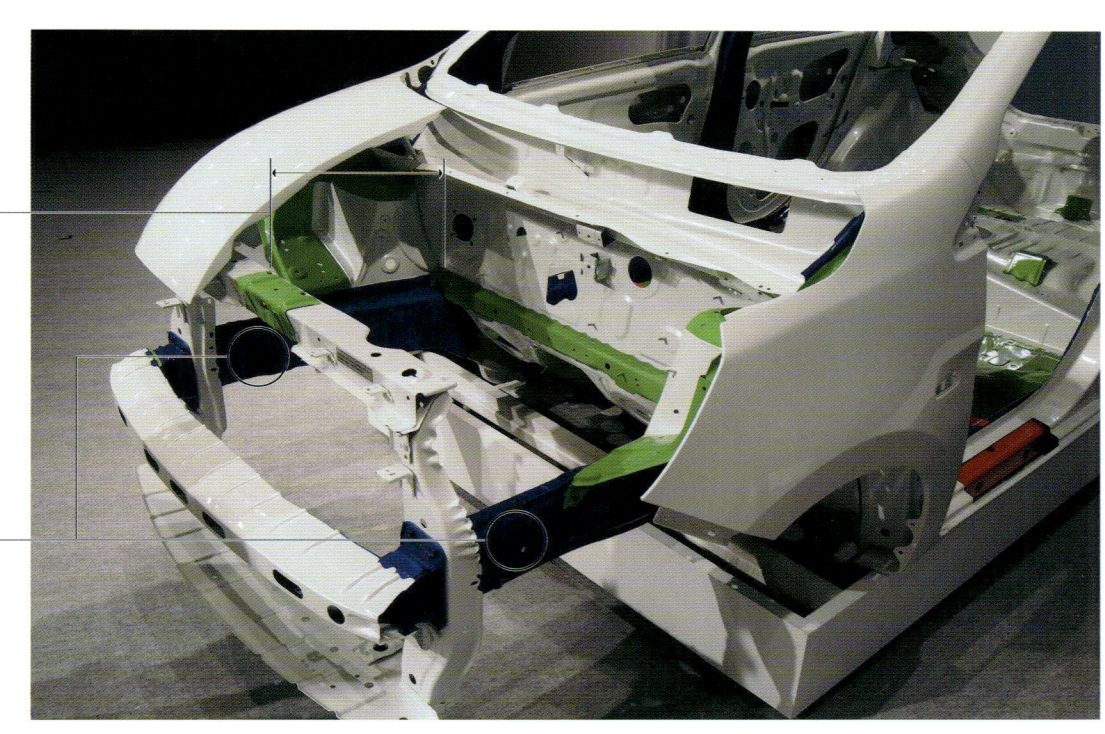

엔진의 가로세로비

사진은 GM의 V형 8기통 엔진이다. 6기통 이상의 직렬 엔진도 과거에는 존재했지만, 출력/토크의 요구에 대응하려면 직렬 x 2인 V형, 혹은 폭스바겐이 실용화한 V형 x 2인 W형이 엔진룸 치수와의 균형을 고려할 때 현실적인 해결책이다.

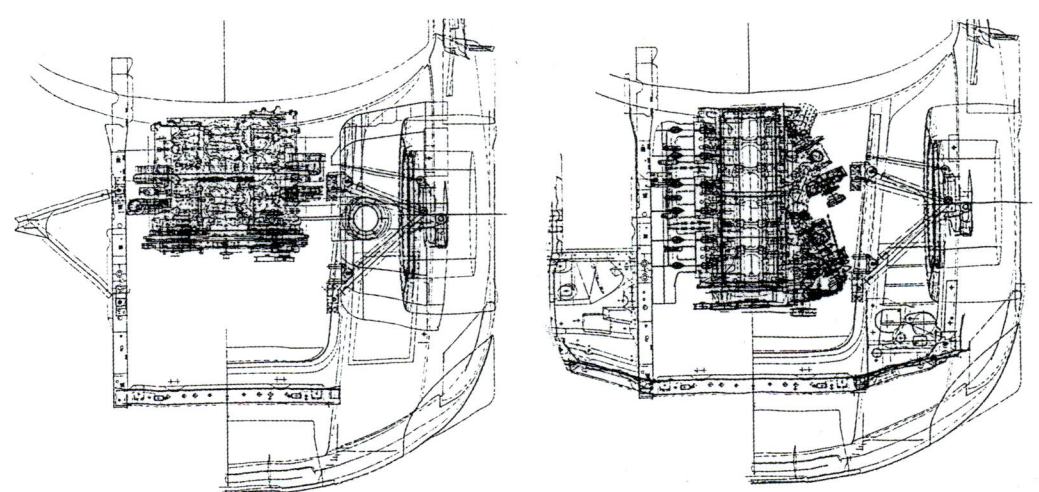

동일한 배기량의 V6(왼쪽)와 직렬 6기통(오른쪽)을 같은 차량에 탑재한 설계 도면의 발췌. 이것은 후륜 구동 차량이지만 V6 가로 배치 전륜 구동 차량에서도 패키징이 성립할 수 있음을 추측할 수 있다. 현재는 거의 모든 FF 차량이 엔진 가로 배치이다.

주조와 기계 가공

실린더 블록을 알루미늄 합금 주조로 만들고(왼쪽), 거기에 정밀도 높은 기계 가공을 하며(가운데), 조립은 전용 지그·기계를 사용하는(오른쪽) 수평대향 엔진의 예시. 좌우 실린더 블록을 크랭크 축 중심선으로 합체시키기 때문에 체결은 고정밀도여야 하며, 모든 볼트를 한 번에 기계로 조인다. 볼트 간 피치(치수)가 바뀌면 이 기계도 바뀐다. 1개 기종의 생산량이 많은 경우는 전용 기계를 사용한다.

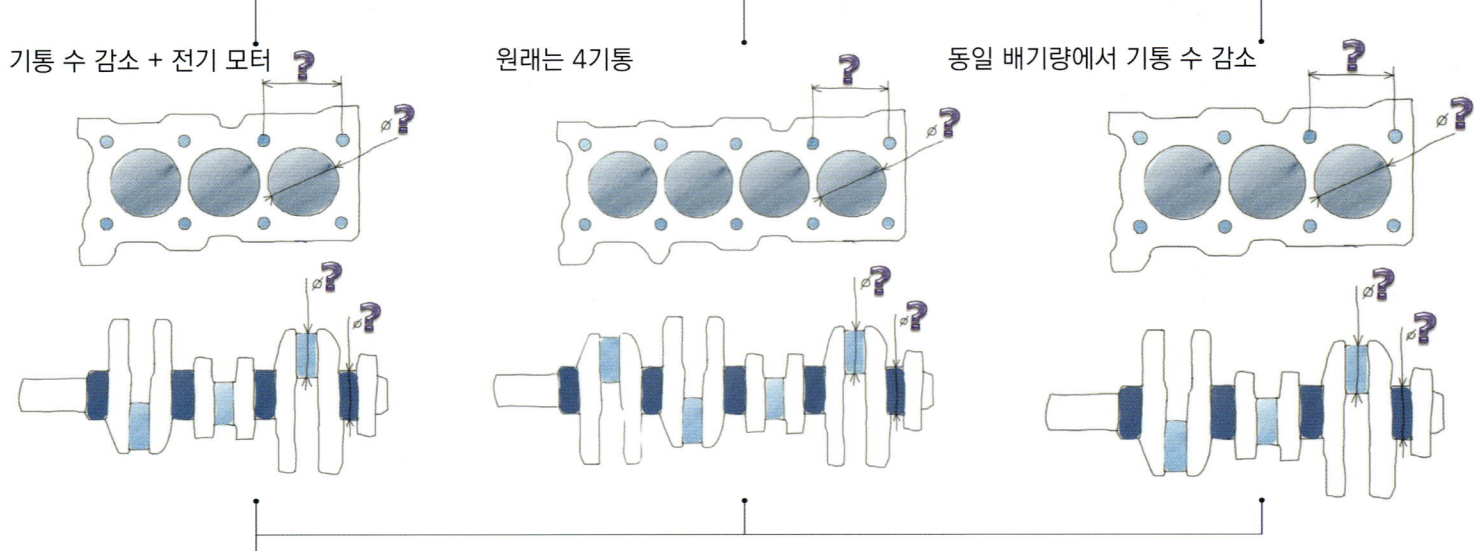

기통 수 감소 + 전기 모터 / 원래는 4기통 / 동일 배기량에서 기통 수 감소

회전 부품

회전 부품은 아주 미세한 무게 편차와 형상 오차가 치명적인 손상이 된다. 일본은 자동차 산업이 존재했기 때문에 공작기계 기술이 진화했고, 현재도 그 지위를 유지하고 있다. 엔진을 해외에서 생산할 경우, 현지에서 정밀 가공이 가능한지 여부가 하나의 판단 기준이 된다. 이러한 부품은 수출하는 것보다 생산 라인 근처에서 만드는 것이 더 편리하다. e-액슬도 마찬가지이다.

원래 2.0ℓ 직렬 4기통 NA(자연 흡기)를 탑재한 차량을 1.5ℓ 직렬 3기통 터보 또는 NA 그대로 전기 모터가 달린 HEV(하이브리드 전기차)로 할 것인가, 아니면 1기통의 용적을 크게 하여 2.0ℓ 직렬 3기통 NA로 할 것인가. 그 결정에는 다양한 요소가 얽힌다. 엔진과 차체는 항상 세트로 고려되어 왔다.

크랭크축의 기계 가공 풍경. 특수 단조강을 단조로 성형하고, 완전 자동으로 정밀한 기계 가공을 한다. 이 가공 정밀도가 회전 한계나 음진동 특성을 결정한다. 크랭크축, 캠축, 커넥팅 로드라는 3C 부품은 특히 정밀도 요구가 높다.

캠축의 기계 가공도 완전 자동으로 이루어진다. 완성된 제품은 손가락 끝으로 만져봐도 완벽하게 '매끈매끈한' 감촉이다. ICE뿐만 아니라 변속기에도 정밀 기계 가공 부품이 많이 사용된다. 변속기 제조사가 도태된 이유 중 하나도 여기에 있다.

자동차를 움직이는 동력원 = 엔진.

엔진을 차량구동에 해당 부품을 기능적으로 조합한 상태 = 파워 트레인(Power Train).

자동차의 엔진은 ICE 또는 전기 모터이다. 그 외에는 거의 불가능하다. 에너지는 가솔린, 경유, 알코올류(메탄올/에탄올), CNG(압축 천연 가스), LPG(액화 석유 가스), 수소, 그리고 전기로 매우 다양하며, 이

중 여러 가지를 조합한 것도 가능하다. 어떤 것의 선택의 여부는 각 지역의 에너지 상황과 규제가 관련되어 있다.

자동차가 보급된 국가 및 지역 중에서는 일본은 에너지 선택의 폭이 좁다. 기체 연료의 활용은 일부에 그치고 있으며, 기체 알레르기라고 할 수 있을 정도로 사용되지 않고 있다. 즉, 고품질의 균일한 가솔린/경유가 매우 널리 사용되어 있다. 따라서 OEM(자동차 제조업체)은 가솔린/경유 이외의 선택지를 준비할 필요가 없다. 대부분의 경우, 차량 설계에 가스 연료를 운반하기 위한 원통형 탱크를 설치할 위치를 고려할 필요가 없다.

출력(Power)과 토크는 차량 중량, 정원/적재량, 용도에 따라 결정된다. 변속기와 조합할 경우 여유 구동력을 확보하는 방법도 중요 포인트가 된다. 동시에 차량 크기는 엔진의 크기로 결정한다.

승용차의 경우, 엔진룸의 좌우(앞바퀴 타이어 안쪽)를 앞뒤로 통과하는 프론트 사이드 멤버의 좌우 간 거리가 엔진 폭을 결정하는 요소이며, 이 점은 예전의 사다리(ladder) 프레임 시대부터 동일하다.

엔진이 세로로 배치된 경우에는 직렬이나 V형도 큰 문제가 되지 않지만, 가로로 배치된 경우에는 이 좌우 간 거리가 수용할 수 있는 엔진을 결정하는 가장 큰 요소가 된다. 즉, 플랫폼(차체 하부의 기본 골격) 설계와 엔진 선택은 밀접한 관련이 있다는 것이다.

신형 차량 1대를 개발하여 양산을 시작하려면 개발 투자액이 1,000억 엔 규모에 달한다. 엔진의 경우에도 수백억 엔에 달한다. 현재는 이러한 이유로, 플랫폼 개발 단계에서 여러 모델을 염두에 두고 설계한다.

최대 차량 중량, 연비, 필요한 여유 구동력 등에 따라 엔진 사양의 다양성을 미리 반영하는 설계 방식을 통해 엔진과 플랫폼 양쪽의 개발 비용을 절감하고 있다.

현재 가장 손이 많이 가는 부분은 ICE의 연소 설계일 것이다. 열효율을 높이고 배기가스 중 규제 물질을 억제하는 설계로, MBD(Model-Based Development: 모델 기반 개발)도 도입하여 방대한 분석을 하고 있다.

하나의 보어 직경으로 이상적인 연소를 달성해도 보어 직경이 바뀌면 연소도 미묘하게 바뀌는 경우가 많지만, 현재는 유사한 모델을 사용하여 보어 직경을 바꾼 경우의 시뮬레이션을 어느 정도 정확하게 실현할 수 있게 되었다. 따라서 보어 직경을 의도적으로 변경하고, 그에 따라 보어 피치도 변경하는 경우가 있다.

예전에는 보어 피치를 고정하는 것이 설비의 대원칙으로 여겨졌지만, 생산 설비 측의 혁신으로 이 부분의 어려움이 상당히 해소되었다.

생산 설비로 말하면, 직렬 4기통/직렬 6기통/V6는 각각 전용 생산 라인을 갖추는 것이 표준이었다. 같은 직렬 4기통이라도 보어 직경이 다른 경우에는 각각 전용 설비가 필요했었다.

엔진 기종별로 생산 설비를 전용화해도 생산량이 많다면 굳이 범용화하는 것보다 비용을 절감할 수 있다. 반대로 한 기종의 생산량이 적은 경우에는 범용 설비로 만드는 것이 비용 절감의 핵심이 된다. 다만, 여기에 공통된 정답은 존재하지 않는다. OEM마다 사정이 다르며, 생산 라인 수만큼 정답이 있다.

"만들고 싶은 엔진과 지금 만들 수 있는 엔진은 다르다"

필자가 자동차 취재를 시작한 1980년대 전반부터 현재까지, 엔진 설계 및 제조 현장에서는 이러한 목소리를 항상 들었다. '설계에 제조 설비가 따라가지 못한다'는 딜레마는 상당히 해소되었다. 그러나 그럼에도 불구하고 '이런 것을 만들 수 있는 생산 설비가 없다'는 목소리를 듣는다. 아직까지 '엔진 성능은 공작 기계가 결정한다'는 것이 큰 어려움이다. 그래서 고속 3D 프린터와 같은 기술에 기대가 크다.

한편, 전기 파워 트레인의 경우 연소 분석은 필요하지 않지만, 자석(전자석이나 영구자석)과 금속을 고속으로 회전시키고, 게다가 회전 속도가 순간마다 변화하는 용도로 사용된다고 한다.

즉, 발전의 여지가 크다는 의미이다. 현재의 큰 과제는 윤활과 냉각, 그리고 변속이다. 이를 소형 경량화 속에 반영한 설계가 요구되고 있다.

제조 설비 면에서는 주류가 된 세그먼트 권선 코일을 어떻게 만들지, e 액슬(전기 모터/감속기/출력축/제어계 등이 일체화된 장치)을 어떻게 효율적으로 다품종 생산할지가 현재의 과제이다.

그러나 ICE에 비해 전기 모터의 생산 설비는 간단하지만, 그만큼 원자재비 비율이 ICE보다 높다. 많은 OEM이 ICE를 자체 생산해 왔지만, e 액슬은 어떻게 될까?

또 하나, 전기 파워 트레인은 전기 모터와 배터리가 세트로 되어야 한다. 가솔린(RON90/95/100)과 경유도 연료의 특성이 출력과 토크에 영향을 미치지만, BEV의 배터리는 그 이상으로 자동차의 용도와 특성, 가격을 크게 변화시킨다.

동시에, 차량 탑재 요건으로 말하면, 얼마나 많은 배터리를 어디에 탑재할지에 따라 플랫폼 설계가 달라진다. 전기 모터의 요건보다 오히려 배터리 성능이 더 큰 영향을 미친다.

후륜 구동 ICE 차량

ICE는 엔진룸 안에 세로로 배치하고, 크랭크축 출력이 곧바로 뒷바퀴 축으로 향하며, 그곳에서 회전 방향을 90° 바꾼다. 스티어링 유닛 위에 ICE가 얹히고, 실내로 튀어나오는 것은 바닥면 중앙을 지나는 프로펠러 샤프트뿐이다(그림에는 표시되어 있지 않다).

전동 파워 스티어링 유닛

완전히 동일한 차량에 ICE 파워트레인과 전동 파워트레인만을 탑재했을 때의 비교. 배터리는 BEV 파워트레인의 성격을 크게 좌우하기 때문에, 그 배치 장소 확보가 최우선시된다. 실내 공간이나 트렁크룸 용적에 영향을 주지 않기 위해서는 바닥 아래 배치가 타당하다.

후륜 구동 또는 AWD의 BEV

후륜 구동일 경우, 엔진룸 안에는 일부 보조 장치만 남게 된다. 전후 축에 각각 전기 모터를 두는 레이아웃도 쉽게 구현할 수 있다. 스티어링 기구는 ICE와 공통이다. 뒷바퀴 축 모터라도 감속 회생의 효율은 '그렇게 크게 떨어지지도 않는다'고 한다.

뒷바퀴 축 구동용 전기 모터와 감속 기구

바닥 아래 전체에 배터리를 깐 사례. 센터 터널과 시트 아래에만 배터리를 두면 ICE 차량과 거의 같은 좌석 높이가 되지만, 이처럼 바닥 전체가 배터리가 되는 경우는 시팅 레이아웃과 충돌 요건(배터리 보호를 위해)을 재검토할 필요가 있다.

'엔진'의 제조

위는 마쓰다의 스카이액티브 X 제조 라인. 기통마다 치수 오차를 극한까지 줄여 독자적인 점화·연소 방식의 성능을 담보하고 있다. 오른쪽은 아이신의 e-액슬 생산 라인. 자동 공정이 많지만, 중요하고 복잡한 부분은 사람의 손으로 조립된다. 양쪽의 제조 현장을 비교하면, 어느 쪽이든 치밀한 설계의 '엔진'임을 실감한다. '전동 파워트레인은 누구나 간단히 만들 수 있다'는 것은 잘못이며, 현재 자동차의 동력원으로서 성립시키기 위해서는 ICE에 준하는 배려가 필요하고, 바꾸어 말하면 ICE의 경험은 살아난다.

현재 BEV는 전용 플랫폼과 ICE 차량의 플랫폼을 용도 변경하는 두 가지로 나뉘어진다. BEV를 위해 차량 공장을 새로 짓는다면 전용 플랫폼이 합리적이지만, 그 판단은 어렵다.

BEV가 확실히 증가할 것이라는 전제 하에 ICE를 탑재할 수 없는 플랫폼을 만들 것인가, 아니면 모듈식 플랫폼으로 탑재 파워트레인의 폭을 넓힐 것인가. 이것도 OEM마다 판단해야 할 문제이다.

자동차의 140년 역사는 정밀 금속 가공의 역사이기도 하다. ICE는 크랭크샤프트, 커넥팅로드, 캠샤프트, 실린더 헤드, 실린더 블록(소위 5C 부품)을 얼마나 정밀하고 저렴하게 양산할 수 있는지가 핵심 기술이며, 이것이 ICE의 성능을 좌우했었다. 현재는 SDV(소프트웨어 정의 차량)의 시대가 되어, 개발의 중심이 하드웨어에서 소프트웨어로 이동한다고 한다. 그 시비 여부는 별개로 하고, 엔진은 ICE와 전기 모터라는 두 가지 흐름이 당분간은 계속될 것이다. 그 비율이 어떻게 될지 예측하는 것은 매우 어렵다. DAC(Direct Air Capture)로 대기 중의 이산화탄소를 회수하여 이것을 합성 연료의 재료로 만드는 방법이 저비용화될 가능성은 부정할 수 없다.

APPLICATION 02 ▶ ESP에게 규제 대응을 묻는다   Illustration feature : ENGINES FOR NEXT GEN.

유로 7은 ICE를 어디로 향하게 하는가

사실 아직 유로 7의 시험 요령 상세 내용 전부가 발표된 것은 아니다. 승용차와 소형 상용차는 2025년 7월, 대형 상용차는 2027년 7월에 시행 예정이며, 이미 자동차 제조사들은 대응하는 한창 중이지만, 규제가 목표로 하는 바는 간단하다.

본문 : 마키노 시게오 (Shigeo MAKINO) 사진 : AVL/CLOVE

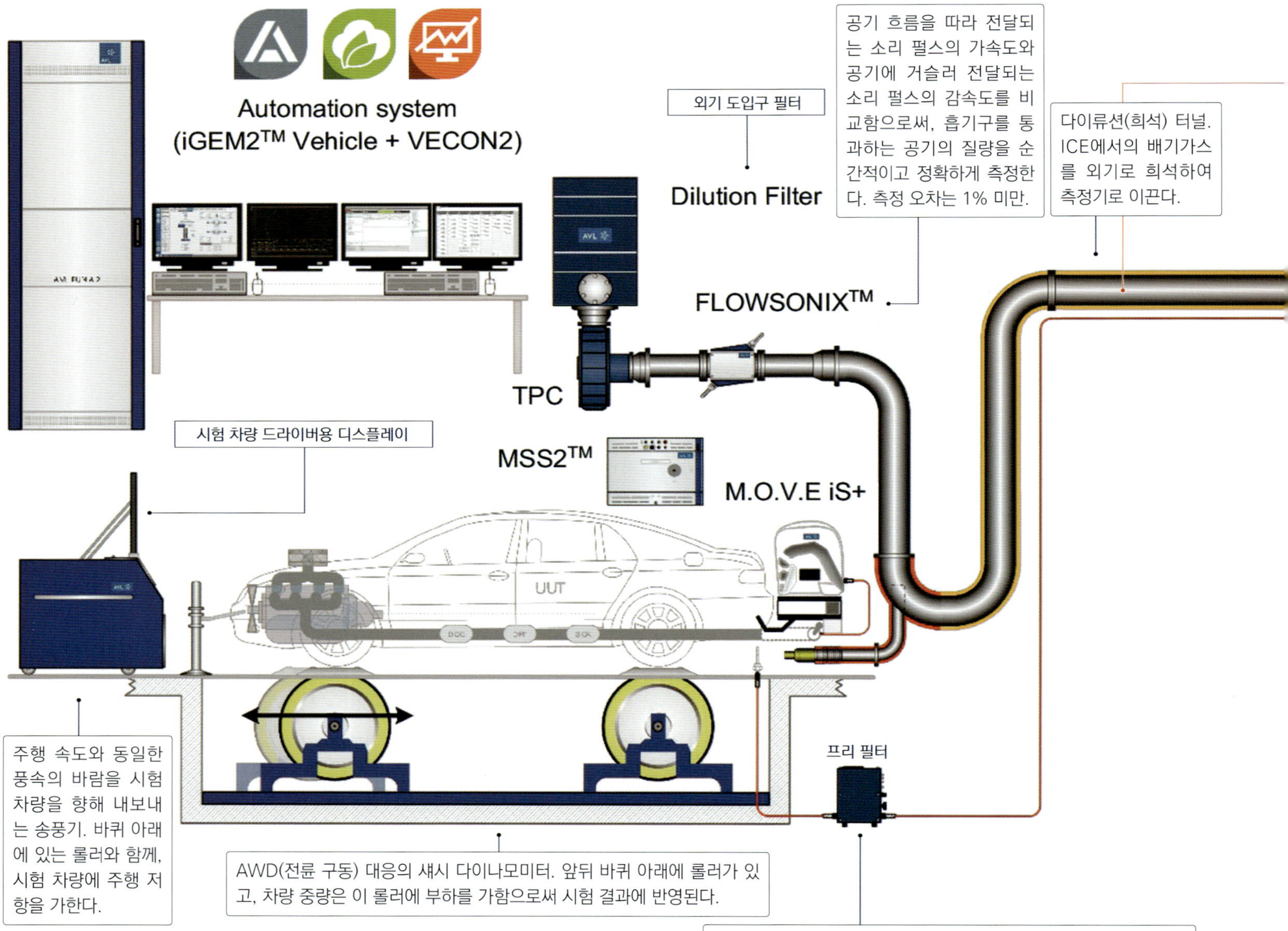

Automation system (iGEM2™ Vehicle + VECON2)

외기 도입구 필터

공기 흐름을 따라 전달되는 소리 펄스의 가속도와 공기에 거슬러 전달되는 소리 펄스의 감속도를 비교함으로써, 흡기구를 통과하는 공기의 질량을 순간적이고 정확하게 측정한다. 측정 오차는 1% 미만.

Dilution Filter

다이류션(희석) 터널. ICE에서의 배기가스를 외기로 희석하여 측정기로 이끈다.

FLOWSONIX™

TPC

시험 차량 드라이버용 디스플레이

MSS2™

M.O.V.E iS+

프리 필터

주행 속도와 동일한 풍속의 바람을 시험 차량을 향해 내보내는 송풍기. 바퀴 아래에 있는 롤러와 함께, 시험 차량에 주행 저항을 가한다.

AWD(전륜 구동) 대응의 섀시 다이나모미터. 앞뒤 바퀴 아래에 롤러가 있고, 차량 중량은 이 롤러에 부하를 가함으로써 시험 결과에 반영된다.

유로 7 배기가스 규제의 핵심 포인트

실제 인증 시험에서는 일반 도로를 주행하며, ICE에서 나오는 배기가스 중의 성분은 배기 파이프에서 PEMS(휴대용 배기가스 측정 시스템)로 이끌어 실시간으로 측정이 이루어진다. 유로 7에서는 외기 온도 -7℃ 이상 0℃ 미만이라는 저온에서 ICE를 시동했을 때의 촉매 조기 예열 성능이나 30℃ 이상 35℃ 미만이라는 고온에서의 성능, 공기 중의 산소 농도가 낮아지는 해발 700m 이상 1300m 미만의 고지대에서의 배기가스도 측정된다. 고부하에서도 스토이키오메트리(이론 공연비, $\lambda=1$)에서의 운전이 필수가 된다.

AVL의 유로 7/RDE 개발용 섀시 다이나모 시스템

유로 6d부터 도입된 RDE(실 주행 배기가스 = 실제 도로에서의 주행 시험)는 온도와 습도가 관리되는 실내에서 진행하는 섀시 다이나모 상의 배기가스 시험보다 훨씬 더 넓은 범위의 조건 하에서 진행되므로, ICE 개발 시점에 정확한 시뮬레이션이 요구된다. 이 시스템은 AVL이 제공하는 배기가스 계측 시스템의 한 예시이다. 계측에는 시험 자동화 소프트웨어 iGEM2와 섀시 다이나모의 OS/제어 프로그램 VECON2를 사용한다.

다이류션 터널. 왼쪽 페이지 그림의 화살표가 여기로 이어진다.

AMA = 배기가스 분석계. Raw(원 상태)와 Dilute(희석) 양쪽 모두에서 분석한다.

PSS = 미립자 샘플링 장치

CVS = 배기가스 정용량 샘플링 장치

RDE 시험을 섀시 다이나모 위에서

실제 일반 공도에서 진행되는 RDE 시험은 거의 '실제 주행'을 재현하는 것이지만, 자세히 보면 '엄청나게 많은 수의 모드 시험'이다. 섀시 다이나모 시험은 일정한 온도와 습도에서 '스티어링 조작 없이' 진행되지만, RDE에서는 기상 조건, 도로 경사, 운전 패턴 등이 시시각각으로 변한다. ICE 개발 단계에서는 이것을 실내 시험으로 대체하여 진행한다.

배기가스 및 연비 규제가 ICE(내연 기관)의 모습을 가장 크게 변화시켰다. 규제가 없었다면 ICE는 발전하지 못했을 것이다.

1970년대에 미국에서 시작된 배기가스 규제는 곧 일본으로 확산되어 일본산 ICE를 크게 변화시켰다. 한편, 유럽에는 EU(유럽연합)가 출범할 때까지 통일된 배기가스 규제가 없었고, 최초의 규제인 유로 1이 시행된 것은 1993년이었다. 일본과 미국보다 약 20년 늦었다. 그러나 유로 6이 진행 중이던 중 EU는 마치 사람이 바뀐 듯이 변모하여 단번에 '엄격한 감시자'가 되었다.

2015년에 시행된 유로 6는 b/c/d로 순차적으로 내용이 개정되었으며, d에서 도입된 RDE(Real Driving Emission: 실주행 배출가스)는 일반 공도에서 실제 주행을 '충실하게 재현'하는 것이 목적이었다.

그 배경에는 "실제 도로에서 측정하면 유로 5 대응 차량이든 유로 3 대응 차량이든 배기가스 성분은 크게 다르지 않다"는 시험 결과가 있었다. 이 시험은 EU의 위탁을 받아 ICCT(International Council on Clean Transportation)가 실시했다. ICCT는 훗날 VW(VolksWagen: 폭스바겐)의 배기가스 조작을 고발한 단체이다.

예를 들어, 차량 중량이 3.5톤 이하인 차량의 NOx(질소산화물) 배출량은 유로 3에서 유로 4로 30% 감소, 유로 4에서 유로 5로 43% 추가 감소, 유로 5에서 유로 6로 80% 추가 감소하며, 유로 3에서 유로 6까지 누적하면 92% 감소한다. 그러나 도로를 주행하면서 PEMS(Portable Emissions Measurement System: 휴대용 배기가스 측정 장치)로 배기가스를 측정한 결과, 모든 규제에서 실제 배출량에는 '별 차이가 없다'고 보고되었다.

여기부터 실제 도로에서 시험해야 한다는 논의가 시작되지만, 섀시 다이나모미터 위가 아닌 실제 도로에서 배기가스 시험을 진행하려면 실시 요령을 상세하게 정하고 문제가 없도록 해야 한다. EU는 2020년대 중반경 도입을 목표로 준비를 시작할 예정이었다.

그러나 2015년 9월 VW의 디젤 배기가스 부정 사건이 발각되면서 상황이 급변하

유로 7 배출물 규제 개요

일부 규제 내용만을 나열하자면, 유로 7 최종안은 현재의 유로 6d와 크게 다르지 않고 CLOVE 안에서는 후퇴했지만, 디젤 엔진에도 RDE 시험이 의무화되므로, 대책은 디젤차 쪽이 더 복잡해진다.

배기가스물질		CO	THC	NMHC	NOx	PM
단위		mg/kg	mg/km	mg/km	mg/km	mg/km
유로 6d	가솔린	1000	100	68	60	4.5
	디젤	500	-	-	80	4.5
유로 7 CLOVE안		400	-	25	20	2
유로 7 최종 제안		500	100	68	60	4.5

장래 RDE 시험은 더 가혹하게

장래 구상으로서 검토되고 있는 것은, RDE 시험 외기 온도를 더 넓은 온도대로 확대하는 것과, RDE 시험의 주행 거리를 짧게 하는 것(예열 시간의 비율이 길어져 더 엄격해진다), 신차 시점의 배기가스 성능을 24만km 주행까지 보증하는 것이다.

	현재의 RDE	장래의 RDE(안)
외기 온도	통상 0~30℃ / 확장 -7~0℃ 및 30~35℃	-10℃~40℃
평균 차속	도시부에서 15~40km/h	?
고도	통상 0~700m / 확장 700~1300m	?
오르막	종합 및 도시부 모두 100km당 1200m 이하	?
내구성	ICS 10만km / MaS 16만km	24만km
시험 거리	시가지/교외/고속도로 각각 16km	최저 5km

여 2016년 2월에 RDE 채택이 결정되고, 2017년 9월부터 도입이 결정되었다.

이 시점에서는 실시 요령이 전혀 정해지지 않았지만, '도입'이 목적이 되어 EU 위원회가 배기가스 규제 등의 안건을 심의하는 AGVES (Advisory Group Vehicle Emission Standards: 배기가스규제자문회의)가 실시 내용의 정리를 서둘렀다.

그리고 이 회의 회원인 오스트리아의 ESP(Engineering Service Provider: 기술전문기업)인 AVL 등이 측정 방법의 개발을 하고 있다.

유로 6d에서 가솔린 차량에 RDE 시험이 도입되어 정식 시험 방법이 되었다. 유로 7에서는 디젤 차량도 RDE 시험이 의무화된다. 2025년 7월부터 승용차와 LCV(차량 중량 3.5톤 이하의 소형 상용차), 2027년부터 대형 상용차(차량 중량 3.5톤 이상)가 각각 규제 대상이 된다. 규제 물질과 시험 방법은 이미 발표되었다.

현재 EU 집행위원회는 "2025년 7월의 시행 시기는 변경되지 않는다"고 밝히고 있다. 국가별로는 이미 룩셈부르크가 이 일정에 따라 국가 규제를 변경할 것을 결정했다.

현재 OEM(자동차 제조업체) 각사는 유로 7 대응을 진행 중이며, 이미 '거의 완료했다'고 밝힌 OEM도 있다. 다만, 아직 결정되지 않은 사항도 있다. OBM = On Board Monitoring에 관한 규정이다. 이는 차량 제조부터 폐기까지 모든 수명 주기 동안 배기가스를 감시(모니터링)하는 기능이다. 아마도 당국이 불시 검사 등으로 차량 데이터를 추출하여 위반 여부를 확인하는 데 사용될

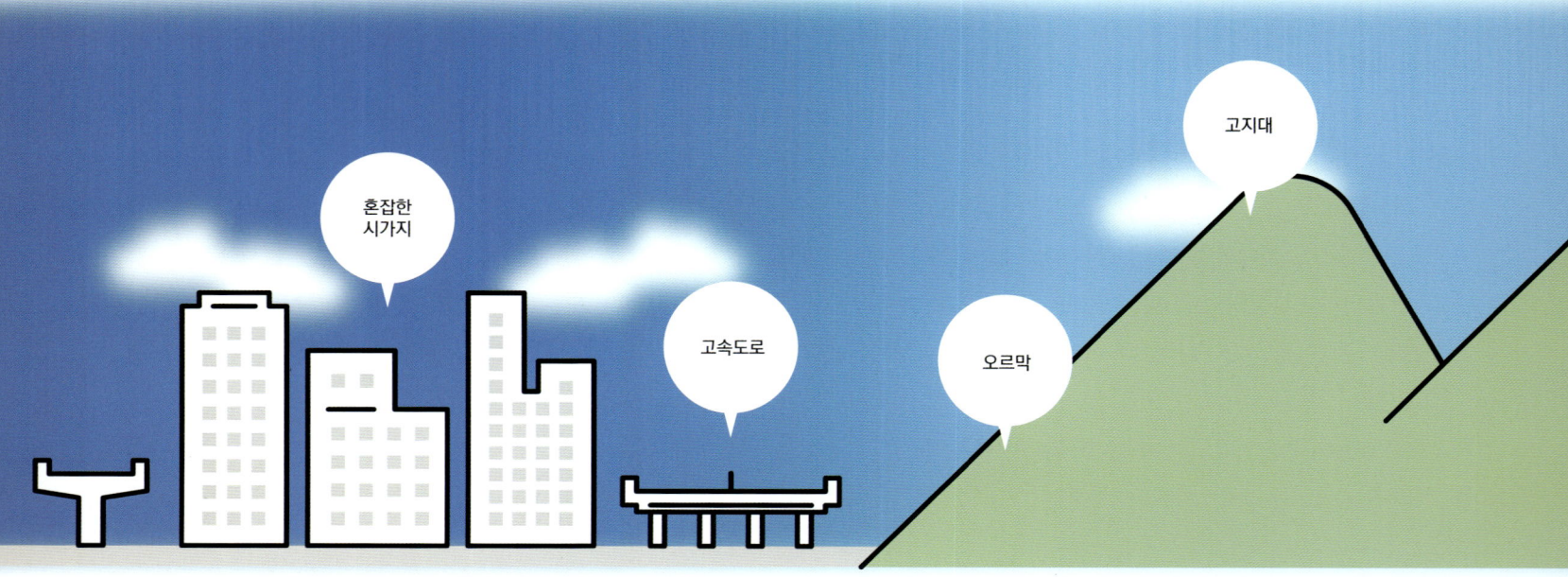

것이라고 한다. 상시 모니터링은 의무화되지만, 그 데이터를 어떻게 이용할지는 명확하게 밝혀지지 않았다.

"명확한 것은 규제 물질 목록과 그 배출 제한치뿐입니다. 모니터링 방법과 빈도에 대해서는 정보가 공개되지 않았습니다. 그러나 시행이 결정되면 즉시 적합할 수 있도록 어느 정도 폭을 두고 기능을 구축하고 있습니다."

필자는 재작년 가을부터 유로 7 대응에 대해 OEM과 ESP를 취재해 왔지만, 현재도 이러한 의견이 지배적이다.

"모니터링 항목 중 NH(암모니아)가 3개 있습니다. 하지만, 암모니아 센서는 세상에는 없습니다. 지금까지 필요하지 않았기 때문에 아무도 만들지 않았습니다. 그래서 NOx 센서를 사용하여 NOx와 NH_3를 측정하려고 하지만, 감지 능력 이하로 설정되어 있습니다. 센서에서는 NOx와 NH_3가 같은 반응을 보입니다. 이 신호를 어떻게 구분할지가 하나의 포인트입니다."

한 ESP는 이렇게 말했다. 일본계 OEM에 물어보아도 "현실적으로 NOx 센서로 NH3를 측정할 수밖에 없다. 센서 제조업체에 개발을 의뢰했지만 아직 완성되지 않았다"고 말했다. 또한, 유럽의 OEM도 "센서에서 보내는 신호량이 이미 방대함에도 불구하고, 저장하기 위한 데이터가 추가된다. 현실적으로 처리량을 줄여 대응해야 한다. 엔진 ECU의 처리를 매우 짧은 시간으로 나누어 전환하거나, 그 시점에서 필요한 센싱을 좁히는 작업이 필요하다"고 말했다.

ECU의 처리 속도가 현행 제품으로 충분할지 묻자 "비용상 현행 제품으로 충분해야 한다"고 말했다. 그 이유에 대해 한 OEM은 "유로 7b가 될지, 유로 7c가 될지, 언제 시행될지는 모르지만 새로운 규제가 도입될 것이기 때문에 그 시점에 업그레이드하는 것이 좋다고 생각한다. 부품 비용은 차량 가격에 반영되기 때문에 유로 7이 시행될 시점에는 가능한 한 비용을 억제하고 싶다"고 말한다.

그렇다면 모니터링한 정보는 어떻게 처리될 것인가? ESP에 물어보았다.

"그것도 아직 정해지지 않았습니다. 아마 OTA(Over The Air)로 데이터를 전송할 것이라고 생각하지만, 주행 중인지, 차량 검사 및 점검 시인지, 당국의 무작위 검사 시인지 등은 아직 정해지지 않았습니다."

"소유자를 특정할 수 있는 데이터를 OTA로 전송해도 괜찮은가? 어느 정도의 데이터를 전송해야 하는가? 수신 측은 어떻게 수신하는가? 이러한 사항은 아직 아무것도 정해지지 않았다. 이대로라면 2025년 7월에 맞출 수 있을지 미지수다."

"실제로는 데이터를 일정 기간 동안 저장해 두고, 추출 검사 시에 데이터를 확인할 수 있도록 정의되어 있지만, 우선 OBM으로 측정하는 센서가 기술적인 문제 등 아직 확립되지 않았습니다. 상상력을 발휘하여 가능한 한 준비를 하는 수밖에 없다"고 말했다.

EU 위원회 관계자로부터 "AGVES에서 6월 중에 회의를 열고 7월 중에 결정할 것"이라는 말을 들었지만, 이러한 기술적 사안을 규제 시행 2년 전에 결정한다는 일정에 입이 다물어지지 않는다. 무역 사안인 이상, 본래는 각국의 규제 당국에 문의하고 WTO(세계무역기구)의 규칙에 따라 반론을 듣는 절차가 필요할 것이다. 적어도 일본은 도로운송차량의 안전기준(법률이 아닌 국토교통성령)을 개정할 때 이러한 절차를 밟고 있다.

한편, 새롭게 RDE 시험이 의무화되는

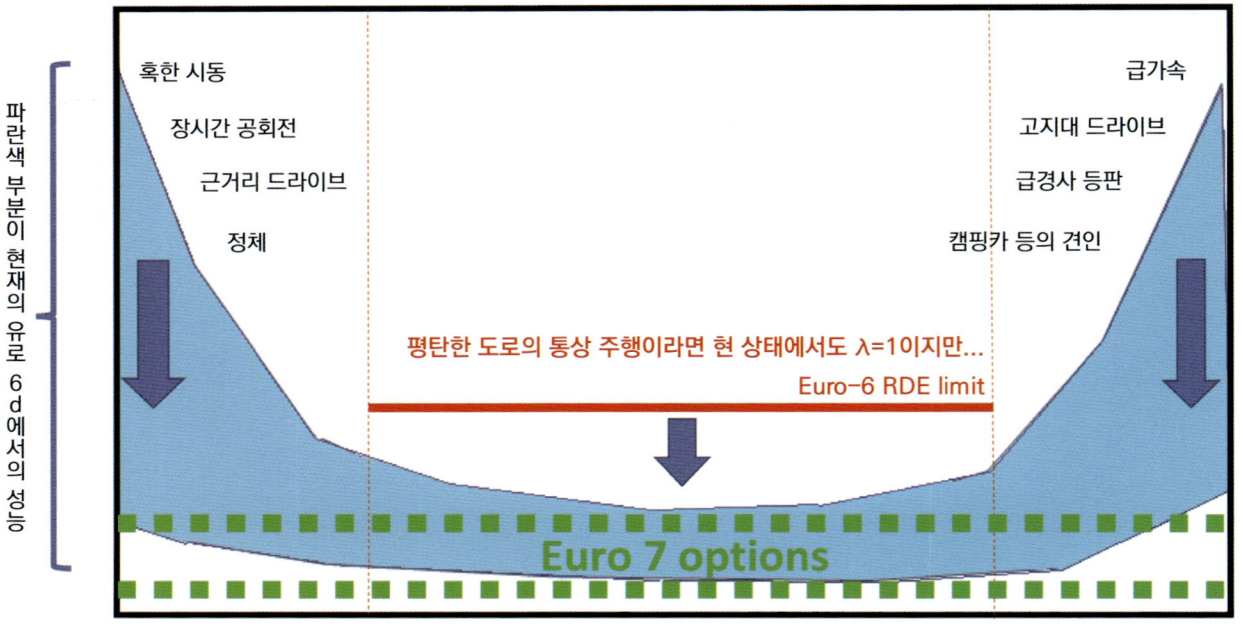

유로 7이 목표로 하는 전 영역 λ=1의 이미지

유로 7의 목표는 유로 6에서는 어느 정도 허용되었던 부분을 포함하여, 어쨌든 '엔진 시동 직후부터 모든 주행 방식을 포함해 깨끗한 배기가스를 유지하는 것'이며, 항상 λ=1에서의 주행이 요구된다. 연료 리치(연료 과농)는 인정되지 않는다.

디젤 상용차에 대해서는 이런 목소리도 있었다.

"엔진만으로 대응할 수 있을지 의문이다. 간단한 전기화를 도입하여 출발 및 가속 시 모터로 보조하는 방법도 있지만, 이 경우 상당히 대규모의 개발이 필요합니다. 그만큼의 비용을 들일 수 없기 때문에 우선은 기존 장치와 배기가스 후처리장치로 대응할 것입니다."

"가솔린 차량의 RDE와 마찬가지로, 각 주행 조건이 규제에 명시되어 있습니다. 단, 여유를 두고 충족하려면 주행 조건의 조합으로 최악의 경우를 가정해야 합니다. 해보면 이 작업이 상당히 어렵기 때문에 HEV화도 검토해야 합니다."

"가솔린 차량이 RDE에 대응하게 되었을 때는 촉매 능력의 향상과 연소 제어로 대응했습니다. 이번에는 여기에 OBM이 추가됩니다. 단, 하드웨어를 크게 변경할 필요는 없으며, 대부분 소프트웨어로 대책을 실현할 수 있습니다. 단, 디젤은 어렵습니다. 디젤 사양을 유지할지 여부를 판단해야 할 문제도 있다."

유로 7이 내걸고 있는 이상은 훌륭하다. '어떤 주행 방식을 취해도 배기가스가 오염되지 않는다', '연비도 나쁘지 않다'는 자동차를 보급하는 것이 이 규제의 목적이며, 따라서 모든 차량에 RDE를 의무화하는 것이다. 그러나 이미 '비용은 상승하지만 실제 배출 감소 효과는 그다지 크지 않다. 즉, ICE를 더 이상 사용하지 않도록 OEM에 판단을 내리도록 하는 것이 목적일 것이다'라는 반론이 나오고 있다.

2022년 11월 EU가 유로 7의 내용을 발표했을 때의 문서에 이렇게 쓰여 있다.

"현재의 상황과 관련하여 예상되는 비용 증가는 총 차량 구입비용의 극히 일부에 불과하다. 즉, 승용차와 밴은 1대당 90~150유로(현재 환율로 1만 3400엔), 트럭과 버스는 약 2700유로(40만 2300엔)이다. 대기 오염으로 인한 건강에 미치는 영향을 방지한다는 관점에서 추정된 환경상의 이점은 제조업체, 소비자 및 당국에 대한 이러한 비용을 5대 1 이상의 비율로 크게 상회한다."

실제로 판매 가격이 얼마나 상승할지는 OEM마다 다르겠지만, VW는 승용차 1대당 2000유로 상승할 것이라고 밝혔다. EU의 발언은 원가도 충족하지 못하는 수준입니다. EU의 비용 추정치의 원 데이터는 CLOVE(Commission consortium of consultants tasked to work on Euro 7)라는 자문팀이 제공한 것으로 보이지만, 여기에는 공급업체는 포함되어 있지 않았다.

규제가 ICE를 변화시켰다. 이번에도 마찬가지일 것이다. 배기가스 규제 자체에 반대하는 의견은 없다. 하지만 가격 인상 또한 피할 수 없다. 참으로 논쟁의 여지가 많은 규제이다.

닛산 HR 계통의 엔진은 2000년대 말에 등장했다. 르노와 메르세데스 벤츠와 제휴하여 공동 개발한 장치로, 보어 피치를 85mm로 설정하고, 우선 1.5~1.6 직렬 4기통 형태로 출시되었다. 닛산은 이 장치를 B~C 세그먼트에 탑재할 예정으로, 80년대의 GA형, 90년대의 QG형의 후속 모델로 자리매김했다.

그러나 2010년대에 들어서는 상황이 바뀌었다. 보어 피치를 85mm로 유지한 채 1기통을 제거한 직렬 3기통 버전이 등장한 것이다. 엔진의 열효율에 초점이 맞춰져, 단기통 용적이 450cc 전후로 설계되는 것이 다시 한번 정설로 자리잡게 되었고, 자연 흡기 1.5리터 전후의 장치가 기존의 직렬 4기통에서 직렬 3기통으로 전환되는 기술 트렌드의 전환기 사건이었다.

이후 3기통 HR형은 과급 버전을 추가하면서 B~C 세그먼트의 주력 장치로 자리매김하게 된다. 그리고 2018년에 3기통 HR형이 새로운 전장에 투입되었다. 이전 C27형 세레나에 추가된 e-POWER 사양에 발전용 엔진으로 재설계된 HR12DE형이 탑재된 것이다. 그리고 작년 말에 세레나가 C28

SPEC HR14DDe

기통 배열 : 직렬 3기통
배기량 : 1433cc
내경×행정 : 78.0×100.0mm
압축비 : 13.0
최고 출력 : 72kW/5600rpm
최대 토크 : 123Nm/5600rpm
흡기 방식 : 자연 흡기
캠 배치 : DOHC
흡기 밸브/배기 밸브 수 : 2/2
밸브 구동 방식 : 직접 구동
연료 분사 방식 : DI
VVT/VVL : In-Ex(흡기-배기)/×

▶ 닛산 HR14DDe형의 특성

Illustration feature : ENGINES FOR NEXT GEN.

발전 전용이라는 새로운 사용법

신형 세레나에 탑재되어 등장한 e-POWER용 발전 전용 신형 엔진 HR14DDe.
지금까지의 시리즈 하이브리드용 엔진이 유용이나 전개였던 것에 비해 본 기기는 완전 신규 제작된 전용기이다.
발전에 특화된 내연기관에는 어떤 특색이 부여되었는가. 엔지니어에게 물었다.
본문 : 사와무라 신타로 (Sintarrow SAWAMURA) 사진 : MFi 그림 : NISSAN

형으로 대체되면서, 그 e-POWER 사양의 발전 ICE로 HR14DDe형이 출시되었다.

닛산은 지금까지 e-POWER라는 상품명으로 시리즈 하이브리드 차량을 시장에 출시해 왔으며, 본지 P52에서 소개한 KR형 가변 압축비 엔진의 직렬 3기통 버전도 현행 T33계 엑스트레일의 e-POWER 사양에 발전용 ICE로 채용되고 있다. 그러나 이러한 선배들과는 달리, HR14DDe형은 처음부터 e-POWER 전용, 즉 발전 전용으로 개발된 장치이다.

발전용 ICE는 두 가지 기능이 중요하다. 첫째는 저회전 및 경부하 영역에서 효율적이고 조용하게 발전기를 회전시키는 것이다. 그리고 큰 가속이 요구될 때 이에 대응할 수 있는 강력한 충전이 가능한 고출력을 발휘하는 것이다.

이를 양립하기 위해 현행 엑스트레일 e-POWER에 탑재된 KR15DDT형은 가변 압축비라는 비장의 무기를 꺼내 들었다. 한편, 세레나 e-POWER에 탑재된 HR14DDe형은 미러 사이클을 활용한다. 밸브 개폐 시기를 대폭 이동시켜 압축비와 팽창비를 변화시킬 수 있는 미러 사이클은 사실상 가변 압축비 엔진이라고 할 수 있다. 정교한 연결 막대 장치로 이를 실현한 KR형이 경식(硬式)이라면, 이쪽은 연식(軟式)이라고 할 수 있다.

참고로 KR15DDT형의 압축비와 팽창비는 8~14 사이에서 가변적이지만, HR14DDe형의 기계적 팽창비는 13으로 발표되었다. 압축비는 흡기 밸브를 압축 과정에 들어간 후 늦게 닫는 미러의 배분으로 가변적이다. 덧붙여 말하자면, KR형은 터보 과급이 적용된 반면, 이쪽은 무과급이다.

그럼 여기에서 닛산에서 엔진에 관한 전도사 역할을 하고 있는 키가 신이치 씨에게 HR14DDe형 에반게리온에 대해 직접 설명을 들어 보았다.

우선, 엔진이 평소에는 느슨하게 돌아가며 효율적으로 발전하다가, 가끔 최고 출력을 내는 '2단계 전환 방식'으로 작동한다는 대략적인 이해가 맞는지 확인하고 싶었다.

그 위에 HR14DDe형의 입지를 키가 씨는 분명하게 알려줬다. HR12DE형의 정상적인 진화형이라는 입지라고 한다. 진화의 주요 목표는 우선 무엇보다 연비 향상, 그리고 출력 향상, 그리고 정숙성 향상, 이 세 가지에 집중되었다고 한다.

21세기를 살아가기 위해서는 연비 향상은 말할 것도 없다. 출력 향상은 e-POWER가 특수한 것이 아니라 범용 도구임을 시

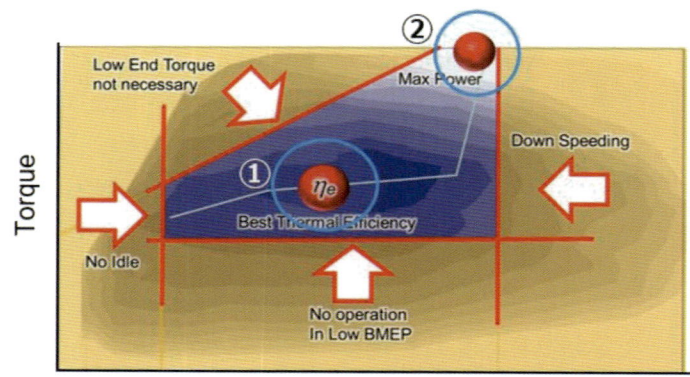

발전 전용 엔진의 특성

자동차용 엔진이 다른 종류의 내연기관에 비해 열효율이 떨어지는 이유는, 아이들링부터 최고 회전까지 운전 범위가 매우 넓기 때문이다. 그렇다면 연비율이 나쁜 영역을 사용하지 않고, 고효율 지점에서만 운전하면 열효율이나 실제 연비는 향상된다. 발전기 구동에 특화하여 ① 및 ② 영역에서 주로 운전함으로써 열효율은 최대 40%대를 달성하고 있는 것으로 보인다.

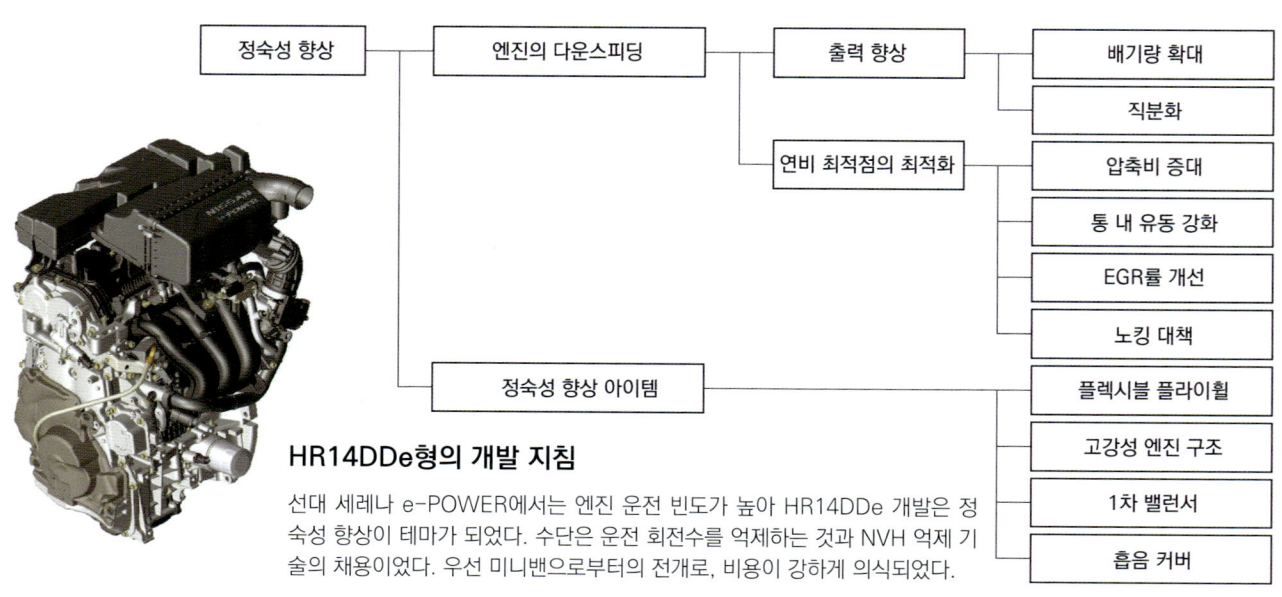

HR14DDe형의 개발 지침

선대 세레나 e-POWER에서는 엔진 운전 빈도가 높아 HR14DDe 개발은 정숙성 향상이 테마가 되었다. 수단은 운전 회전수를 억제하는 것과 NVH 억제 기술의 채용이었다. 우선 미니밴으로부터의 전개로, 비용이 강하게 의식되었다.

장에 알리는 데 필요한 것이었을 거다. 예를 들어, 중앙 자동차도를 따라 야마나시 지역에서 나가노 지역으로 갈 때처럼 끝없이 오르막길이 계속되는 코스에서 추월 차선을 달릴 경우, 이전 세대 세레나 e-POWER에서는 HR12DE형이 크게 울리면서 속도를 유지하기 어려웠다고 한다. 물론 전기차는 기본적으로 동력 특성이 동일하기 때문에 고속에서는 불리하고, 전방 투영 면적이 큰 미니밴으로 그 지역을 달리는 것은 정말 힘들 것이다. 그렇다면, 그러한 시퀀스에서 동력 성능에 어느 정도 여유가 필요해지는 것은 당연하다. 마지막으로 정숙성에 대해서는 그다지 의의를 두어야 할 필요가 있는지 생각했다. 이전 세대의 세레나 e-POWER를 시승했을 때 그다지 신경 쓰이지 않았기 때문이다. 하지만 이쪽은 가끔 깨어나 소음을 내는 엔진이 무엇을 하고 있는지 이론적으로 알고 있기 때문에 신경 쓰이지 않았을지도 모른다. 기본적으로 BEV나 HEV나 장치에 관심이 없는 사람들은 더 조용하게 만들어 달라는 목소리를 분명히 낼지도 모르겠다.

그것과는 별개로, 이러한 목표를 달성하기 위해 다음과 같은 수단이 채택되었다.

우선 배기량의 증가이다. 이는 보어 직경을 HR12DE형인 78mm로 유지하면서 스트로크를 늘려 달성했다. 그 연장 길이는 무려 16.6mm이다. 발전 전용이기 때문에 가능한 과감한 롱 스트로크화이다. 그러나 단순히 스트로크를 늘리기만 하면 연축비가 나빠져 피스톤 측의 압력이 증가하여 마찰 손실이 커지고 소음 면에서도 좋지 않을 것이라고 생각했는데, 역시 블록의 데크 높이가 높아져 있었다.

HR 계통에서는 처음이라고 하는 그 블록의 길이는 수치로 32mm 정도이다. 이는 생산 라인이 허용하는 한도라고 한다. 덧붙여 말하면 스트로크를 연장한 이상 연동비가 오히려 커지게 되었다.

이러한 변경에 따라 배기량은 1433cc가 되었다. 동시에 팽창비는 12에서 13으로 증가했다. 이제, 스트로크가 길어지면 피스톤 평균 속도도 올라간다. 하지만 고회전을 자주 사용하지 않으므로 이 점은 눈감아주고, 연비의 핵심이 되는 저회전/저부하 시기의 효율을 우선했다. 그럼에도 최고 출력은 6000rpm에서 5600rpm으로 떨어졌다. 그로 인해 대용량 발전 시의 소음도 줄었다.

부드럽게 발전할 때의 회전 영역도 전체적으로 낮아졌다. 이전 모델에서는 차량 속도가 50km/h 이하에서는 2000rpm으로

→ 다운스피딩을 위해

기계 설계로는 배기량 확대, 압축비 증대, 직분사화. 컨셉은 통 내 강한 텀블에 의한 고속 연소, 고율 EGR에 의한 핑핑 로스 저감 및 연소 온도 최적화, 그리고 이들을 포함한 내노킹 제어이다. 차세대 e-POWER용 엔진 컨셉인 STARC는 터보 과급이지만, 본 기기는 자연 흡기 + 늦게 닫는 밀러 사이클로 했다.

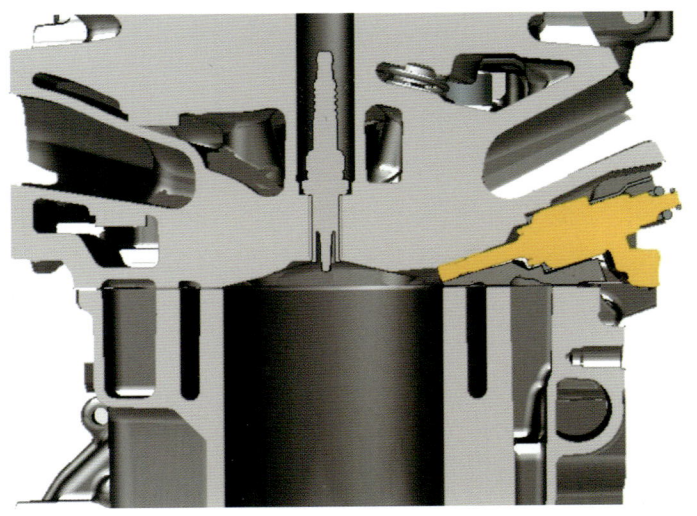

↓ 연료 분사는 직분사 방식으로 변경되었다. 압축비 13이라는 수치는 연료 증발에 의한 통 내 온도 저하의 도움도 받았을 것이다. 배치는 측 방식이며, 사용 연료는 레귤러 가솔린이다. 포트 설계는 텀블을 중시한 형상으로 하여 고속 연소를 실현했다.

← HR12의 내경은 그대로 유지하면서 행정 길이를 단숨에 100mm까지 늘려, 3기통으로 1433cc의 배기량을 만들었다. HR형이기에 보어 피치는 85mm이다. 평균 피스톤 속도는 18.7m/초로, HR12DE의 16.72m/초보다 빨라졌다.

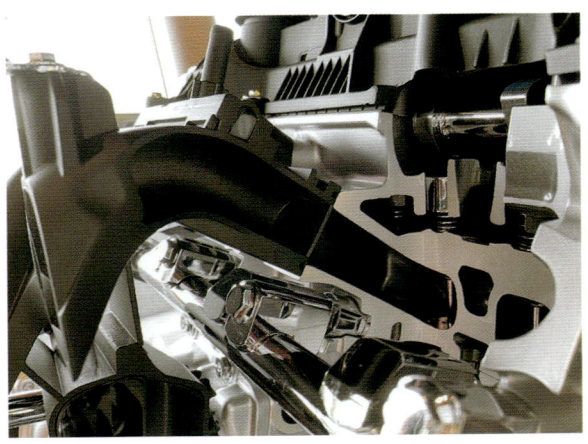

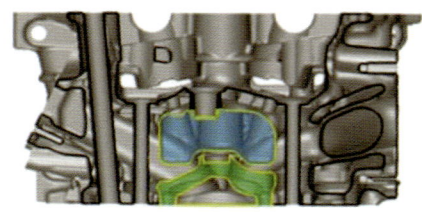

HR14DDe

Water jacket-upper

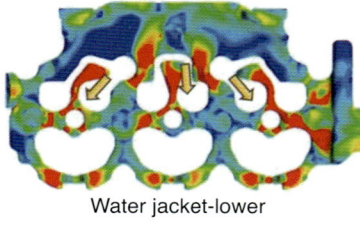

Water jacket-lower

High　　Velocity　　Low

압축비를 13까지 올리고 고팽창비 사이클로 한 덕분에, 내노킹 성능의 향상이 요구되었다. 해결 수단 중 하나가 2층 구조의 워터 재킷이다. 연소실 주변의 고온 환경의 유동을 높여 효율적으로 열 교환을 도모한다.

회전했지만, 그 속도를 초과하면 연비의 핵심인 2400rpm으로 회전했다. 이에 대해 HR14DDe형에서는 전자의 회전수를 1600rpm으로 낮추면서 2000rpm 부근에 나타나기 시작한 연비의 핵심을 확대하여 후자의 상황을 폭넓게 커버하도록 했다.

오히려 처음부터 연비의 핵심을 2000rpm으로 낮추기 위해 직접 분사화한 후 포트 형상을 고안하여 혼합기의 유동을 최적화하면서 팽창비도 결정했다고 키가 씨는 말한다.

그로 인해 BSFC(순 연비) 맵의 그림도 미세하게 변경되었다. 연비의 핵심인 rpm은 2000으로 낮아졌지만, 부하율은 반대로 상승하였다. 그렇지 않으면 발전 능력을 확보할 수 없기 때문에 당연한 일이다.

그런데 부하율이 올라가면 흡기 계통의 음압이 감소하기 때문에 EGR이 들어가기 어려워진다. 하지만 닛산에는 정압에서도 문제없이 흘려보낼 수 있는 EGR 제어 밸브라는 장치가 있다. KR15DDT형에도 사용하고 있지만, 여기에서도 당연히 그것을 사용하여 대응하였다. 또한 EGR의 비율은 이전의 20% 정도에서 22%로 높였다.

덧붙여 말하면, KR15DDT형은 대량 EGR이 초래하는 부식을 방지하기 위해 실린더 내벽에 스테인리스 스틸 용사 코팅을 실시했지만, 이는 상사점이 일정하지 않은 KR형 특유의 특수한 사정에 따른 것이며, HR14DDe형에서는 동일한 코팅이라도 철 용사가 선택되었다.

내부 구조를 살펴보면, 우선 밸런스 샤프트가 추가된 것이 눈에 띈다. 직렬 3기통 특유의 크랭크의크랭크 진동을 상쇄하는 역회전식 1차 밸런서이다. 이로 인해 크랭크의 카운터 웨이트 설계의 자유도가 높아져, 결과적으로 크랭크의 강성을 높일 수 있었다고 한다.

밸런스 샤프트를 삽입한다는 것은 로워크크랭크 케이스도 대폭 재설계해야 한다. 그때 구조를 고안하여 외부 리브도 다시 삽입하여 고강성을 실현하였다. 물론 소음과 진동을 고려한 것이다. 그러나 e-POWER 전용 발전기이기 때문에 스타터 모터 등의 보조 기기가 주변에 매달려 있지 않는다. 이를 활용하여 캠 구동 체인 하우징과 유압 펌프 주변을 PET 섬유를 혼합한 수지 커버로 덮었다. 2500~4000rpm 정도에서 발생하는 중고주파를 억제하기 위한 것이다. 한편, 300Hz 부근에서 발생하는 거슬리는 중저음 노이즈는 플렉시블 플라이휠로 제거하였다.

내부 구조면에서도 헤드 내부를 변경하였다. 냉각 수로를 2층 구조로 만들어, 아래층 플러그 홀 주변 등 열이 심한 곳에 물이 잘 돌도록 하였다. 이 수로를 형성하기 위해 주조 시에 삽입되는 심의 형태도 섬세하고 복잡해졌다. 그로 인해 부러지기 쉬워져 처음에는 생산 현장이 어려움을 겪은 것 같다.

이렇게 HR14DDe형의 진화 과정을 자세히 들어보았지만, 하나하나 이해가 될수록 머릿속이 점점 맑아지는 느낌이 들었다.

안개의 발생원은 2년 반 전 닛산이 발표한 STARC라는 e-POWER용 발전 엔진이다.

STARC는 Strong Tumble & Appropriately stretched Robust ignition Channel의 약자라고 하며, EGR 비율을 크게 높이는 동시에 완전한 연소를 위해 직접 분사화하고 강한 텀블 흐름과 강력한 점화 시스템을 배치하여 이를 실현한다고 주장했다.

그 STARC 장치는 직렬 3기통으로, 틀림없이 HR형 계통이다. 개발을 진행하여 도착한 곳이 HR14DDe형이 아니었을까 생각된다. STARC 장치의 보어 × 스트로크는 79.7mm × 100.2mm로 발표되어 있었다. 배기량은 1.5리터. 팽창비는 13.5. 각각 HR14DDe형의 수치보다 약간 크지만 비슷하다.

그러나 분명히 다른 점도 있다. 무엇보다 STARC는 터보 과급 장치이다. 밀러 사이클은 팽창비에 비해 압축비가 낮기 때문에 고출력을 얻기 어렵다. 하지만 압축비의 낮음은 과급으로 보충할 수 있다. 밀러와 과급은 세트로 생각해야 한다.

게다가 STARC는 같은 밀러 사이클 방식임에도 불구하고 '조기 흡기 밸브 닫힘' 방식이라고 언급되었다.

피스톤이 하사점까지 내려가기 훨씬 전에 흡기밸브가 일찍 닫히면, 그 이후의 흡기 행정에서는 갇힌 흡기를 크랭크 회전으로 팽창시키게 되므로 손해를 보게 된다. 하지만 압축 행정이 시작되어 피스톤이 하사점에서 상사점으로 올라갈 때 실린더 내부의 부압(負壓)이 도와줘 앞서 발생한 손해는 상쇄된다. 반면 늦게 닫히는 경우, 일단 흡입한 흡기 가스를 흡기 밸브에서 다시 배출하기 때문에 이중의 펌핑 손실이 발생한다. 이 차이는 적지 않다. 반대로 늦게 닫히는 미러는 흡입이 중간에 중단되기 때문에 흡기 유동을 충분히 얻기 어렵다.

정숙성 향상을 위한 수단

3기통 특유의 진동 특성을 상쇄하기 위한 수단은 플렉시블 플라이휠과 1차 밸런서이다. HR12에서는 언밸런스 풀리에 의한 아우터 밸런서로 했지만, 본 기기에서는 크랭크 구동의 역회전식 밸런서를 엔진 내부에 장착했다. 크랭크 샤프트의 흔들림이 억제됨으로써 크랭크 강성 향상과 블록 구조 강화를 실현하고 있다.

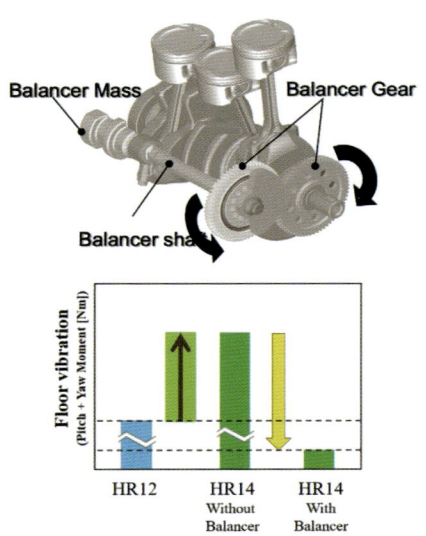

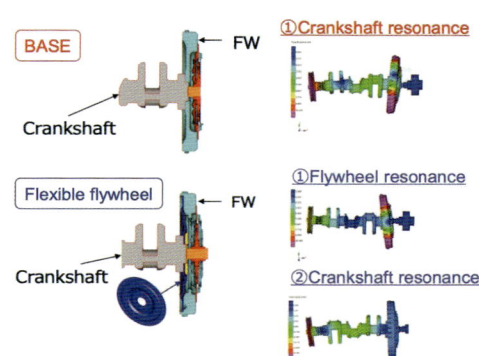

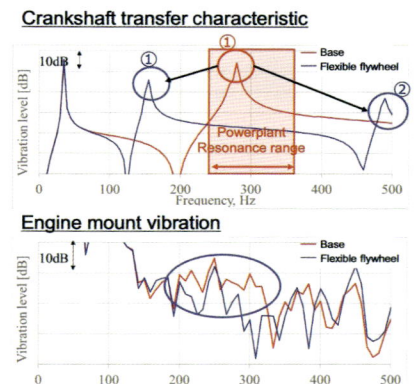

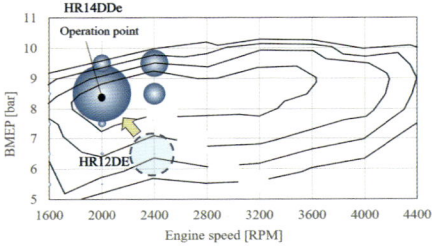

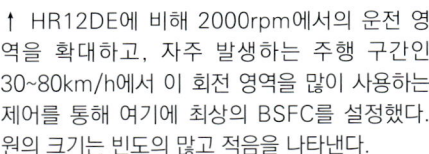

/ 플렉시블 플라이휠의 효과. 최근에는 토크 컨버터 장착이 대부분이어서, 기가 씨는 저강성 구조 FW(플라이휠)에 의한 크랭크의 NVH 해결은 오랜만이었다고 말한다. 300Hz 근방의 진동이 분산되고 있는 모습을 그래프에서 확인할 수 있다.

← 1차 밸런서의 효과를 바닥 진동의 관점에서 보여주는 그래프. 배기량과 출력을 높이면 피치+요가 증대하지만, 밸런서를 통해 HR12보다도 수준을 낮출 수 있었다. 바닥 면적이 큰 미니밴에서는 효과적이다.

→ 프런트 커버에 장착한 흡음재의 효과를 보여주는 그래프로, 2000rpm WOT에서의 비교이다. 다공질의 펠트형 부재에 부직포를 조합한 구조로, 고주파 흡음에 효과적이다. 그래프에서도 1000Hz 이상에서 현저한 효과가 나타나고 있다.

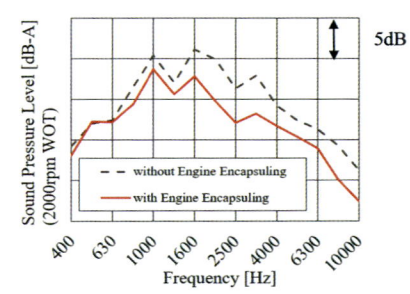

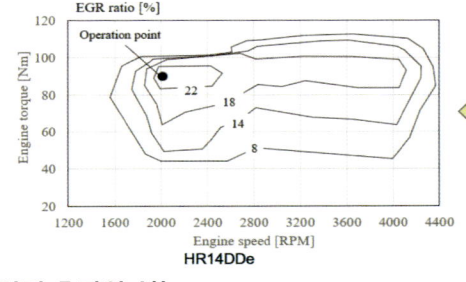

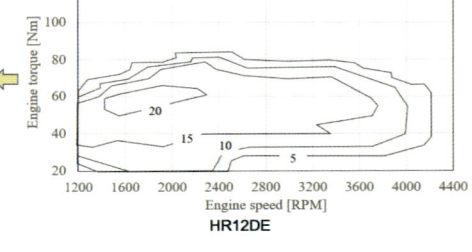

↑ HR12DE에 비해 2000rpm에서의 운전 영역을 확대하고, 자주 발생하는 주행 구간인 30~80km/h에서 이 회전 영역을 많이 사용하는 제어를 통해 여기에 최상의 BSFC를 설정했다. 원의 크기는 빈도의 많고 적음을 나타낸다.

얻어진 효과와 성능

배기량 확대와 출력 향상에 따라, 엔진 회전수는 억제하면서도 선대 세레나 e-POWER에서 20kW 미만이었던 발전량은 많은 주행 장면에서 20kW 이상을 확보했다. 엔진의 소음 레벨을 2dB 낮출 수 있었다 (50km/h 시). 선행하는 2세대 e-POWER 차량들과 마찬가지로 '전기차스러움'의 연출에 기여하고 있다.

↑ HR12와 HR14의 토크/EGR률을 비교한 그래프. 자주 사용하는 상용 영역인 2000~2400rpm에서 22%의 고율로 도입함으로써 열효율을 높였다. 맵 전체가 고부하 측으로 치우쳐 있는 것도 확인할 수 있다.

반면, 늦게 닫히는 경우, 제대로 흡입한 것을 피스톤으로 압박하여 밀어내기 때문에 유동이 심해진다.

이러한 장단점을 고려하면, 고출력을 얻으려면 늦게 닫히는 것이 유리하지만, 저회전 저부하에서 효율을 추구하려면 빨리 닫히는 것이 적합할 것 같다. 더 나아가, 출력 면에서 빨리 닫히는 것의 단점은 과급으로 어느 정도 보충할 수 있다.

상상해보자. HR14DDe형에 과급을 적용한다. 발전 전용이므로 과급 지연은 무시할 수 있으니 과급을 사용할 것이다. 그러면 배기 시스템의 처리나 흡기 냉각 시스템의 추가 등 부가적인 작업이 수반된다. 즉, 비용이 든다는 것이다.

그러나 미니밴이라는 카테고리는 비용에 대해 매우 엄격하고 치열하다. 외관, 특히 내장을 화려하게 보이지 않으면 팔리지 않는 상품이기 때문이다. 그만큼 차체와 섀시, 원동기 등 주행에 필요한 메커니즘의 비용은 삭감되는 경향이 있다. 발전기에 사치를 부릴 여유가 없는 것이다. 이러한 이유로 채택되지 않는다.

그렇게 생각하면 HR14DDe형이 이러한 사양으로 등장한 것이 이해될 수 있다. 하지만 닛산이 STARC에서 암시한 조기 폐쇄 미러를 터보 과급하는 선택지를 포기했다고는 생각되지 않는다. 그것을 다듬어 대안을 준비하고 있을지도 모르니까.

▶ OBRIST의 ZVG／aFuel

Illustration feature : ENGINES FOR NEXT GEN.

무진동 엔진을 개발하라

시리즈 하이브리드용 무진동 메탄올 엔진을 개발하고 있는 OBRIST를 취재했다.
이 회사는 1996년에 창업한 오스트리아의 엔지니어링 기업으로, 배기가스 저감에 관한 다양한 연구 개발을 진행하고 있다.
무진동 엔진에 더해 개발 중인 aFuel을 사용하면 카본 네거티브 주행도 가능해진다.

본문 : 하타무라 코이치(Dr.Koichi HATAMURA) 그림 : OBRIST

SPEC	가솔린 버전	메탄올 버전
흡기 방식	자연 흡기	
배기량	999cc	
DC 출력@5000rpm	36kW	42kW
최대 열효율	40%	42%
최대 발전 효율	30%	34%
건조 중량	110kg	
치수	688 × 503 × 269mm	
압축비	12.5:1	16.0:1
축 출력 방식	기어 드라이브 + 콘스탄트 클리어런스	
질량 밸런스 1차/2차 진동 1차/2차 모멘트	0/0/0/0	

● Zero Vibration Generator (3세대 프로토타입)

역회전하는 단기통 엔진 두 개를 나란히 배치하여, 1차와 2차 밸런서를 통해 엔진 본체는 무진동 상태가 된다. 여기에 제너레이터 하나를 탑재하면 가감속에 따른 반력 모멘트가 발생하여 무진동이 아니게 된다. 그래서 헤론 밸런서를 사용하여 무진동을 실현했다.

엔진의 진동 원인은 주로 두 가지가 있다. 일반적으로 잘 알려진 것은 왕복 관성력의 불균형에 의한 진동 R로, 회전수의 제곱에 비례하여 커진다.

별로 주목받지 않는 것이 토크 변동에 따른 진동 M이다. 토크 변동이라고 하면 출력축의 진동이라고 생각하기 쉽지만, 실제로는 실린더 내 압력과 커넥팅로드의 기울기에 의한 실린더 블록에 가해지는 진동 모멘트가 원인이다.

크랭크샤프트에서 플라이휠로 토크 변동이 전달되지만, 대부분은 플라이휠 댐퍼에 의해 흡수된다. 그로 인해 플라이휠이 격렬하게 가속 및 감속 회전 운동을 한다. 이 가감속의 반작용 모멘트가 실린더 블록에 가해지기 때문에 블록이 회전 진동을 한다고 해석할 수 있다.

플라이휠을 가속하려고 하면 블록은 반작용 모멘트를 받아 반대 방향으로 회전하게 된다. 핸들을 오른쪽으로 돌리면 몸이 왼쪽으로 기울어지는 것과 같은 현상이다. 이 진동 M은 실린더 내 압력에 의해 결정되기 때문에 회전수와 무관하며, 부하가 높을수록 진동이 커진다.

이 진동이 문제가 되는 것은 2기통 및 3기통 엔진의 저속에서 급가속을 시작한 직후의 부딪치는 진동이다. 피아트 500(2기통)이나 야리스 HEV(3기통)를 타면 그 문제의 크기를 잘 알 수 있다. 아이들링 진동의 주원인도 이것이다. 2기통 엔진이 널리 채택되지 않는 것은 이 진동 때문이다.

시리즈 하이브리드에서는 엔진이 저회전, 고부하로 작동하는 빈도가 높기 때문에 진동 R은 작고 진동 M이 주요 진동이 된다. 이 진동 M을 제거하는 것이 역회전 플라이휠을 사용하는 헤론 밸런서이며, 이를 응용한 무진동 엔진이 세계에서 두 가지 개발되어 있다. 그림에 표시된 OBRIST의 2기통 엔진(2nd-3rd 프로토타입)과 Ishikawa Energy의 대향 피스톤 엔진이다. 둘 다 역회전하는 2개의 크랭크샤프트를 갖추고 있다.

OBRIST의 1st-3rd 프로토타입의 변천을 보면 무진동 엔진의 원리를 잘 알 수 있다. 여기서는 불균형한 균형을 잡는 방법을 쉽게 이해할 수 있는 2nd 프로토타입을 사용하여 무진동의 원리를 설명한다.

ZVG의 진동 특성의 도표에서 볼 수 있듯이, 상하 방향의 왕복 관성력은 2개의 밸런서로 균형을 잡는다. 그러나 역회전하는 2개의 크랭크샤프트와 제너레이터가 토크 변동에 의해 가속 및 감속하는 반작용 모멘트는 오른쪽 회전과 왼쪽 회전으로 균형을 이루기 때문에 회전 진동은 발생하지 않는다. 그 결과, 2차 프로토타입은 무진동 엔진이

● ZVG의 발전과 변천

카운터 웨이트가 1차 밸런서가 되어, 작은 2차의 왕복 관성력만 남는다. 엔진 단체로는 거의 무진동이 되지만, 탑재한 1기의 제너레이터를 가감속하는 반력 모멘트가 발생하여 회전 진동이 일어난다. (오른쪽) 2기의 역회전 제너레이터를 탑재하여 반력 모멘트를 맞췄다. 더 나아가 편심 추를 가진 제너레이터를 2배속으로 회전시켜 2차의 왕복 관성력을 균형 맞췄다.

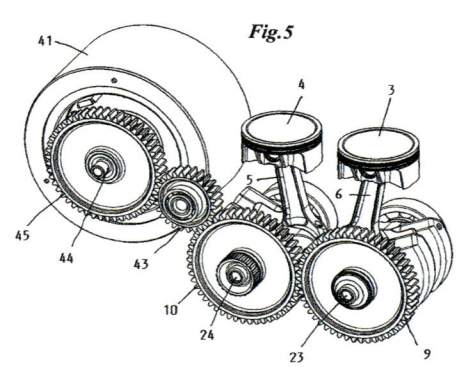

↑ 1세대 프로토타입의 구조를 보여주는 특허도

↑ 2세대 프로토타입

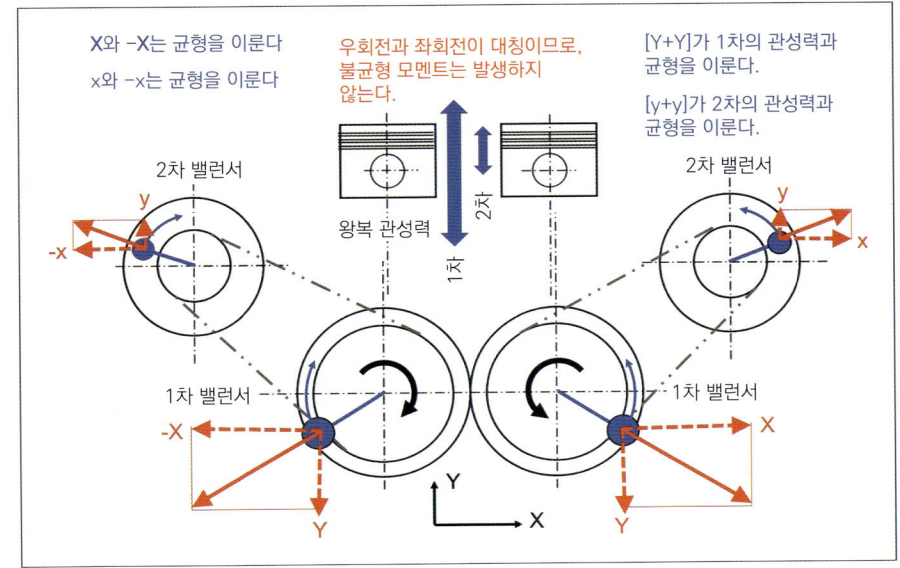

● ZVG의 진동 특성

2개의 역회전 크랭크에서 체인으로 2개의 제너레이터를 2배속으로 구동한다. 회전계는 좌우 대칭이므로 불균형 모멘트는 발생하지 않는다. 크랭크 샤프트와 제너레이터에는 편심된 추(重り)가 추가되어 있다. 좌우 추의 원심력을 X 방향과 Y 방향으로 분해하면, X 방향은 균형을 이루고 Y 방향의 관성력이 남는다. 피스톤의 왕복 관성력을 1차와 2차 밸런서로 균형 맞추면, 불균형 관성력이 모두 균형을 이루어 회전 모멘트의 균형과 더불어 무진동 상태가 된다.

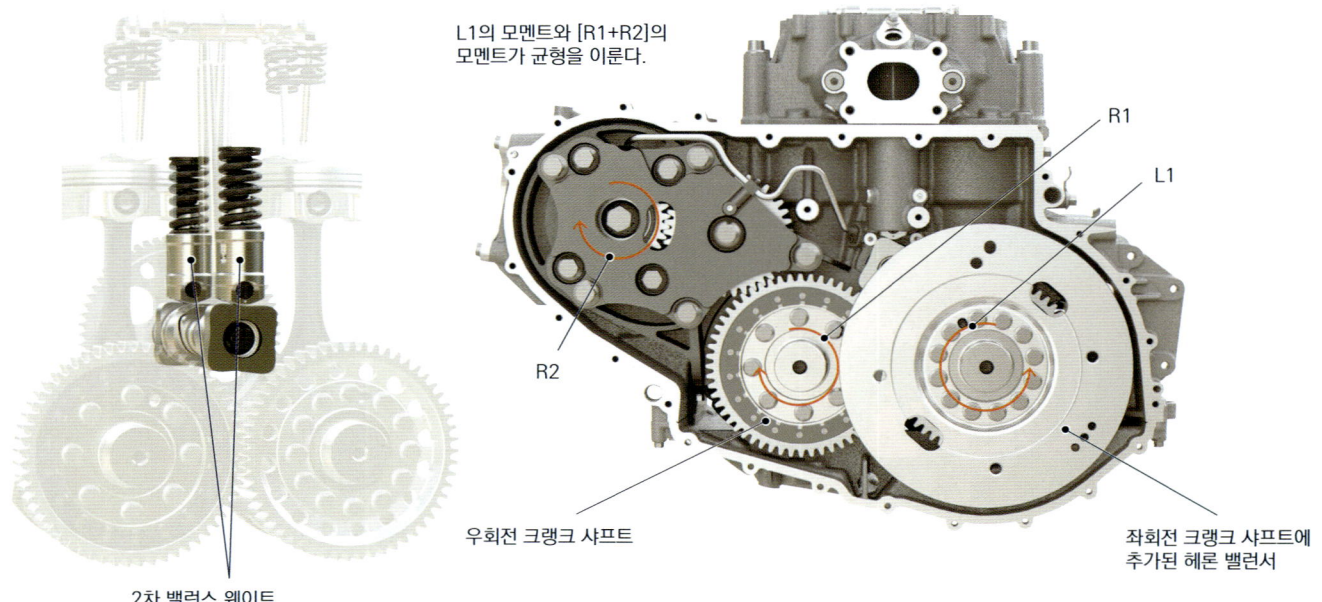

● '무진동'을 실현하는 기술

제너레이터를 1개로 줄인 것이 3세대 프로토타입이다. 폐지한 좌회전 제너레이터 대신 좌회전 크랭크 샤프트에 헤론 밸런서를 추가하여 우회전하는 제너레이터의 가감속에 의한 반력 모멘트와 균형을 맞췄다. 2차 밸런서를 폐지하고, 밸브 구동용 캠 샤프트에 4개의 캠 산을 설치하여 추를 왕복 운동시켰다. 캠 샤프트는 0.5차이므로 추는 2차의 불균형 진동을 발생시켜 피스톤의 2차 진동과 균형을 이룬다.

되었다.

여기서 이상한 점은 1차 프로토타입의 구조이다. 엔진만으로는 무진동이었지만, 발전기를 탑재하면 진동이 크다는 것이 밝혀져 2차 프로토타입으로 진화한 것 같다. 또한 헤론 밸런서에 대한 이해가 진행되어 3차 프로토타입이 탄생하였다. 그만큼 헤론 밸런서 기술은 엔진 기술자들도 잘 이해하지 못하고 있다. 교과서에도 실려 있지 않다.

한편, OBRIST의 두 개의 단기통 엔진을 수평으로 대향시킨 것이 이시카와 에너지의 대향 피스톤 엔진이다. 두 피스톤이 반대 방향으로 운동하기 때문에 왕복 관성력이 완전히 균형을 이룬다. 또한, 2쌍의 크랭크샤프트와 발전기가 역회전하여 반력 모멘트를 균형을 이루기 때문에 무진동 엔진이 된다.

로터리 엔진(RE)은 진동 R이 제로이므로 무진동이라고 생각하기 쉽지만, 토크 변동에 따른 진동 M이 발생한다. 특히 싱글 로터의 경우 레시프로 3기통에 해당하므로 마쓰다의 e-SKYACTIVR-EV는 진동 대책에 많은 어려움을 겪었을 것이다. 발전기를 역회전시키면 무진동을 실현할 수 있겠지만......

HyperHybrid Powertrain과 aFuel

ZVG를 승용차에 탑재하는 구상을 도표로 나타냈다. BEV보다 훨씬 가볍고 저비용으로 BEV에 가까운 쾌적한 주행을 실현할 수 있다. 가격은 기존 (가솔린/디젤) 엔진 차량과 비슷한 수준으로 억제될 것이라고 한다. 레이아웃의 자유도가 높기 때문에 다양한 유형의 차량에 탑재할 수 있다.

이 파워 트레인은 테슬라의 모델 Y에 탑재되어 다양한 평가를 받고있다. 차량 중량은 1584kg, 최고 속도는 170km/h, 0-100km/h 가속은 6.6초의 성능을 자랑한다. 연비는 61km/ℓ (가솔린 사양)로 알려져 있지만, PHEV의 연비 환산치(충전 주행 81km로 약 4배)이므로, HEV 주행에서는 실제로는 그 1/4로, 기존 엔진 차량과 같은 수준이다.

무진동 제너레이터를 탑재한 시리즈 하이브리드가 실현될 수 있다 해도, 2050년까지 글로벌 목표인 탄소 중립 주행을 실현하지 못하면 HyperHybrid Powertrain의 미래는 매우 어려워질 것이다. 따라서 OBRIST는 탄소 중립 연료로 aFuel(OBRIST의 상표)을 개발하고 있다.

aFuel은 재생 에너지를 사용하여 메탄올 합성과 cSink(오른쪽 페이지)의 복합 공정으로 제조된 합성 메탄올로, 동시에 탄소를 추출하기 때문에 종합적으로 탄소 네거티브가 된다. HyperHybrid 차량이 aFuel로 주행할 경우 CO_2 배출량이 24g/km 감소할 것으로 추산되고 있다. OBRIST는 2050년을 내다보며 현재 데모 플랜트를 건설 중이다.

ZVG

BEV(배터리 전기차)를 기반으로 생각하면, 탑재된 배터리를 1/3 정도로 줄이고 그 대신 경량 소형의 무진동 제너레이터를 탑재한 것이다. 중량과 비용은 대폭 감소하며, 주행 거리에 대한 걱정도 사라진다.

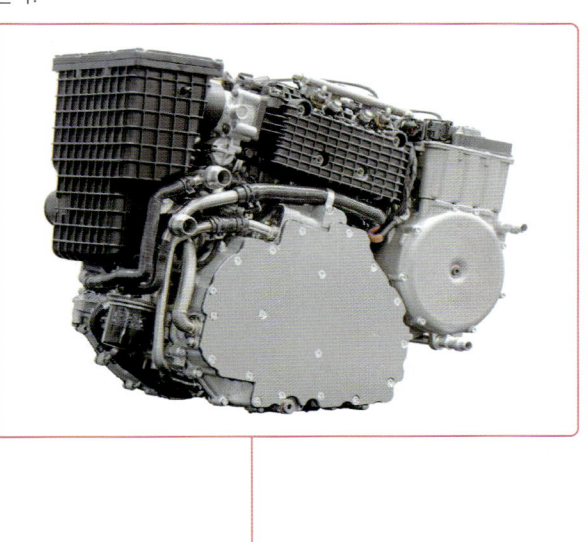

배터리

충전 주행을 위해 17.3kWh의 리튬이온 배터리를 탑재하고 있다. BEV에서는 약 50kWh 정도가 필요하지만, PHEV로서 81km의 충전 주행이 가능하며, 120kW의 구동 모터도 충분히 사용할 수 있는 양이다.

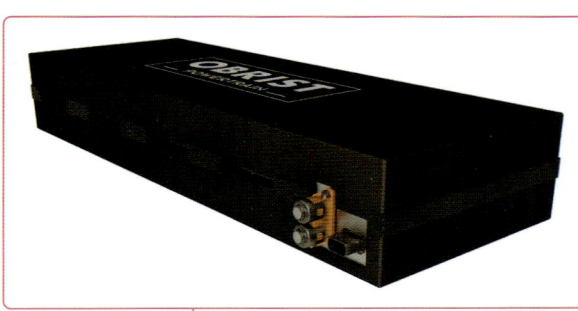

● HyperHybrid

ZVG를 차량에 탑재하는 레이아웃을 보여준다. 발전 출력 45kW의 ZVG를 전면에 탑재하고, 후면에 120kW의 구동 모터를 탑재한 RWD 레이아웃이다. 뒷차축 바로 앞에 17.3kWh의 리튬이온 배터리를 탑재하여 플러그인 시리즈 하이브리드(PHEV)로 만들었다. 60km/h 이하는 쾌적한 EV 주행이며, 이를 넘어서면 ZVG가 발전을 시작한다. 무진동이므로 BEV에 가까운 쾌적한 주행 실현에 대한 기대가 크다. 가솔린 및 메탄올 사양이 있다.

aFuel에 의한 카본 네거티브

aFuel은 재생 가능 에너지를 이용한 메탄올 합성 및 cSink의 복합 프로세스로 제조된 합성 메탄올이다. e-Fuel과 다른 점은 동시에 탄소를 추출한다는 것이다. 메탄올은 그대로 차량의 연료로 사용된다. 추출한 탄소는 원료로 재이용하거나 땅속에 묻을 수도 있으므로, 전체 프로세스는 카본 뉴트럴을 넘어 카본 네거티브가 된다. 즉, aFuel을 사용해 주행하면 대기 중의 CO2가 감소하는 것이다.

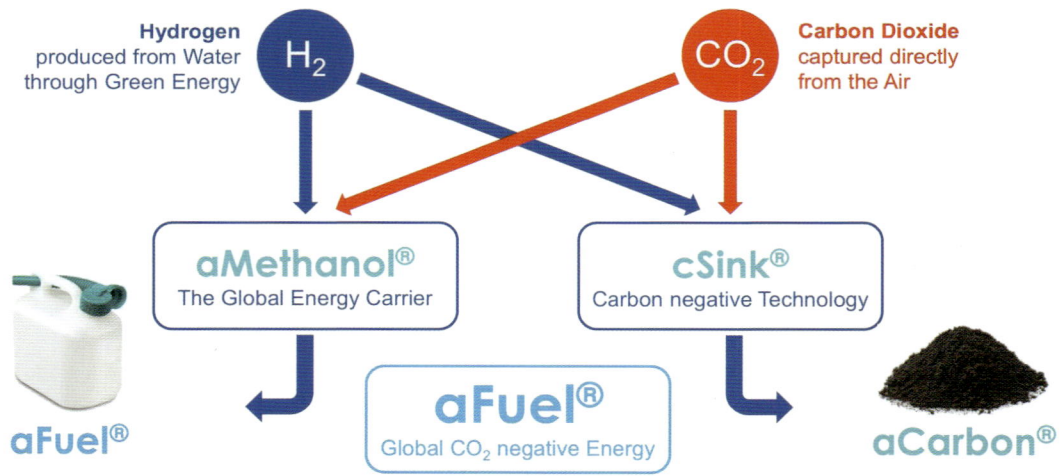

● aMethanol의 생성 프로세스

재생 에너지를 사용하여 해수를 전기분해해 제조한 수소에, 대기에서 회수한 CO_2를 합성하여 메탄올을 제조한다. 이 메탄올을 aMethanol이라고 부른다. 이 프로세스는 기존의 e-Fuel과 다르지 않지만, cSink와 조합하여 aFuel이라고 부른다. 메탄올 합성 시 발생하는 열을 대기에서 CO_2를 회수하는 프로세스에서 이용하여, 프로세스에 필요한 에너지를 억제하고 있다. 제조된 메탄올로부터 MTG법을 통해 가솔린을 생산할 수 있다.

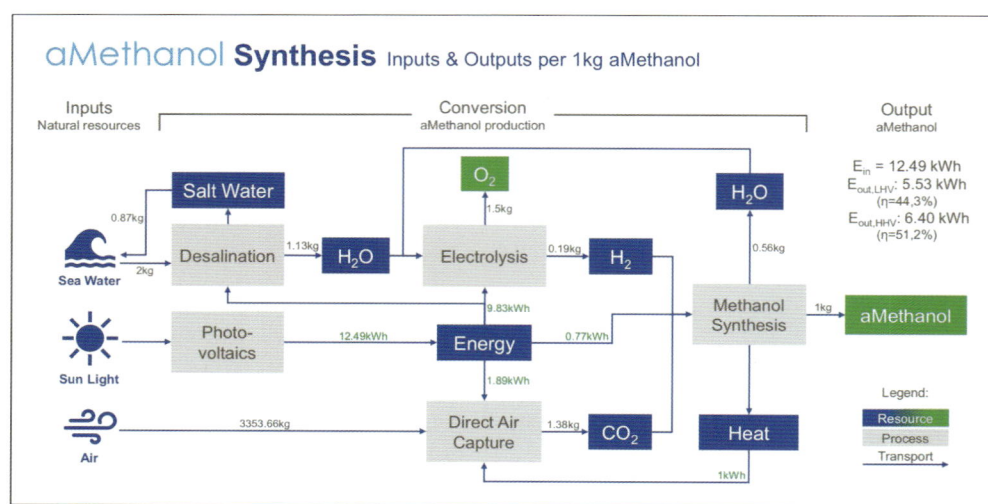

● aCarbon의 생성 프로세스 : cSink

aMethanol 제조 프로세스의 메탄올 합성 부분에 메탄화 공정을 추가하여 메탄올과 함께 메탄(CH_4)을 제조한다. 메탄을 모노리스(Monolith)사가 개발한 플라즈마 열분해 방식(재생에너지 전력 사용)으로 분해하여 고체 탄소와 수소를 추출한다. 탄소는 각종 원료로 이용하고, 수소는 다시 메탄화 또는 aMethanol의 합성 프로세스에 사용한다. 탄소의 근원은 대기 중의 CO_2이므로 카본 네거티브가 된다. 이 일련의 프로세스를 cSink, 생성된 고체 탄소를 aCarbon이라고 부른다.

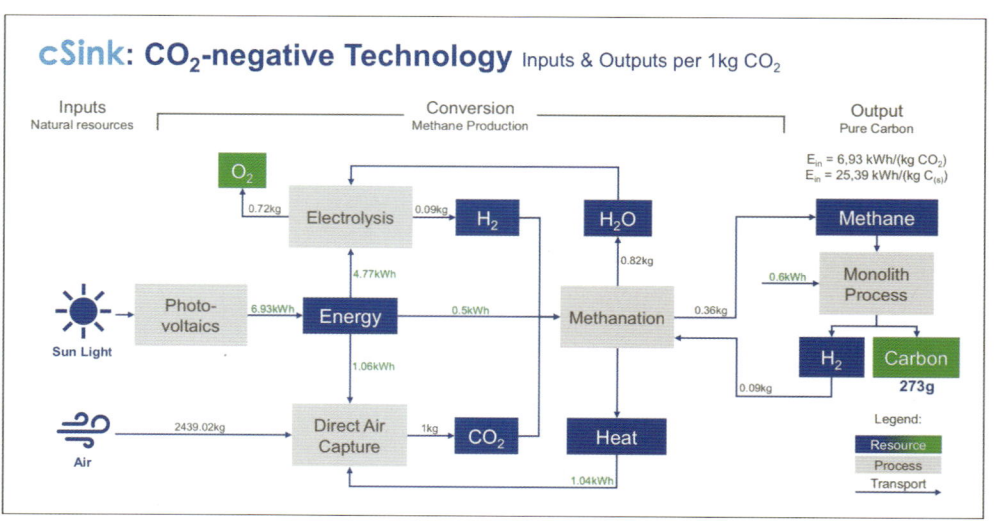

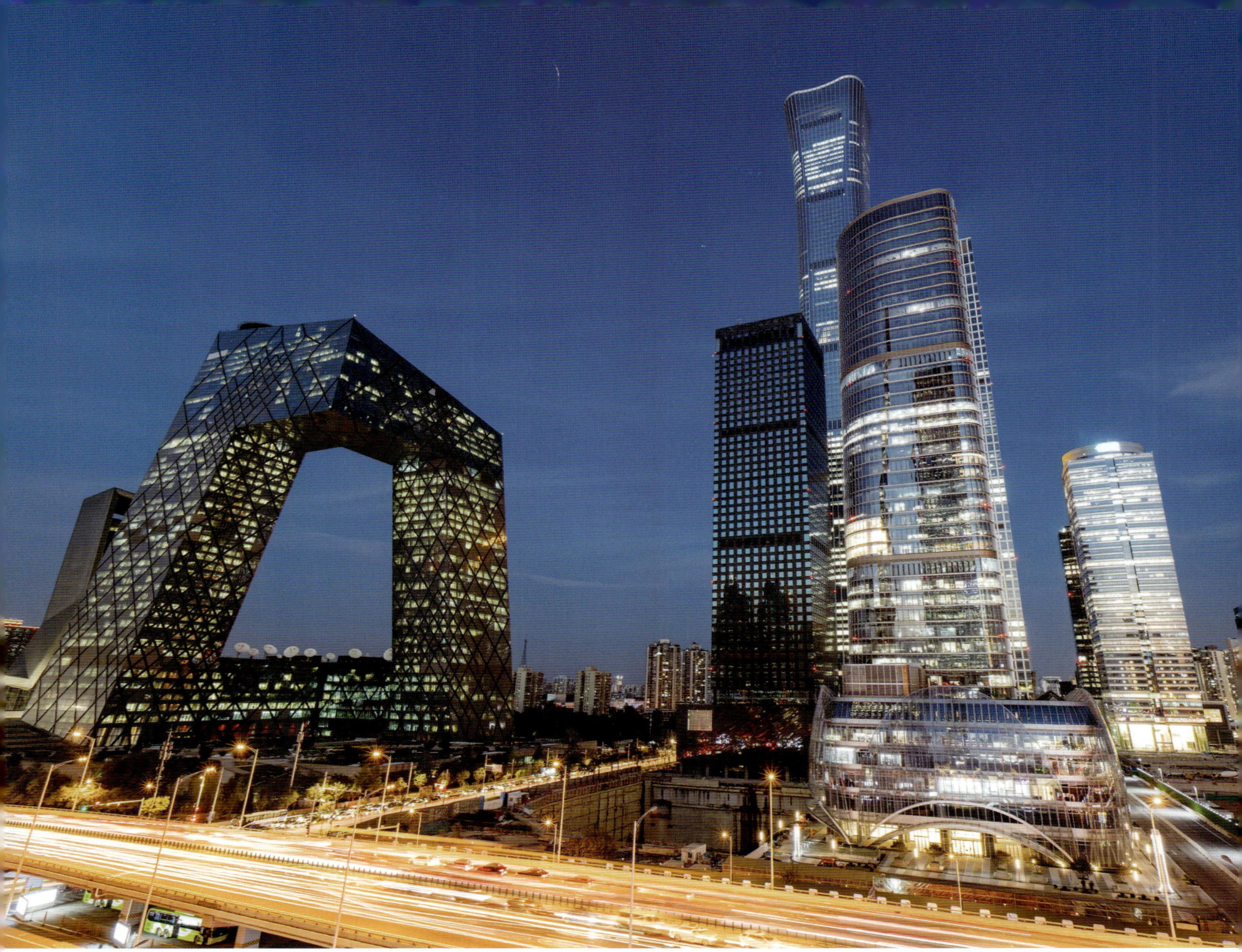

05 APPLICATION

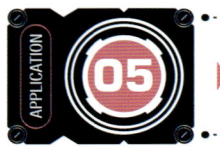

세계 최고 수준의 수많은 DHE

Illustration feature : ENGINES FOR NEXT GEN.

중국산 엔진이 떠오르는 날

'EV 대국'에 대해 '엔진을 만들지 못한다'고 야유하는 사람이 많지만, 그것은 시대에 뒤떨어진 인식이다. 중국 제조사들은 PHEV나 HEV에도 주력하고 있으며, 엔진을 매일같이 개발하고 있기 때문이다.

본문 : 가토 히로토 (Hiroto KATO) 사진 : Shutterstock / 가토 히로토

중국 자동차공업협회(CAAM)의 자료에 따르면, 중국은 2022년에 2,686만 4,000대의 신차를 판매했다. 그 중 '신에너지차(신에너지 자동차)'로 분류되는 '전기차(BEV)'와 '플러그인 하이브리드 자동차(PHEV)' '연료전지차(FCEV)'는 688만 7,000대를 기록했지만, 이는 전체 신차의 약 1/4에 불과하다.

그러나 다른 업계 단체인 '승용차 시장 정보 연석회(통칭: 승연회, CPCA)'는 2023년

열효율 46%의 엔진을 투입하는 지리자동차

민영 제조사 '지리(吉利)'는 여러 엔진과 HEV 전용 변속기로 구성된 '레이션 동력(雷神動力, Hi·X)'을 전개하고 있다. 그중 하나인 DHE15-ESZ형 1.5ℓ 직렬 3기통 직분사 터보 엔진은 중국 시험 기관에서 열효율 43.32%로 인정받았으며, '싱위에L(星越L)'의 EREV와 HEV에 이미 탑재되었다. 하지만 그들의 약진은 거기서 멈추지 않고, 2023년 2월에는 'BHE15Plus'라고 불리는 BHE15-BFZ형 1.5ℓ 직렬 4기통 직분사 터보 엔진을 발표했다. 이 엔진은 신규 브랜드 '은하(銀河)'의 중급 SUV 'L7'에 탑재될 예정이다. 밀러 사이클, 고압축비 13:1, 그리고 350bar의 고압 분사 등과 같은 정공법으로 열효율뿐만 아니라 기존 BHE15 대비 토크 12%, 출력 9%의 향상도 실현했다. 또한, 열효율 46%의 엔진도 개발 중이며, 조만간 시장에 투입할 예정이라고 밝혔다.

↑ '레이션 동력' 공식 계정이 게시한 이미지. '양산형 고열효율 엔진'으로서 BHE15Plus의 열효율 44.26% 달성을 홍보하는 것 외에도, 하단부에서는 '차세대 엔진은 열효율 46% 돌파'라며 앞으로의 기대를 갖게 한다.

→ JLH-3G15TD의 후속 모델인 BHE15. 이미지는 PHEV용 터보형이지만, 가솔린 모델용 자연 흡기형 'BHE15-AFZ'도 존재한다. BHE15를 탑재한 '디하오 L Hi·P'에서는 연비 26.3km/ℓ를 자랑한다.

에 EV(BEV, PHEV, FCEV)의 판매 비율이 전체의 36%(약 850만 대)까지 증가할 것으로 예측하고 있다. CPCA의 데이터에 따르면, 2022년에 판매된 승용 EV 592만 4,421대의 약 73%가 BEV로, 대수로는 BEV가 대부분을 차지하고 있는 것을 알 수 있다.

그러나 성장률로는 PHEV가 전년 대비 약 3배를 기록하여, 사실은 PHEV가 소비자의 선택으로 활기를 띠고 있다. 2022년 신에너지차 판매 대수 순위를 보자. 당당히 1위는 40만 823대가 판매된 초소형 BEV '상하이 GM 우링훙광 MINIEV'이지만, 2위부터 4위는 BYD의 BEV와 PHEV가 독점하고, 5위는 테슬라 모델 3가 차지했다.

그러나 그 이후 10위까지는 초소형 저가형 BEV가 많은 경향을 보인다. 이것에서 알 수 있는 것은 세계 최대의 EV 시장은 초소형 BEV가 견인하고 있지만, PHEV와 BEV의 양면 전략으로 공략하는 BYD도 맹렬히 추격하고 있다는 것이다.

상위 10개 차종만으로도 신에너지 차

싱위에L Hi·P. JLH-4G20TDB형 2.0ℓ 직렬 4기통 직분사 터보 엔진을 탑재한 '싱위에'과 비교해, 그릴 없는 앞모습이 특징적이다. '레이션 동력'에서는 EREV/PHEV를 'Hi·P'로, HEV를 'Hi·F'로 부른다.

은하 L7의 배터리 용량은 9.11kWh와 18.7kWh 두 가지이며, 순수 전기 주행 거리는 각각 55km와 115km이다. 가격은 전자가 13만 8,700위안(약 272만 엔), 후자가 15만 3,700위안(약 301만 엔)부터 시작한다.

앞모습은 다른 지리(Geely) 차종에는 없는 조형이지만, 예를 들어 테일라이트는 지리의 또 다른 브랜드인 '지커(Zeekr)'에서 볼 수 있는 것과 비슷하다. 은하(Galaxy)는 L7 외에도, 2025년까지 PHEV와 BEV를 각각 3개 모델씩 투입할 예정이다.

보쉬와 함께 실현한 디젤 엔진

디젤 엔진 대기업 '웨이차이(潍柴)'는 보쉬와 공동 개발한 열효율 50%의 엔진을 2020년 9월에 발표했지만, 2022년 11월에는 이를 능가하는 52.28%의 디젤 엔진, 그리고 54.16%의 천연가스 엔진을 공개했다. 시험 결과는 독일 TÜV SÜD에서 인증된 확실한 것이다. 탄 CEO는 중국의 국회인 '전인대(全人代)'의 지역 대표를 지낸 적도 있는 중국 공산당원으로, 당이 내세우는 '고도 기술에 의한 자립', '탄소 중립의 추진'을 전력으로 지원하겠다고 발표 자리에서 선언했다. 중국 제조사들의 수많은 돌파구에는 정치적 영향력 또한 배경에 존재하는 것이다.

량 전체의 1/4을 차지하고 있으며, 그곳에 'BEV만'을 취급하는 신흥 브랜드가 들어갈 여지는 없다.

PHEV의 기세가 커지고 있는 것은 BYD의 데이터에서도 분명하다. BYD는 2022년에 185만 7,379대(2021년은 59만 3,745대)를 판매했지만, 그 중 PHEV는 94만 6,238대, BEV는 91만 1,141대가 될 것입니다. 그러나 전년 대비 BEV는 184% 증가한 반면, PHEV는 247%의 성장률을 기록하며 PHEV 수요의 증가를 느낄 수 있었다. 이 배경에는 중앙 정부의 신에너지차 구매 보조금이 2022년에 30% 삭감되어 소비자들이 더 저렴한 PHEV와 HEV를 찾고 있기 때문이라고 할 수 있다. 그러나 이 보조금은 2022년 말에 전면 폐지되어 하이브리드 차량에 대한 수요는 앞으로도 높아질 것으로 추측할 수 있다. 보조금 폐지의 영향은

→ 웨이차이가 발표한 열효율 52.28%의 디젤 엔진. 보쉬가 개발한 커먼레일 인젝션 시스템을 채용함으로써 높은 열효율뿐만 아니라, 중국 독자적인 엄격한 배기가스 규제에도 적합했다고 밝히고 있다.

↓ 동시에 발표된 열효율 54.16%의 천연가스 엔진. 웨이차이는 천연가스 엔진의 열효율이 처음으로 디젤 엔진을 넘어섰다고 한다. 디젤을 포함하여 앞으로도 더 높은 열효율을 목표로 개발할 것이라고 한다.

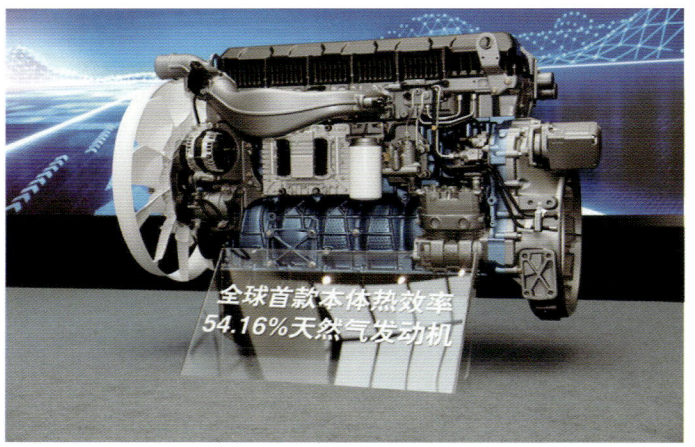

↑ BYD가 개발한 '샤오윈(驍雲)' 엔진. 비교적 소형 모델에 채용되고 있으며, 더 큰 미드사이즈 SUV나 미드사이즈 세단의 PHEV에서는 BYD476ZQC형 1.5ℓ 직렬 4기통 직분사 터보 엔진을 탑재한다.

← 샤오윈을 채용한 '친 PLUS DM-i'. 'DM'은 BYD가 PHEV에 부여하는 독자적인 명칭으로, 'DM-i'는 경제성, 'DM-p'는 스포츠성을 중시한다. '친'과는 다른 시리즈로 전개 중인 PHEV '구축함 05'도 샤오윈을 탑재했다.

'EV 최대 기업' BYD도 엔진은 필수

'가솔린차 판매 종료'를 선언한 BYD도 PHEV용 엔진은 개발하고 있으며, 2020년 11월에 등장한 '샤오윈(驍雲)' BYD472QA형 1.5ℓ 직렬 4기통 엔진은 열효율 43%를 달성했다. 샤오윈은 압축비 15.5:1, 자연 흡기에 포트 분사, 그리고 밀러 사이클을 채용하는 등 후발 주자인 고열효율 엔진에서 보이는 직분사 터보와는 크게 다른 사양이다. 그럼에도 불구하고 가장 먼저 43%를 달성했기에, 높은 기술력에 순수하게 놀라게 된다. 다만, 경쟁사들이 속속 45%에 도달하고 있는 현황을 고려하면, BYD도 동급의 신형 엔진을 개발하고 있는 것으로 보인다.

각 제조업체 간의 치열한 가격 인하 경쟁으로 나타나고 있으며, 상품 가치와 브랜드 파워 저하로 이어지는 위험한 경향이라고 중국 언론은 지적하고 있다.

중앙 정부는 '저연비 차량'으로 포지셔닝 하는 HEV의 판매 강화와 연비 개선도 정책으로 내걸고 있다. 이에 부응하기 위해 많은 중국 제조업체들은 향후 10년 계획에 BEV 뿐만 아니라 PHEV와 FCEV, 그리고 HEV도 포함하고 있는 상황이다.

경쟁력 있는 PHEV와 HEV에는 열효율을 극한까지 높인 엔진이 필수적이며, 중국 제조업체들은 일제히 엔진 개발에 적극적으로 투자하고 있다. 엔진 개발의 노하우를 보유한 전통 기업과 BEV만 만드는 신흥 기업의 차이점은 시장 변화에 얼마나 유연하게 대응할 수 있는지에 나타나게 될 것이다.

← '마하' 엔진을 탑재한 둥펑펑션의 미드사이즈 SUV '하오한(皓瀚)'. 현시점에서 마하를 탑재한 것으로 밝혀진 것은 하오한의 가솔린 모델뿐이지만, 이미지의 PHEV 모델도 동일한 엔진을 채용했다고 추측한다.

↓ 둥펑자동차의 '마하' 엔진. 마하에는 열효율 41.07%의 DFMC15DR형 1.5ℓ 직렬 4기통 엔진과, 45.18%의 더 새로운 DFMC15TP1형 1.5ℓ 직렬 4기통 직분사 터보 엔진이 존재한다.

향후에도 계속 가속화될 중국의 엔진 개발

이번에 소개한 것 외에도 많은 중국 제조사들이 엔진 개발에 매진하고 있다. 둥펑자동차는 '마하(馬赫)' DFMC15TP1형 1.5ℓ 직렬 4기통 터보 엔진으로 열효율 45.18%를 달성했으며, 체리(奇瑞)와 장성자동차(長城汽車) 또한 45%를 목표로 개발 중이다. 신형 엔진 등장의 배경에는 2035년까지 신차의 절반 이상을 EV(BEV, PHEV, FCEV)로 만드는 것 외에도, 비EV 신차를 모두 HEV로 만들겠다는 정부의 로드맵이 존재한다. HEV의 연비도 '2035년까지 신차 평균 25km/ℓ'를 내걸고 있으며, 이를 위해서는 신형 엔진이 필수적이다. 또한, 보조금 폐지에 따른 BEV에서 PHEV로의 수요 전환도 뒷받침하고 있다. 특히 유럽 제조사들은 BEV에 전념하는 경향이 보이지만, 그렇게 되면 발목을 잡힐 수도 있을 것이다.

Illustration feature : ENGINES FOR NEXT GEN.

▶ 닛산·KR형의 가변 압축비 생산 기술

가변 압축비 기구의 양산 설계

세계 최초로 가변 압축비를 양산으로 실현한 닛산 KR형 엔진은 우리나라 엔진 기술의 정수이다.
본지 196호에서는 그것을 구성하는 설계 기술을 상세히 설명했다.
이번에는 생산 기술의 측면에서 KR형을 살펴보기로 한다.

본문 : 사와무라 신타로 (Sintarrow SAWAMURA) 사진 : 야마가미 히로야/MFi 그림 : Nissan

허울만 좋은 외국 제품을 모두 제압하고 용맹하게 등장한 닛산의 가변 압축비 엔진 KR형에 대해, 어떻게 양산에 도달했는지 의문을 제기했다. 그 질문에 답해 주신 분은 196호에서 기술 구성을 상세하게 설명해주신 닛산의 키가 신이치 씨이다.

전형적인 형식을 보면 KR형은 중간에 하나의 관절이 있는 굴절 연동 막대를 가지고 있으며, 그 굴절 각도를 다른 부연동 막대 시스템으로 변경하여 상사점 위치와 하사점 위치를 0.6mm씩 이동시켜, 결과적으로 8:1에서 14:1 사이에서 압축비를 연속적으로 가변시키는 엔진이다.

외국 제품처럼 무리한 성과를 내기 위해 각 실린더를 모니터링하는 시스템이 필요했던 반면, 닛산 KR형은 모든 실린더의 부연동 시스템을 한 번에 움직이기 때문에 번거롭지 않다.

KR형은 주연결봉과 부연결봉의 부품 수만 계산해도, 기존 엔진의 3배 정도가 된다. 부연결봉계를 움직이는 샤프트와 하모닉 드

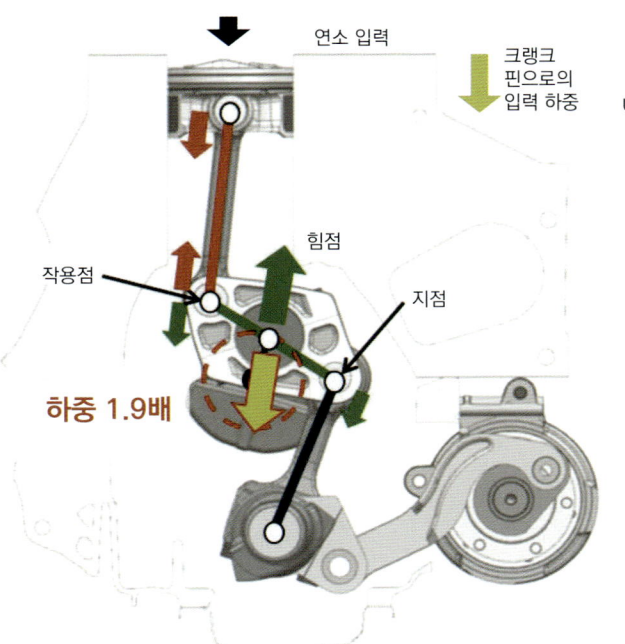

↑ 1.9배의 하중을 견뎌낸다

일반적인 크랭크샤프트 + 커넥팅 로드일 경우, 연소압을 받는 곳은 상사점이며, 입력 하중의 경로는 크랭크 핀에서 메인 저널까지 거의 직선이다. 그러나 VCR의 경우, 커넥팅 로드에 해당하는 U링크, 크랭크와 연결된 L링크, 컨트롤 샤프트와 연결된 C링크라는 배치 때문에, 지렛대의 원리로 크랭크 하중이 1.9배까지 높아진다.

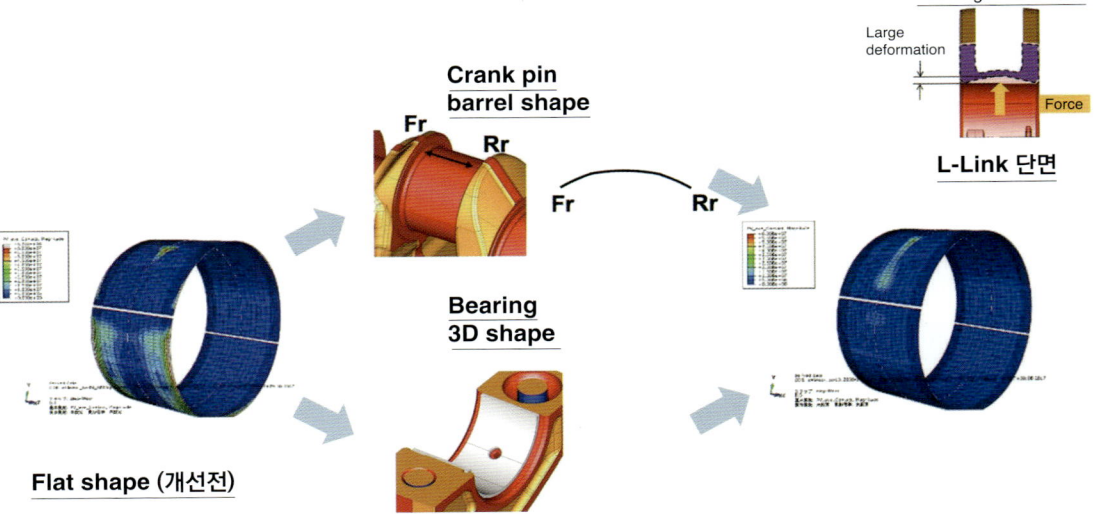

↑ VCR 개발은 이와 같은 높은 하중 대응의 연속이었다고 한다. 개발 초기에는 L링크의 형상이 달라서 (도면 우측의 노란색 부품) 더 강력한 힘이 작용했다. 게다가 개발진을 고민하게 한 것은 베어링에 가해지는 면압 문제로, 양쪽 끝면에 하중이 편중되었다.

↓ 편하중 해소를 위해 택한 수단이 배럴 형상/3D 형상의 채용이었다. 중앙이 아주 미세하게 솟아오른 원통형 단면 형상으로 함으로써 하중의 균일화를 도모했다. 공수는 많이 들었지만, 생산 현장과의 긴밀한 연계로 실현했다고 한다.

라이브를 포함하면, 그 수는 더욱 늘어난다. 그리고 이들에는 각각 부시와 베어링이 사용되기 때문에, 그러한 부품의 수도 자동으로 3배 이상이 되는 것이다.

그러나 역설적인 연결어를 던진 후, 키가시 씨는 말한다. 모든 부품은 베어링이든 핀이든 부시가든, 기존의 엔진과 동일한 요소로 구성되어 있다고.

말한 대로, 강한 종방향 하중에 대항하여 커넥팅로드의 유효 길이를 순간적으로 늘리는 유압 액추에이터와 같은 그림 같은 부품은 KR형에는 존재하지 않는다.

하모닉 드라이브가 이례적이라고 할 수 있지만, 가변 조향 시스템까지 포함하는 파동 기어 메커니즘은 자동차 분야에서도 이미 친숙한 메커니즘이다.

따라서 구성 부품의 종류는 기존에 있는 것이지만, 각각 극복해야 할 요구 사항은 전례가 없을 것이다. 그 중에서도 가장 먼저 언급할 수 있는 것이 크랭크 핀의 평행 베어링이다.

KR형의 주연결봉계는 피스톤에서 아래로 뻗은 커넥팅로드와 같은 연결봉(닛산에서는 어퍼 링크라고 부름)과 그 하단을 물고 있는 평행 사변형 부품(로워 링크라고도 함)으로 구성되어 있다.

평행 사변형 로워 링크는 두 개로 분할된 것을 볼트로 결합한 구조로, 중앙의 환형 구멍이 평축 베어링을 통해 크랭크 핀을 끼워 넣고 있다. 그 평축 베어링이 받는 하중은 마찬가지로 치수를 취한 기존의 연결 막대 시스템의 1.9배에 달한다. 그럼에도 불구하고 20여 년 전에 특허를 취득한 시제품 엔진에서는 2.5배 이상도 되어, 치수를 꼼꼼히 검토하고 설계를 반복적으로 변경하여, 어떻게든 지금까지 줄일 수 있었다고 한다.

물론 1.9배는 결코 작은 수치가 아니다. 하지만 그보다 더 큰 문제가 있었다. 로어 링크는 양쪽 면이 평행 사변형인 단순한 사각기둥이 아니다. 크랭크 샤프트의 회전에 따라 회전하는 이 부품은 피스톤에서 뻗어 있는 어퍼 링크 하단부 및 기존의 커넥팅로드와 같은 모양을 하는 보조 연결봉의 소단부와 연결되어 있기 때문에, 양쪽의 흔들림을 방지하기 위해 측면이 오목하게 되어 있다.

즉, 크랭크 핀의 평축 베어링이 삽입되는 부근의 단면은 ㄴ 모양이 되며, 당연히 그 강성은 좌우 끝부분이 높고 중앙부가 낮아진다. 따라서 엔진 작동 시 크랭크 핀이 고속으로 회전할 때 관성력에 밀려 약한 중앙부가 바깥쪽으로 빠져나가려고 한다. 이 경우 평축 베어링을 윤활하는 오일이 충분히 유지되지 않아 과열로 인한 고착 위험이 발생한다.

일반적인 연결기계라면 크랭크핀과 연결되는 콘로드 대단부는 현대적인 설계라면 평축 베어링이 앉는 부분의 강성 불균형이 발생하지 않지만, KR형의 경우 여기에 특별히 신경을 써야 한다. 하지만 평행 사변형 로어 링크의 형상을 변경할 여지가 없기 때문에 크랭크핀 쪽에 공을 들여야 한다.

평축 베어링이 장착되는 좌부의 중앙부가 바깥쪽으로 빠져나가는 것을 고려해 크랭크 핀의 단면 형상을 중앙이 부풀어 오른 형태로 설계하는 것이다. 말로는 쉽지만, 보통은 마이크로 피니싱을 실시하여 표면 거칠기를 1/100μm 정도까지 매끄럽게 마감한 크랭크 핀 표면을 의도적으로 중앙이 높은 통 모양으로 만드는 것이기 때문에 쉬운 일이 아니다.

해당 설계 요구사항에 대해 닛산의 생산 기술 부문이 취한 대응책은 다음과 같다. 통상적인 방법이라면 래핑 필름을 크랭크핀 표면에 두르고 축 방향으로 진동(Oscilation)도 가하여 완벽하게 평평하게 연마하지만, 닛산은 오실레이션 시 래핑 필름을 누르는 힘을 좌우 끝부분에서 더 강하게, 중앙에서는 약하게 하는 방식을 채택했다. 그 결과 6μm만큼 중앙부가 볼록하게 성형된 것이다.

그런 것이 기존 마이크로 피니시 가공기로 가능하냐고 묻자, 가능하지만 연마 작업을 천천히 진행해야 하며, 작업 시간이 상당히 길어진다고 한다. 따라서 KR형 생산 공장에는 연마기가 장관을 이루며 줄지어 서 있다고 한다. 수량으로 시간을 벌고 있는 것이다.

뿐만 아니라 평축 베어링도 베어링 제조업체에 부탁하여 특별한 기술을 적용하고 있다. 콘로드 대단부에 사용되는 평축 베어

엇갈리게 볼트를 조인다

생산성을 생각하면 L링크의 볼트는 같은 방향에서 조이고 싶지만, 그렇게 하면 L링크가 변형되어 핀 부분의 진원도를 유지할 수 없게 된다. 엇갈리게 볼트를 체결하면 이를 해결할 수 있지만, 그러면 일반적인 생산 공정으로는 조립할 수 없게 된다. 그래서 VCR은 크랭크 주변이 삽입된 블록을 공중에 매달고, 좌우에서 공구를 사용하여 동시에 조이는 특수한 공정을 택했다.

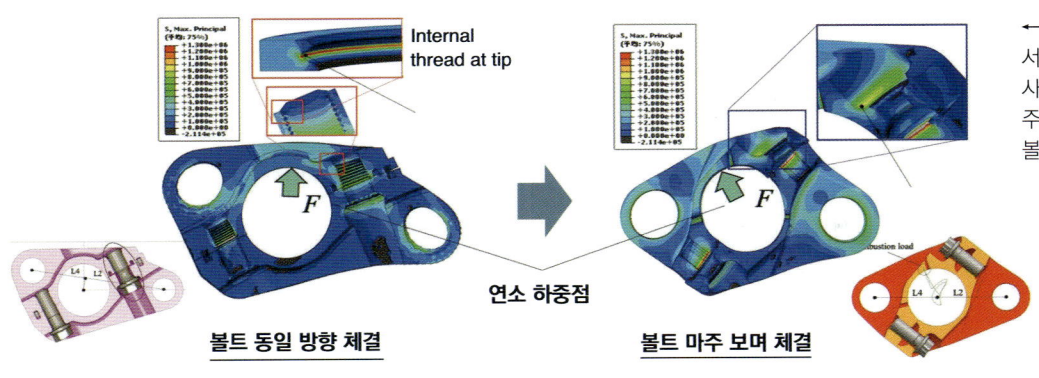

← L링크의 설계 변천. 초기(왼쪽)에는 같은 방향에서 볼트를 조였지만, 연소 하중점과 그 방향이 암나사 부위에 응력을 집중시켜 L링크가 변형되었다. 마주 보며 조이는 구조에서는 하중이 분산되는 것을 볼 수 있다.

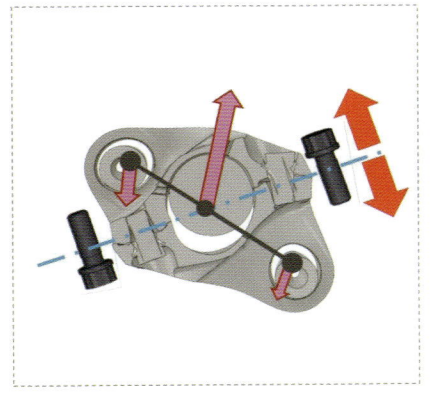
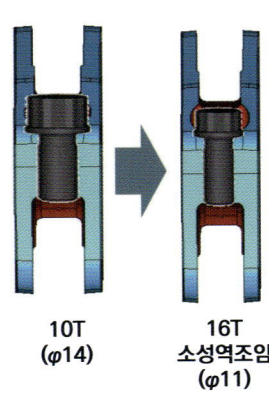

← L링크를 체결하기 위한 볼트 자체도 경량화와 소형화를 위해 16T의 소성역 체결형이라는 엄청난 사양이 되었다. 또한, L링크를 아우터 프레임식으로 만들면서 소켓 렌치의 두께는 얇아질 수밖에 없었고, 이것이 하나의 과제가 되었다.

링은 지그에 고정해 커터로 절삭하지만, 조립 시 끝 부분이 약간 부풀어 오르기 때문에 해당 부분을 얇게 하거나 회전 시 핀 변형을 고려해 여유 공간을 추가하는 등 두께를 조정하는 것이 일반적이다. 뿐만 아니라 KR용에서는 공구를 3차원 형상의 일체 구조로 만들어, 완성된 평축베어링을 세팅했을 때 돌출되는 부분과 움푹 들어가는 부분을 만들어, 절삭 여백을 로워 링크의 변형에 적합하도록 설계했다고 한다.

평행 사변형의 로워 링크 자체 제작에도 많은 노력이 필요하다.

이는 SCr440이라는 고급 크롬 강철을 단조 성형한 후 진공 침탄 처리를 통해 표면을 경화시킨 것이다. 그 결과, 표면의 로크웰 경도는 HRC60에 달한다. JIS가 규정하는 철공 줄의 눈금 부분의 경도와 동일하다. 즉, 사용할 수 없다는 것이다. 따라서 로워 링크의 마감 가공은 인공 다이아몬드 입자를 표면에 결합한 줄로 하고 있다.

그러나 2분할 구조의 로워 링크는 2개의 볼트로 고정하여 일체화한다. 이때 사용되는 볼트는 로어 링크를 가능한 한 콤팩트하게 만들기 위해 무리하게 굵게 만들 수 없기 때문에, 보증 하중 응력 1600N/㎟급인 16T를 사용하면서, 호경(呼徑 ; 나사산의 정점에서 측정한 직경)을 φ11mm로 얇게 억제하고, 소성 영역법으로 조인다. 다른 곳에서는 혼다가 14T를 각도법으로 조이고 있다고 하는데, 16T는 엔진에 사용되는 것으로는 이례적인 등급이라고 한다.

덧붙여, 이때 조임에 사용하는 렌치의 소켓은 모재의 경도와 설정된 볼트의 축력 높이에 못 이겨 금방 파손된다고 한다. 소켓의 두께를 늘리면 강도는 높아지지만, 볼트 머리 주변에는 치수 여유가 없기 때문에 그 방법은 사용할 수 없다. 양산 시제품 초기에는 10개 정도 조였을 뿐인데 사용할 수 없게 되었다고 한다. 그래서 공구를 다시 개발하여, 현재는 300~400개 정도는 유지할 수 있게 되었다고 한다.

조임 공정도 평범하게 진행되지 않는다.

일반적인 구조의 엔진이라면, 커넥팅로드와 연결된 피스톤을 블록에 삽입한 후, 전체를 뒤집어 크랭크를 블록에 조립한 다음, 크랭크 핀을 커넥팅로드의 큰 끝부분과 커넥팅로드 캡으로 물고 좌우 2개의 커넥팅로드 볼트를 조여 연결한다. 그러나 KR형은 그렇게 간단하지 않다.

평행 사변형 로어 링크를 조이는 볼트는 같은 방향이 아닌 서로 다른 방향으로 삽입된다. 설계 초기에는 일반적인 커넥팅로드 볼트를 조이는 공정과 동일하게 하기 위해 같은 방향으로 삽입했지만, 그렇게 하면 로어 링크의 모양이 상하 대칭이 되지 않아 응력을 받아 변형되어 크랭크 핀을 물고 있는 중앙의 구멍의 진원도가 운전 중에 유지될

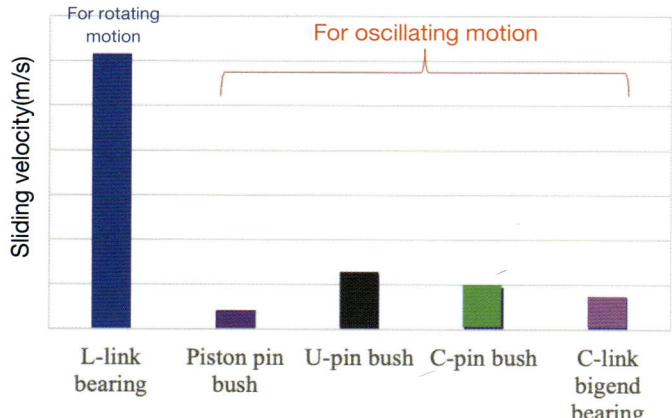

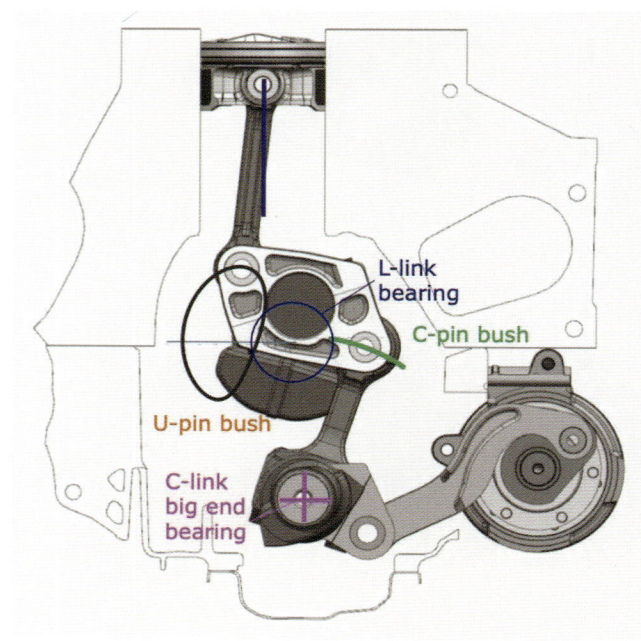

↓ VCR 크랭크의 각 부시/베어링 평균 속도 비교. L링크의 베어링을 제외하고, 다른 네 곳은 평균 속도도 낮고 궤적 또한 왕복(U핀은 타원이지만)이므로 윤활 조건이 까다롭다. 그래서 핀 부분에 DLC를 시공하여 내구성을 높였다.

↓ VCR 엔진 KR20형의 외관. 좌측의 내부 구조도와 맞춰져 있지만, 메인 샤프트 우측에 있는 VCR 액추에이터 주변의 크기는 눈에 띄지 않는 인상이다. 참고로, 메인 풀리 우측에 있는 것은 워터 펌프 풀리다.

회전축과 요동축, 어떻게 윤활할 것인가

L링크의 세 가지 핀 중, U핀과 크랭크 저널은 회전 궤적을 그리지만, C핀은 요동한다. 축받이의 평균 속도가 느린 데다 회전 방향이 바뀔 때는 속도가 0이 되기 때문에, 유막 형성이 매우 어려운 상황이 된다. 그래서 C링크의 부시 부분은 원주 전체에 홈을 파는 형태로 만들어 윤활유 유지 성능을 높이는 동시에, 축받이에도 내마모성이 뛰어난 재료를 채용했다.

수 없게 되었다. 어쩔 수 없이 볼트를 서로 다른 방향으로 삽입하는 구조로 변경한다.

그러나 그렇게 하면 두 개의 볼트를 하나씩 조여야만 한다. 앞서 언급한 바와 같이, 이 16T 볼트는 소켓을 파손할 정도로 강력한 축력이 발생한다. 이 작업을 하나씩 하면 응력이 편중되어 그 단계에서 로어 링크가 뒤틀리는 상황이 불가피하다. 그렇게 되면 어쩔 수 없다.

먼저 크랭크 샤프트를 공중에 매달아 놓고, 두 부분으로 나뉜 로어 링크로 크랭크 핀을 끼워 넣은 다음, 두 개의 볼트를 한 번에 조인다. 그 후 메인 베어링 캡을 볼트로 고정하고 크랭크를 블록에 앉힌다. 이런 이례적인 조립 절차를 채택할 수밖에 없었다.

덧붙여 말하면, 조일 때 볼트에 미세한 홈이 생기면 수소 취성(水素脆性)으로 인한 지연 파괴의 위험이 커지므로, 재료와 조임 공구를 재검토하는 것부터 시작했다고 한다.

이렇게 세계 최고의 축력으로 조여 있지만, 평행 사변형 로어 링크에 가해지는 응력은 접합부에 대해 수직이 아닌 약간 편향된 방향으로 작용하기 때문에 볼트만으로는 운전 중에 어쩔 수 없이 어긋남이 발생한다. 일반적인 커넥팅로드의 큰 끝부분의 분할면에도 약간의 어긋남이 생기지만, 그 정도는 비교할 수 없을 정도였다. 커넥팅로드의 경우, 먼저 일체 성형한 다음 큰 끝부분의 커넥팅로드 캡 부분을 절단할 때, 잘게 부분 조각처럼 맞물리는 면을 서로 대칭으로 요철을 만든다. KR형에서도, 늦게 등장한 직렬 3기통의 K15DDT형에서는 부연동계 제어 링크의 큰 끝부분이 잘게부숴 분할되어 있다. 그러나 주연결봉계의 로어 링크는 형상상 그 방법을 사용할 수 없다. 그래서 접합면을 마감 연마할 때 2~3μm 정도의 줄자국을 남기면서 줄이 서로 맞물리도록 했다. 보통은 연삭석을 왕복 운동시켜 거칠기를 줄이지만, 여기서는 한 방향으로만 연마를 끝낸다.

로어 링크 관련에서는 주 연결 막대계의 어퍼 링크(상단부가 피스톤과 연결되는 연결 막대)와 평행 사변형 로어 링크의 결절부에도 처리가 필요했다. 로어 링크는 크랭크의 팔에 의해 회전하며 공전한다. 그러나 한쪽이 어퍼 링크에 구속되어 있기 때문에 자전하지 않고 흔들리는 정도에 그친다. 그러면 결절부(結節部)의 윤활이 어려워진다. 쭉쭉 회전하는 것이 아니라 조금씩 오고가는 것을 반복하기 때문에 유막의 생성이 어렵다.

이 연결부에는 핀을 사용하지만, 슬라이딩 면에서 오일이 빠져나와 국부적으로 면이 접촉하는 경계 윤활 영역으로 돌입할 것을 각오하고, 그곳에 DLC(다이아몬드 라이크 카본) 처리를 실시하기로 했다.

그러나 핀은 압입식이다. 처음에는 소결을 생각하였다. 하지만 그 경우 상대방과 마찰되어 귀중한 DLC 코팅이 벗겨질 위험을 완전히 배제할 수 없다. 그래서 한쪽 끝의 직경을 10μm 두껍게 하여 삽입 시 중간 부분의 슬라이딩 면에 닿지 않고 두꺼운 부분만 압입으로 끼워지는 상온 가공으로 하였다. 이에 대응하기 위해 로어 링크 쪽의 구멍도 한쪽이 10μm 두껍게 되어 있다.

추가로, 핀으로의 급유는 크랭크 핀의 급유 구멍에서 로어 링크 내부에 뚫린 통로를 통해 이루어진다. 이 통로는 드릴로 뚫지만, 앞서 언급한 바와 같이 로어 링크는 진공 침탄 가공으로 표면만 단단한 고내력 부품의 전형적인 성질을 가지고 있기 때문에, 단단한 표면에 대응한 드릴을 사용하면 내부의 부드러운 부분이 말려 들어가 통로가 거칠어지게 된다. 이에 대응하기 위한 드릴링 방법도 모색할 필요가 있었다.

이렇듯 KR형은 결코 만만치 않은 엔진이다. 듣자니, 이번 이야기의 중심이 된 로어 링크 주변뿐만 아니라, 급격히 증가하게 된 베어링 부분도 각각 알려지지 않은 조건이 되었기 때문에, 컴퓨터 시뮬레이션을 반복하여 클리어런스 설정을 정하고, 그 결과를 생산 현장에 반영했다고 한다.

정말 대단하다. KR형에는 아직 밝혀지지 않은 면이 많을 것 같다. 다른 언론은 BEV의 장단점에만 관심을 집중하고 있어, 이 엔진 기술의 획기적인 발전을 간과하고 있다. 그래서 KR형에 대해 더 깊이 파고들고 싶어지는 것이다.

APPLICATION 07 ▶ 수소 연소와 플렉스 연료 차량　　Illustration feature : ENGINES FOR NEXT GEN.

엔진으로 달성하는 탄소 중립성

한때 식물 유래의 바이오 연료는 '식량과의 경쟁'이라는 점에서 비난받았다.
EU(유럽연합)는 바이오 연료를 위한 산림 벌채를 근절하기 위해 원시림 개발을 규제했다.
잘 다룬다면 CN=탄소 중립성에 기여할 수 있는 바이오 연료는 앞으로 어떻게 될까?

본문 : 마키노 시게오 (Shigeo MAKINO)　그림 : AVL/BOSCH/BP/FEV/HONDA/SUZUKI/TOYOTA

FFV = Flex-FuelVehicle(플렉스 연료 차량)의 개념

FFV에서 발생하는 CO_2는 식물에 의해 흡수되고, 다시 식물을 키운다.

생물 유래 CO_2
순수한 CO_2 추가 배출
광합성
화석 연료의 혼합 비율에 따라 추가로 발생하는 CO_2량은 달라진다.

광합성 → 식물 생육 → 에탄올 정제 → 바이오에탄올 연료 → 화석 연료와 바이오에탄올을 섞어 사용하는 FFV

$C_2H_5OH + O_2 \rightarrow CO_2 + H_2O$

MARUTI SUZUKI

← 인도 시장용 스즈키 왜건R

스즈키의 인도 법인인 마루티 스즈키는 지난해 12월, 내년 중 인도에 투입할 왜건R의 FFV를 공개했다. 향후 7~10년 내에 마루티 스즈키는 CNG(압축천연가스), HEV, FFV 등으로 라인업을 일신하고, 순수 가솔린 내연기관차(ICE)는 폐지할 계획이다. 왜건R에도 CNG 모델이 설정된다. 전력 사정이 좋지 않은 인도에서는 반드시 BEV가 최적의 해답은 아니다.

→ 바이오에탄올 대응 프리우스

토요타는 2018년 3월에 세계 최초로 FFV화된 HEV를 공개했다. FFV이기 때문에 100% 알코올 연료로도 주행이 가능하며, 이 경우 주행 단계에서의 CO_2 발생이 실질적으로 0이 된다. HEV에 강점을 가진 토요타만의 차량 CN화이다. 브라질은 사탕수수 유래의 알코올 연료를 사용하지만, 원리적으로는 팜유나 셀룰로오스계 알코올로도 주행이 가능하다.

식물을 에너지 원으로 이용하는 것에 대해 유럽연합(EU)은 다소 부정적인 입장이다. 목재, 식물, 유기성 폐기물을 연소하여 전기를 생산하는 발전은 스웨덴, 핀란드 등 산림 자원이 풍부한 국가뿐만 아니라 유럽 각국에서 행해지고 있다.

바이오매스 및 폐기물 발전의 비율은 최신 2021년 환경영향평가 (EIA) 데이터에 따르면 덴마크 25.3%, 핀란드 19%, 영국 13.4%, 독일 9.0%, 스웨덴 7.8%, 이탈리아와 네덜란드가 7.0%이다. EU에서는 원생림 이외의 산림 자원의 이용을 허용할

↓ 바이오에탄올의 생산량 추이

OECD/FAO 데이터를 바탕으로 환경성(環境省)에서 작성. 국가 및 지역별로 원료가 되는 식물의 종류는 다르지만, 미국과 브라질의 합계가 전 세계의 80%를 넘는다. 아시아에서는 태국이 2020년에 경유에 대한 바이오에탄올 혼합 비율을 10%로 인상했고, 인도네시아에서는 2025년부터 35% 혼합이 된다.

↓ JIS 2호 경유와 HVO의 배출물 비교

조사 대상		시험 HVO에 의한 배출 경향 (JIS 2호 대비)		
		냉간 시동	온간 시동	combine
미립자 물질	PM	⬆※	⬆※	⬆※
	PN	⬆	⬆	⬆
	탄소 성분	➡	➡	➡
가스상 물질	일산화탄소(CO)	➡	➡	➡
	이산화탄소(CO_2)	⬇	⬇	⬇
	총 탄화수소(THC)	⬇	⬇	⬇
	비메탄계 탄화수소(NMHC)	➡	➡	➡
	질소산화물(NOx)	➡	➡	➡
	아산화질소(N_2O)	➡	➡	➡
	암모니아(NH_3)	⬇	⬇	⬇
	포름알데히드(HCHO)	⬇	⬇	⬇

⬆ : 증가 ➡ : 변화 없음 ⬇ : 감소

환경성(環境省) 시험 데이터. HVO는 Hydrated Vegetable Oil의 약자이며, 튀김용 기름 등 폐식용유를 수소 분해한 것이다. 이것을 배기량 5.1ℓ의 DPF/요소 SCR 탑재 차량으로 시험한 결과다. PM(미립자상 물질)과 PN(나노 PM)의 배출은 증가했지만, 규제치에 대해서는 매우 낮은 농도라는 결과였다.

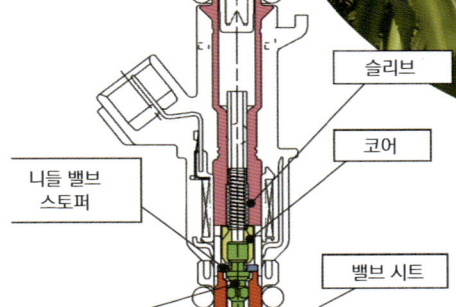

← 혼다의 FFV 인젝터

혼다가 2007년식 모델로 브라질에 투입한 1.8ℓ FFV용 내연기관차(ICE)는 알코올 혼합 비율의 변화에 대응하기 위해 VTEC을 사용했고, 내식성과 내마모성을 향상시킨 왼쪽 그림과 같은 독자 개발 연료 인젝터를 사용했다. 에탄올 농도가 높을 때의 저온 시동에는 서브 탱크에서 가솔린과 에탄올을 혼합한 연료인 가소홀을 공급한다. 현재 혼다의 FFV용 내연기관차는 더욱 진화했다.

↑ 브라질산 사탕수수

2021년 FAO 데이터에 따르면 브라질의 사탕수수 생산량은 7억 1,566만 톤으로 전 세계의 38.5%를 차지한다. 1973년 제1차 오일쇼크를 계기로 정부가 사탕수수 유래 알코올을 자동차 연료로 사용하는 프로젝트를 시작했고, 사탕수수 생산부터 연료의 정제 및 공급에 이르는 사회 시스템을 구축했다. 또한, 사탕수수는 럼주의 원료로도 사용된다.

지 여부에 대한 논의가 앞으로도 계속될 것으로 보이지만, 한편 미국, 브라질, 아세안 국가에서는 자동차 연료로 바이오 알코올(ethanol)의 이용이 확대되고 있다.

연료용 바이오 에탄올과 바이오 디젤의 생산량은 최신 2021년 BP 데이터(석유 환산 톤)에 따르면 미국 3430만 톤, 브라질 2005만 톤, 인도네시아 745만 톤, 중국 341만 톤, 독일 290만 톤, 프랑스 256만 톤, 태국 215만 톤으로 세계 상위권을 차지하고 있다. 각국마다 원료가 되는 식물이 다른 것 외에도 근본적인 목적도 다르다.

예를 들어 미국은 현재 '전분질 원료'인 '옥수수'를 주로 사용하고 있지만, 식용이 아닌 '짚'이나 '목재' 등 '셀룰로오스계 원료'의 비율을 높이는 움직임이 있다.

바이오 알코올 이용은 GHG(온실가스) 감축으로, 가솔린에 바이오 에탄올을 10% 혼합한 'E10' 연료가 널리 보급되어 있다. 이 10%는 가솔린의 드롭인(현재 사용 중인 것과 대체 가능한 것)이다.

태국은 사탕수수와 폐유를 이용한 바이오 에탄올 혼합 가솔린과 팜유(야자 기름) 유래된 바이오 디젤을 혼합한 경유 유통을 의

→ **실린더 헤드 주변**

FEV가 제안하는 수소 내연기관(ICE)의 실린더 헤드. 같은 것을 각도를 바꿔서 촬영했다. 핫스팟 발생을 막기 위한 최저 수준의 열가를 가진 점화플러그, 냉각 효과가 높은 냉각수 통로 설계, 물 분사도 가능한 인젝터 레이아웃, 실린더 헤드 내장식 인젝터 스프레이 캡 등의 기술을 담고 있다. '어떻게 만들 것인가' 에 대해서는 3D 프린터도 있고 정밀 사형(砂型)도 있다. 진보된 제조 기술이 진화를 가속할 가능성은 크다.

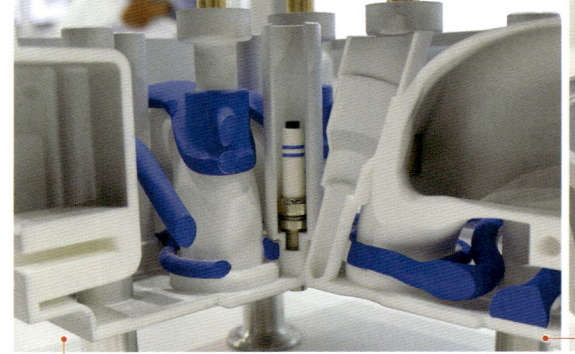

연소 컨셉
- 직분사 / 예혼합 연소
- 희박 연소 / 이론 공연비
- 연료 공급은 상단 / 측면

과급 및 흡기 제어
- 웨이스트게이트 / 가변 지오메트리
- 스로틀 / 가변 밸브 타이밍
- EGR 유 / EGR 무

기계적 대책
- 수소 취화
- 윤활유

배기 후처리
- 요소 SCR / H_2 SCR
- PM 필터 유 / PM 필터 무
- 삼원 촉매

↘ **상용차는 수소(H_2)도 선택지이다**

디젤 내연기관(ICE)의 실린더 블록을 사용하고, 플러그 점화 기구와 수소용 연료 인젝터 등을 갖춘 실린더 헤드로 교체한 사례. FEV는 수소의 선택지로 FCEV와 수소 연소 내연기관(ICE) 양쪽을 제안하고 있다. 장거리를 달리는 대형 트럭의 트랙터 헤드에는 FCEV를, 소형 및 중형 트럭과 건설 기계에는 수소 내연기관이 유망할 것이라고 말한다. 다양한 고객 니즈에 대응할 수 있는 솔루션을 준비하고 있으며, 그 한 가지 예시를 위에 기재했다.

무화하고 있다. 두 가지 모두 혼합 비율은 10%이다. 인도네시아는 팜유 유래된 바이오 디젤 이용을 추진하고 있으며, 2023년 2월부터 혼합 비율을 35%로 높였다.

가장 유명한 것은 브라질의 사탕수수 유래 알코올의 이용이다. 설탕의 국제 시세가 하락하면 설탕의 공급을 줄여 가격을 높인 다음, 남은 사탕수수를 알코올로 만들어 자동차에 사용한다. 2003년에 VW는 알코올 혼합 비율 0~100%에 대응할 수 있는 FFV를 출시하여 연료 비율을 신경 쓸 필요가 없어졌다. VW가 사용한 것은 보쉬의 연료 인젝터이지만, 일본 OEM도 독자적으로 개발하고 있으며, 현재는 FFV가 승용차 판매 대수의 90% 이상을 차지하고 있다. 연료 중 알코올 비율은 주파수 편차 방식으로 판단한다.

화석 연료의 경우 연료 자체에 윤활성이 있지만, 알코올에는 없다. 열량도 가솔린과 다르다. 그러나 연료 상태만 파악할 수 있다면, 현재의 ICE 제어는 '크랭크축 1회전'으로 대응할 수 있다.

가솔린/경유에 최적화된 연소실 형상은 알코올계에도 그대로 사용할 수 있다. 시중에 판매되고 있는 FFV는 모두 기존 ICE를 개량한 것이다. 연료 정제 시 CO_2 배출을 최대한 억제하면, 바이오계는 드롭인 연료로 매우 우수하다.

수소(H_2)도 CN 연료로 주목받고 있다. FC(연료 전지)를 작동시키는 발전 연료로 사용하여 BEV(배터리 전기차)를 운행할지, 아니면 H_2를 그대로 ICE의 연료로 연소할지, 두 가지 방법이 있지만, 상용차의 파워트레인으로는 후자가 주목받고 있다. FC용 수소는 99.97% 이상의 고순도가 요구되지만, ICE 연소용은 그보다 낮아도 괜찮다.

그러나 수소 ICE에 대한 연구를 계속하고 있으며, 시판 차량에 탑재한 예는 BMW 뿐이며, FCEV도 도요타, 혼다, 메르세데스 벤츠로 제한되어 있다. 세계적으로 보면 아직 연구가 부족한 분야이다.

최근에는 규제가 엄격한 EU(유럽연합)를 대상으로 ESP (엔지니어링 서비스 프로바이더)가 차세대 상용차용 ICE로 제안하여 주목을 받고 있다. 배기량은 6~7ℓ 정도가 제안되는 경우가 많은 것 같다. "이 1년 동안 개발 의뢰가 급증했다"고 한 ESP는 말한다.

수소의 성질은 오른쪽 페이지의 그래프에 표시되어 있다. 가장 큰 특징은 최소 점화 에너지가 낮다는 것으로, MJ(메가줄)로 환산하면 가솔린이나 경유보다 한 자릿수 정도 낮다. 즉, 발화하기 쉽다는 것이다. 본래의 점화 타이밍보다 빨리 점화가 발생하는 플레이 점화가 발생하기 쉽다는 것이다. 게다가 연소 속도(화염전파속도)가 가솔린의 약 5배로 빠르기 때문에 등가비(공기 과잉 비율의 역수)를 크게 할 수 없다. 그러나 이 점은 $\lambda=2$를 초과하는 린번(희박 연소, Lean Burn)이라는 기술이 배기가스 후처리까지 포함해 확립됨으로써 더 이상 큰 단점이 아니게 되었다.

또 하나의 특징은 밀도가 매우 낮다는 것이다. 대기압보다 훨씬 높은 압력으로 압축하고, 수소 분자도 통과할 수 없는 고밀도 벽을 가진 탱크에 가두지 않으면 일반 자동차로서의 주행 거리를 확보할 수 없다. 그러나 액체 수소의 상태를 유지하기 위해서는 극저온이 필수적이며, 차량에 탑재한다는 점에서 현실적이지 않다. 그러나 밀도가 낮다는 것은 DI(직분사)가 PFI(포트 분사)보다 수소 ICE에 적합하다는 배경이기도 하다.

배기가스 성능 면에서는 고부하 운전 시 고온 연소가 발생하기 때문에 대기 중의 N(질소)과 NOx(질소산화물), 엄밀히 말하면 NO(일산화질소)가 많이 배출된다. 그러나 실린더 내벽에 부착된 오일이 연소되어 발생하는 HC(탄화수소)도 있지만, 그 양은 극히 미량이다. 연료에 C(탄소)가 포함되어 있지 않기 때문에 HC는 윤활유 속의 C와 반응하여 배출될 뿐이다. 이 NOx와 HC를 제외하면 연료인 H_2와 대기 중의 O_2(산소)의 반응이기 때문에 이론적으로는 물(수증기)만 배출된다.

수소 연소의 큰 문제점은 두 가지가 있다.

↑ **중국 제일자동차의 승용차용 H_2 내연기관(ICE)**
중국 국영 제일자동차는 토요타, 폭스바겐과 합작 사업을 하고 있지만, 승용차용 내연기관(ICE)으로서 4기통 2.0ℓ 수소 내연기관 개발을 진행하고 있다. 2022년 빈 내연기관 심포지엄에서 상세 내용이 발표되었다. BEV 보급을 추진하는 중국 정부 역시 모든 차량을 BEV화할 수 있다고 생각하지 않는다. 수소는 특히 상용차에서 유망하다고 보고 있으며, 국내에서의 연구 개발이 활발해지고 있다.

↓ **연료 성상 비교 (BOSCH 데이터)**

성상	단위	가솔린	디젤	메탄	수소
밀도 (15℃)	kg/m³	~760(l)	~833(l)	0.68(g)	0.09(g)
이론 공연비	kgA/kgF	14.0	14.7	17.2	34.3
저위 발열량	MJ/kg	42.5	43.1	50	120
혼합 열량 (PFI)	MJ/m³	3.76		3.40	3.19
혼합 열량 (DI)	MJ/m³	3.83	3.77	3.76	4.52
이론 공연비 시의 체적 점유율	%	~1.8	~1.7	14.8	29.6
자기 착화 온도	℃	230~450	>225	595	585
최소 점화 에너지	mJ	0.24	0.24	0.29	0.017
이론 공연비 시의 점화 한계		0.4~1.4	0.48~1.35	0.6~2.0	0.13~10
층류 화염 속도	cm/s	~40	~40	~42	~230
RON (MN)		98	0	130(100)	(0)

수소는 다른 연료에 비해 착화가 쉬울 뿐만 아니라, 혼합 열량(이론 공연비당 발열량)이 DI(실린더 내 직접 분사) 방식에서는 매우 크다. 한편, 자기 착화 온도가 높아(노킹이 잘 일어나지 않아) 화염 속도는 매우 빠르다. 이러한 성상 중 다수가 '수소의 단점'으로 여겨져 왔지만, 연소 온도를 낮추는 초희박 연소(희박 연소)나 요소 SCR 등의 후처리 기술이 진보하면서, 수소 내연기관(ICE)의 실용화로 가는 길은 크게 열렸다고 할 수 있다.

첫째, 앞서 언급한 조기점화(pre-ignition)이다. 도요타에 따르면, 점화 현상에서 크게 나눌 수 있는 조기점화는 포트 분사(예혼합)에서 발생하는 백파이어, 점화 플러그 등 연소실 내에 노출된 고온부에서 연속적으로 발생하는 폭주형 조기점화, 고부하 운전 시 피스톤이 TDC(상사점)에 도달하기 전에 발생하는 발산형 조기점화 실린더 내 직접 분사 시스템에서 수소를 분사한 순간에 발생하는 분사 동기화 조기점화 4가지가 확인되었다고 한다.

상용차에 탑재된 중·대배기량 디젤 ICE를 수소로 운전하는 예에서는, 원래 튼튼한 실린더 블록과 크랭크샤프트를 이용하여 높은 P-max(최대연소압력)를 얻고 있으며, 터보 과급의 실린더 내 직접 분사가 많다. 단, 압축 착화가 아닌 플러그 점화를 사용하고 있다.

열에 노출되는 점화 플러그를 냉각하기 위해 냉각 수로를 고안하여 폭주형 조기점화를 방지하고, 역화(백파이어)의 불씨가 되는 이전 사이클의 고온 잔류 가스를 줄이기 위해 EGR(배기가스재순환)을 사용하는 등 대책이 진행되어 왔다.

DI와 높은 EGR 비율을 사용하면 공기 연료 비율, 점화 시기, 흡배기 밸브의 개폐 타이밍을 일정 범위 내에서 변경해도 역화를 방지할 수 있는 것도 확인되었다. 그러나 높은 EGR은 차량의 출력과 토크 면에서 마이너스 요인이기 때문에, 조기점화를 방지하면서 출력과 토크를 얼마나 확보할 수 있는지가 초점이다.

도요타가 내구 레이스에 도입한 수소 ICE는 각 실린더에 실내 압력 센서를 설치하여 조기점화를 감시하고, 의도적으로 출력을 낮추는 운전을 하고 있었지만, 그럼에도 불구하고 점화 플러그 부근 등은 과도한 열에 노출되었었다. 가솔린 엔진의 조기점화는 연료 속의 C가 연소실 내에 연소 잔류물(deposit)로 부착되어, 그것이 떨어져 나갈 때 주로 발생했다. 수소 연료는 C를 포함하지 않지만, 그 외의 연료 특성이 조기점화 발생의 원인이 되고 있다.

또 다른 문제는 냉각 손실이다. 가장 큰 원인은 층류 연소 속도가 가솔린의 약 6배로 빠르기 때문이다. 고속의 화염이 실린더 벽면에 충돌하여 벽면의 온도 경계층이 얇아져 냉각수로 열이 쉽게 빠져나간다. 이 냉각 손실을 방지하기 위한 수단으로 희박연소, DI 인젝터의 분사 패턴 개선, 분사 중에 '둥근 화염 핵을 만드는' 방법 등이 연구되고 있다.

이것들은 2007년에 BMW가 '하이드로젠 7'을 시험 판매했을 때 사용되지 않았던 기술이며, 그로부터 15년이 지난 지금 사용할 수 있는 여러 방법이 등장하고 있는 점은 수소 ICE에 있어서는 희소식이다.

한편, 수소의 가격과 그 내력(그레이/그린/블루)에 대해서도 다양한 움직임이 있다. 일본 국내에서도 '수소 출하 가격을 절반으로 실현할 수 있다'는 목소리가 나오고 있다. 세계적인 수소 유행에 따라 자본도 움직이고 있다.

과거에는 과학 기술과 에너지 세계에서는 관련 '인재'와 '자금'이 늘면 반드시 새로운 길이 열렸다. 그 대표적인 예가 내각부 SIP에서 진행한 '혁신적인 연료 시스템'의 산학관 연구로, 일본은 순열효율 50%의 벽을 돌파하여 새로운 세계로 가는 문을 열었다. 수소도 그렇게 될 것으로 기대하고 싶다.

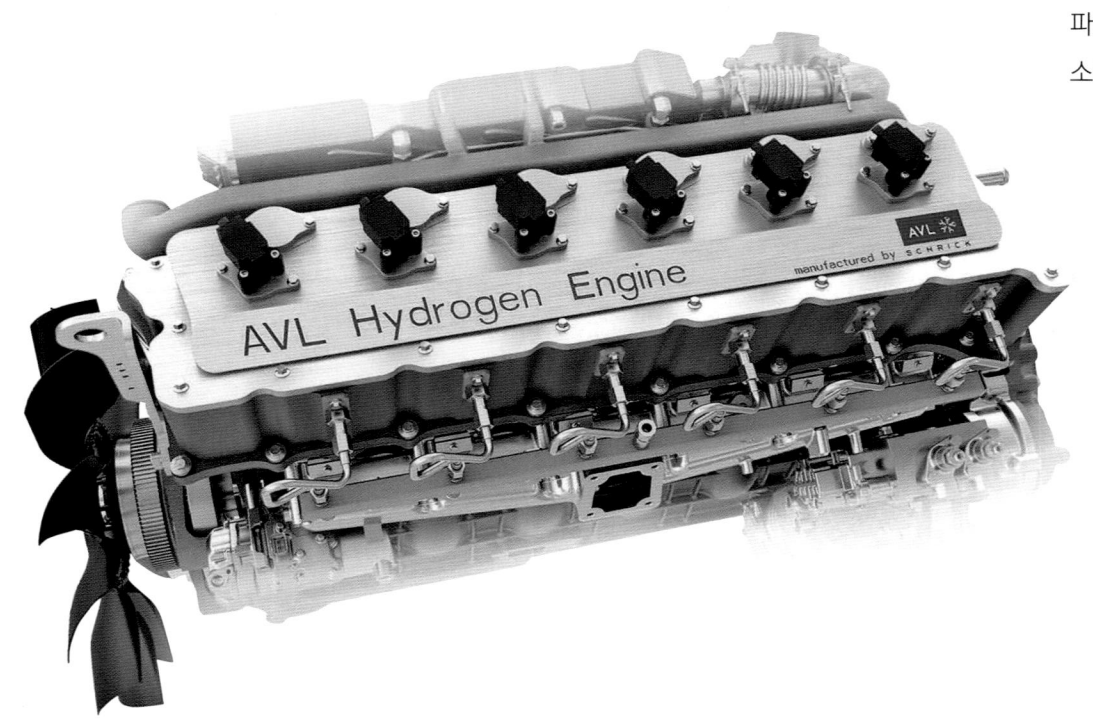

← AVL의 수소(H_2) 컨셉

오스트리아의 ESP인 AVL 또한 수소 내연기관(ICE) 연구에서 실적이 있다. 어떤 사양으로 할지는 물론 '디펜즈 온 커스터머(depends on customer)'이지만, 실린더 내 DI와 고과급, 저압 수소 분사라는 방향이 하나의 최적해라고 보는 것 같다. 상용차에서 CN(탄소 중립성)을 달성하는 수단으로서는 수소 내연기관(ICE)과 전동 아이템의 조합도 유력(즉, 수소 HEV)하며, 나머지는 비용, 출력·토크 및 탑재 공간과의 협의에 달려 있다.

엔진이 살아남기 위해 레이스에서 CNF를 단련하다

모터스포츠 세계에서는 국내외를 막론하고 탄소 중립 연료(CNF) 도입이 트렌드다.
국내의 슈퍼 다이큐 시리즈에서는 일본 자동차 제조사들이 각종 CNF 개발을 활발하게 진행하고 있다.
개발의 최전선을 보고 듣기 위해 5월 26일부터 28일까지 열린 후지 '24시간 레이스'를 방문했다.

본문 & 사진 : 세라 코타(Kota Sera) 사진 : Honda/Subaru/Toyota 그림 : ENEOS

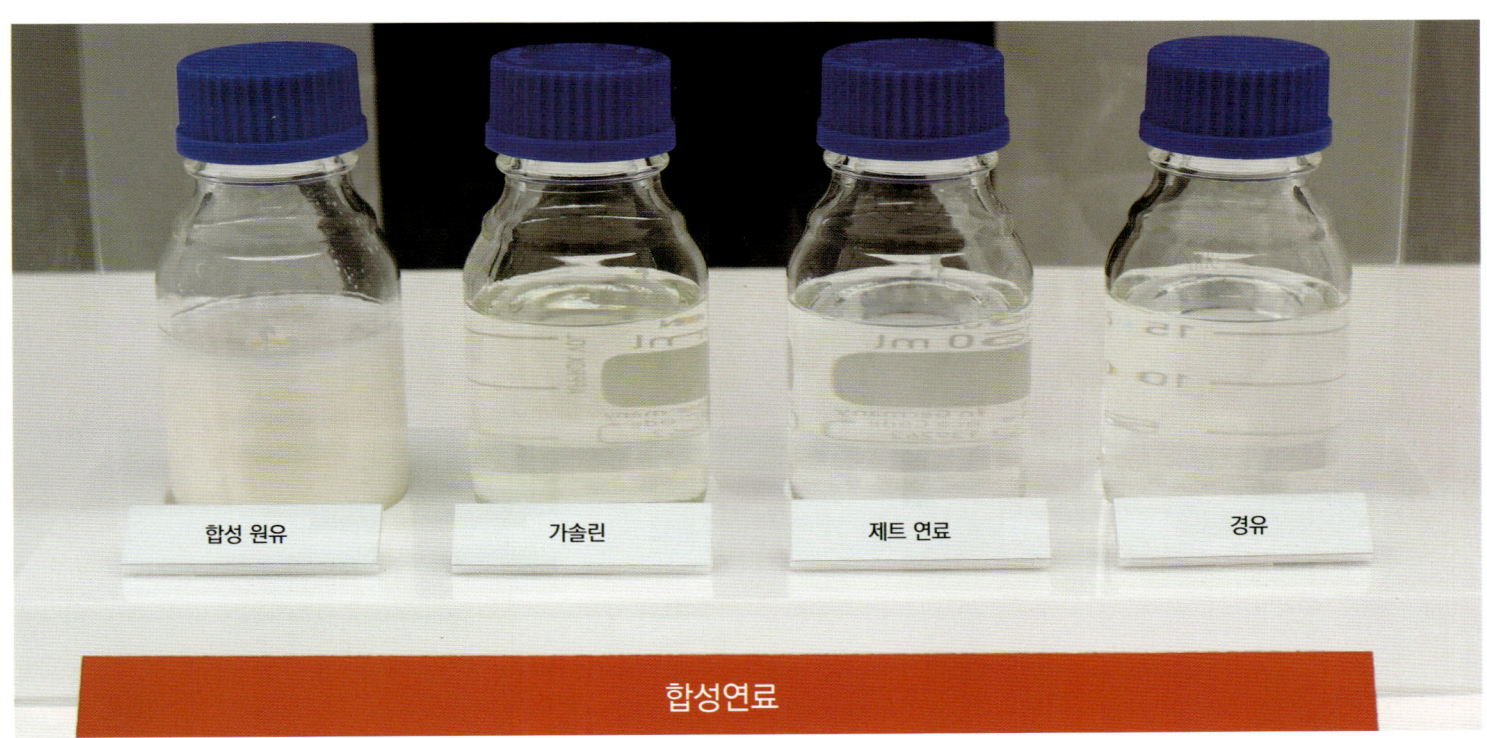

합성연료

↑ 슈퍼 다이큐 시리즈 2023 제2전 NAPAC 후지 SUPER TEC 24시간 레이스
개인 참가 차량을 중심으로 참가하는 차량들 사이에 자동차 제조사의 개발 차량이 달린다. 개발 차량의 경우 소속 클래스에서 1등을 하는 것이 목적이 아니라, 차량별로 내건 과제를 수행하고 조금이라도 빨리 상용화로 연결하는 것이 목적이다.

↑ ENEOS 국산 합성 연료
후지 24시간 레이스 중에 '탄소 중립을 위한 국산 바이오 연료·합성 연료를 추진하는 의원 연맹' 소속 의원들을 초청하여 식전이 열렸다. FT 합성 장치로 합성 원유를 만들고, 제품화 처리 장치로 가솔린, 제트 연료, 경유로 분리한다.

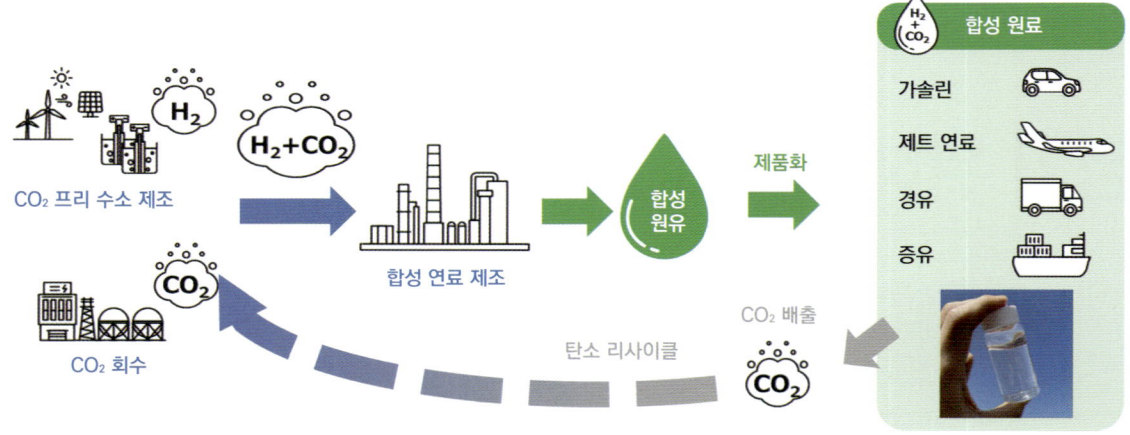

← 합성 연료의 제조 공정

합성 연료는 원료로 CO_2를 사용한다. 재생 가능 에너지로 만든 전기로 물(H_2O)을 전기 분해하여 수소(H_2)를 만들고, 도면에서 '합성 연료 제조'라고 기재된 공정에서 FT 반응(피셔-트롭슈 반응)에 의해, 먼저 CO_2와 H_2를 반응시켜 CO와 H_2O를 만들고, 다음에 CO와 H_2를 철이나 코발트 등의 촉매와 반응시켜 탄화수소를 만든다. 그것이 합성 원유다. 끓는점의 차이를 이용하여 성분을 분리한다. 합성 연료 중 재생 에너지로 만든 수소를 이용한 것을 e-fuel이라고 부른다.

슈퍼 내구 시리즈(통칭 S 내구)는 국내에서 개최되는 레이싱 시리즈 중 하나로, 시판 차량을 개조한 차량(레이싱 전용 차량이 아님)으로 경기가 진행된다. 클래스는 총 8개로, 개조 정도 또는 배기량에 따라 구분된다.

그 중에서도 특히 눈길을 끄는 것이 ST-Q 클래스이다. 이 클래스는 '다른 클래스에 해당하지 않고 STO(주최자인 슈퍼 내구 기구)가 인정한 개발 차량'에 속한다. 실질적으로는 자동차 제조업체의 개발 차량이 독점하고 있는 클래스이기 때문에 창설되었다. 개발 차량은 연료의 종류는 다르지만, 모두 탄소 중립 연료(CNF)를 사용한다. 레이싱이라는 극한 환경에서 다양한 검증을 하고, 양산에 적용하기 위한 개발을 가속화하는 것이 목적이다.

5월 26일부터 28일까지 후지 스피드웨이에서 개최된 'ENEOS 슈퍼 내구 시리즈 2023 제2전 NAPAC 후지 SUPER TEC 24시간 레이스'의 ST-Q 클래스에는 6대의 차량이 출전했다.

토요타는 액체 수소 엔진 GR 코롤라 H_2 컨셉과 CNF를 사용하는 GR86 CNF 컨셉의 2대를 출전시켰다. 스바루는 86과 기술을 공유하는 BRZ CNF 컨셉을 투입했다. 다른 클래스는 각 클래스에서 1위를 목표로 경주를 진행하지만, ST-Q 클래스는 상황이 다르며, 각 자동차 제조업체가 각각 고유한 주제를 정하고 경주에 임한다.

승리가 가장 중요한 주제가 아니라, 내구 레이스를 달리는 동안 데이터를 수집하여 다음 단계로 연결하는 것이 중요하다. 그런 가운데 토요타의 GR86 CNF 컨셉과 스바루 BRZ CNF 컨셉만은 정면으로 맞붙어 경쟁을 펼치고 있다. 쌍둥이 같은 자동차이기 때문이다.

단, GR86은 2.4ℓ 수평 대향 4기통 자연 흡기 엔진을 제거하고, GR Yaris에 탑재된 G16E-GTS형 1.6ℓ 직렬 3기통 터보를 기반으로 1.4ℓ로 소형화한 엔진을 탑재하고 있다. 배기량의 축소는 스트로크를 단축하여 실현했다. 1.4ℓ의 배기량은 원래 장

SUBARU BRZ CNF Concept / MAZDA3 Bio concept

스바루 BRZ는 P1에서 제조한 CNF를 사용하며, 연료 성상에까지 깊이 파고든 개발에 힘쓰고 있다. 마쓰다3는 바이오 디젤 연료(HVO)를 사용한다.

NISSAN Z Racing Concept

고객 대상 레이싱을 위한 FIA GT4 규격 차량을 기반으로 합니다. 레이스 차량 및 애프터마켓 부품 개발에 필요한 데이터를 수집하는 것도 슈퍼 다이큐(Super Taikyu) 내구 레이스 참전의 목적입니다.

↑ **ST-Q CNF의 도전**

행사 광장에 제조사들이 공동으로 CNF(탄소 중립 연료) 부스를 설치하고, 인지도를 높이기 위해 노력했다. CNF에는 과학의 힘으로 공업적으로 CO_2를 회수하여 만드는 합성 연료와, 식물의 힘으로 CO_2를 회수하여 만드는 바이오 연료가 있다.

↑ **공통 슬로건 '공동 도전'(共挑)**

도요타, 마쓰다, 스바루, 닛산(니스모), HRC는 '환경을 배려하면서 모터스포츠 사회의 발전에 기여하는 것을 목표로 한다'는 등, S내구 레이스의 이념에 공감해 모였습니다. 제조사 간의 울타리를 넘어 자유롭게 의견을 교환하겠다는 의지를 '공동 도전'(共挑)이라는 슬로건에 담아 활동하고 있다.

착되어 있던 (그리고 BRZ와 동일한) 2.4ℓ 자연 흡기와 동일하게 (1.4에 터보 계수 1.7을 곱하면 2.38이 된다) 하기 위해서다. 경쟁을 한다면 토요타의 맛을 내고 싶다는 생각에서다(CNF의 개발에 대해서는 협력하고 있지만).

ST-Q에서는 사용하는 연료의 종류와 브랜드는 자유롭다. 스바루와 토요타는 CNF의 개발을 협력하여 진행하는 관점에서 동일한 연료를 사용한다. 독일 P1사의 제품이다. 레이싱 전용 차량과 엔진으로 경기를 진행하며, 토요타(개발의 주체는 그룹 회사인 토요타 커스터마이징 & 디벨롭먼트가 수행한다. S 내구에서의 개발은 토요타 자동차가 주도)와 닛산(모터 스포츠 자회사인 닛

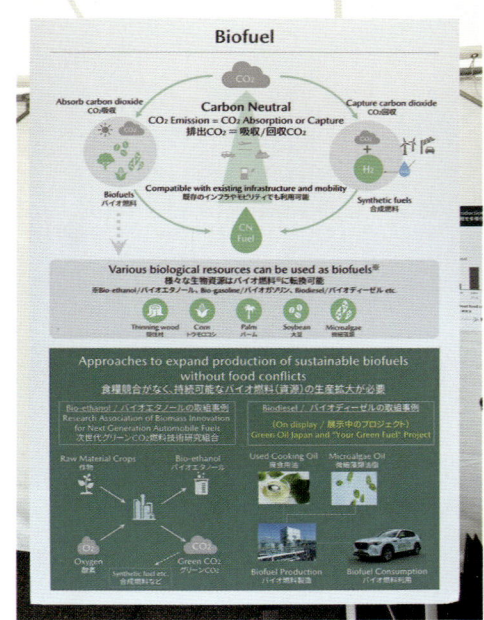

↓ **마쓰다는 100% 차세대 바이오 디젤을 사용**

2022년에 사용했던 국내 생산 사스테오에 비해, 2023년에 투입한 사스테오(HVO)는 세탄가가 높아 잘 연소된다고 한다. 그 연소를 레이스를 통해 완전히 제어하는 것이 테마 중 하나다. 마쓰다 관계자는 "기술적으로는 확립되어 있습니다. 과제가 되는 것은 어떻게 원료를 늘릴 것인가입니다"라고 설명했다. "수요가 늘어나면 장래적으로 유글레나(미생물) 유래의 유지를 늘리지 않으면 성립되지 않습니다." 연료 용도만으로는 사업이 성립하지 않기 때문에, 건강 보조제 등 영양소용 수요를 늘리고 싶다고 한다.

산 모터 스포츠 & 커스터마이징=니스모가 주도), 혼다(모터 스포츠 자회사인 혼다 레이싱=HRC가 주도)가 참가하는 SUPER GT GT500 클래스는 2023년부터 CNF 사용을 의무화하였다. 독일 Haltermann Carless사 제품으로, 내용은 2세대 바이오 연료이다.

SUPER GT와 다른 CNF를 사용하는 이유에 대해 스바루 관계자는 다음과 같이 설명한다. "SUPER GT의 경우 연료 성분을 변경할 수 없습니다. S내구 레이스는 자유롭기 때문에 석유 제조업체와 공동으로 연료 개발을 하고 있습니다. 엔진 쪽도 손보고, 연료 성질도 변경하는 방향으로 진행하고 있습니다. 석유 제조업체로서 항공기, 선박, 자동차 등 다양한 용도로 사용할 수 있게 하고 싶습니다. 그러면 현재의 합성 연료 제조 방법으로는 기화하기 어려운 연료 성분이 되어 버립니다. 가솔린의 성질에 가까운 제조 방법도 실현할 수 있지만, 그렇게 하면 고객층이 제한되어 버립니다. 자동차공업회를 통해 일본 제조업체로서 확실하게 사용할 것이므로, 가솔린에 특화된 더 좋은 합성 연료를 개발해 줄 것을 요청하고 있습니다."

합성 연료의 국산화도 과제이다.

"현재는 아직 합성 연료를 유럽에서 수입하고 있는 상태입니다. 국내 석유 제조업체와 협력하여 일본 국내에서 합성 연료를 상용화할 수 없을까 노력하고 있습니다. 국가 로드맵에서는 원래 2040년에 상용화 목표를 세웠지만, 그 시기가 2030년대 전반으로 앞당겨졌습니다. 기다리고만 있어도 상용화는 실현되지 않으므로, 과제를 제대로 해결하기 위해 열심히 연구 개발을 진행하고 있습니다."

CNF의 개발이 활발한 S 내구 레이스에 맞춰, ENEOS는 후지 24시간 레이스 중에 '합성 연료 주행 시연 행사'를 개최하였다. CO_2 프리 수소와 CO_2의 합성 반응으로 제조되는 액체 연료로, 좁은 의미에서는 e-fuel이다. 게다가(엔진을 개조할 필요가 없는) 드롭인이며, 이것을 국내 연구소에서 제조했다. 현재의 생산 능력은 하루 1배럴(드럼통 1개)이지만, 2027~28년을 목표로 300배럴/일의 파일럿 설비를 완성할 예정이다. 그 이후에는 1만 배럴/일 이상의 생산 능력을 갖춘 상업용 플랜트를 구축할 계획이다(단, 실현을 위해서는 국가의 지원이 필수적이며, 전기와 수소를 얼마나 저렴하게 확보할 수 있는지가 과제라고 말했다).

혼다는 시빅 타입 R CNF-R을 후지 24시간 레이스에 투입하였다. GT500과 동일한 Haltermann Carless 사의 CNF를 사용한다. GT500의 엔진은 2.0ℓ 직렬 4기통 직분사 터보로, 3개사가 연료 유량 규제(95kg/h)에 따라 개발을 진행하고 있다. 프리 챔버(Pre-Chamber: 부실)를 사용한 린 부스트 연소를 통해 열효율을 극대화하는 개발을 진행하고 있는 것이 현실이다. 최종 목표는 드롭인(drop-in)이기 때문에, 더 양산 엔진에 가까운 환경에서 CNF의 성질을 확인하기 위해 GT500과 동일한 연료를 사용하기로 했다고 한다.

GT500의 개발팀과 정보를 공유하면서

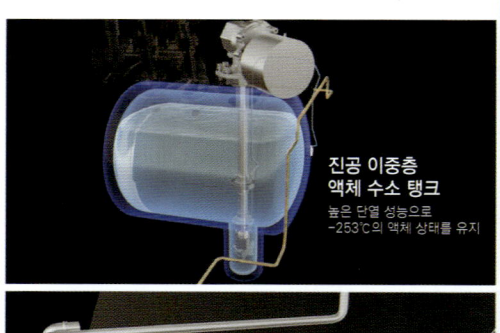

← 르망은 2026년부터 수소 클래스를 창설

르망 24시간 레이스를 주최하는 ACO의 피에르 필롱 회장이 후지 24시간을 방문해 2026년에 최고 클래스에서 「수소 엔진 사용도 허용한다」고 깜짝 발언. 2030년에는 최고 클래스를 수소만(FCEV 포함)으로 한정하고 싶다고 말했다.

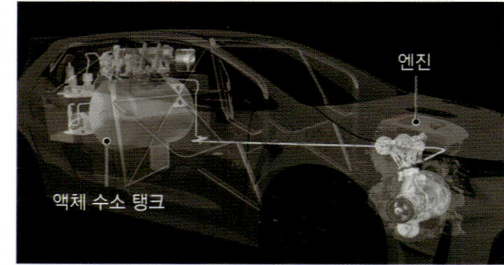

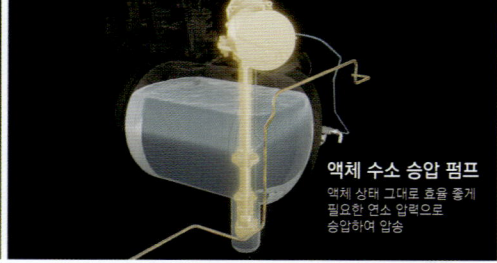

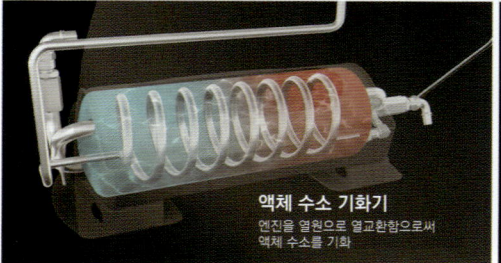

→ 액체수소시스템

차량 후방에 용량 148ℓ의 액체 수소 탱크를 탑재. 진공의 단열층을 가진 이중층으로 만들어, -253℃의 액체 수소를 외부 열로부터 차단한다. 액체 수소는 승압 펌프로 퍼 올려, 엔진을 열원으로 사용하는 기화기에서 열교환을 통해 기화. 압력 챔버에서 운전자의 가속 페달 조작에 따른 연료 공급량의 변동을 흡수하면서 엔진으로 보낸다. 기계적 내구성 문제로 인해, 트러블을 미연에 방지하기 위해 레이스 중 두 번의 펌프 교환(1회당 소요 시간 약 3.5시간)을 실시했다.

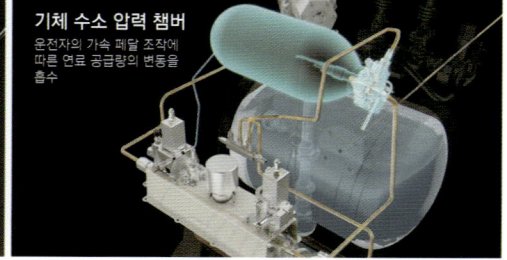

↓ 기체 수소에서 액체 수소로 변경

기체 수소에서 액체 수소로 전환했을 때 설비 면에서 큰 변화는 수소 충전소가 대폭 소형화된 것이다. 기체 수소는 별도 구역으로 이동(아래 사진)하여 수소 충전을 할 필요가 있었지만, 액체 수소의 경우 피트에서 연료 보급을 할 수 있게 되었다. 액체 수소의 과제는 수소를 어떻게 저온으로 유지하는가이다. 펌프의 효율과 능력, 기화의 제어라고 한다. 경량화도 과제이며, 현재는 기체 수소 시대보다 약 250kg 무겁다고 한다. 수소가 초저온이라는 점을 활용하여, 초전도 모터를 펌프에 적용하는 것을 학계와 공동 연구하고 있다.

개발을 진행하고 있다. 닛산도 후지 24시간 레이싱에 닛산 Z 레이싱 컨셉을 투입한다. CNF를 사용하여 지식을 쌓아갈 생각이다.

마쓰다는 MAZDA3 바이오 컨셉으로 참가한다. 100% 차세대 바이오 디젤 연료로, 유그레나 사의 Susteo (HVO)를 사용하고 있다. 2022년에도 미세 조류와 사용 후 식용유를 주원료로 하는 Susteo를 사용했지만, '바이오 연료 보급을 위해' 제조 방법이 다른 해외 제조의 HVO (수소화 식물성 기름)로 전환하였다. 올 여름 이후에는 가솔린 대체 CNF를 사용하는 로드스터를 ST-Q 클래스에 투입할 예정이다.

토요타는 2021년에 수소 엔진을 탑재한 GR 코롤라 H_2 컨셉을 출시하며 S 내구 레이스에서 CNF 개발의 선두에 나섰다. 2022년까지는 고압 수소 탱크에 기체 수소를 탑재하여 사용했지만, 올해의 후지 24시간 레이스부터 액체 수소로 전환했다.

액체 수소의 장점 중 하나는 충전 스테이션이 콤팩트하다는 것이다. 기체 수소 시대에는 수소의 저장 및 가압 등에 넓은 설비가 필요했기 때문에 일단 피트 밖으로 나가서 수소 공급을 해야 했다. 액체 수소의 경우 설비가 콤팩트하기 때문에 다른 차량과 마찬가지로 피트에서 연료를 보급할 수 있게 되었다.

기체에서 액체로 변하기 때문에 같은 부피로 약 1.7배의 수소를 탑재할 수 있게 된다고 한다. 수소를 연료로 사용할 때의 과제인 항속 거리의 연장이 기대할 수 있는 것도 액체 수소의 장점이다. 후지 24시간에서는 계산상 1스틴트(stint) 20바퀴(1바퀴 4.563km)가 가능하다. 안전 대책을 마련하여 1 스틴트 15바퀴를 염두에 두고 있다.

액체 상태로 차량에 탑재하지만 기화시켜 엔진에 공급하기 때문에 엔진(G16E-ETS 기반)의 수소계 설계는 기체 수소 시대와 동일하다. "S 내구 레이싱에 참가하는 목적은 상용화에 어떻게 연결할 것인가입니다. 가능한 기술을 계속 도입하여 민첩하게 개발해 나가고 싶습니다"라고 한 기술자가 말했다.

\ 전유 면적이 대폭 축소

기체 수소는 수소 저장만으로도 넓은 공간이 필요. 액체 수소는 탱크로리 차량 한 대로 충분하다. 사진 크기로 수소 엔진 차량 세 대가 24시간 레이스할 수 있는 양을 탑재. 수소 보급 시, 탱크에 수소를 충전해 가면 따뜻해져 기체가 되므로, 외부로 내보낼 필요가 있다. 따뜻해진다고 해도 액체 수소에 가까운 온도이므로 그대로 대기 중에 방출하면 안개처럼 되어 눈에 띄기 때문에, 벤트 유닛(왼쪽 아래 사진 컨테이너의 왼쪽)으로 외기와 열교환을 하여 눈에 띄지 않게 방출한다.

↑ JA59E형 신형 엔진

실화(점화 불량) 제로를 콘셉트로, 배기량 109cc는 동일하지만 보어 직경이 작고 스트로크가 긴 '롱 스트로크' 설계로 바뀌었다. 실화 감지는 크랭크 옆에 있는 크랭크 펄서가 각속도 변동으로 실화를 감지하는 구조이다. 압축비는 높아졌지만 시동 장치는 슬림하고 가벼운 것이 장착되었다.

SPEC	JA59E	JA10E	SPEC	JA59E	JA10E
내경 × 행정	47.0 × 63.1mm	50.0 × 55.6mm	최대토크	8.8Nm/5500rpm	8.5Nm/5500rpm
압축비	10.0 : 1	9.0 : 1	차량 중량	101kg	98kg
최고출력	5.9kW/7500rpm	5.9kW/7500rpm			

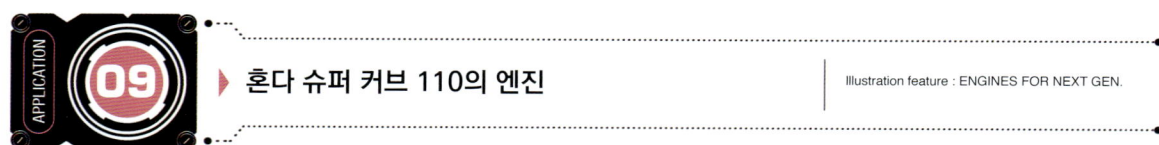

APPLICATION 09 ▶ 혼다 슈퍼 커브 110의 엔진   Illustration feature : ENGINES FOR NEXT GEN.

세계 최강의 실용 엔진을 만들어낸다

슈퍼 커브 110의 엔진이 풀 모델 체인지를 이루었다.
출력은 동등/토크는 미세하게 증가, 연비 성능은 향상. 나아가 유로5/레이와2년 규제에 적합하다.
전 세계에서 애용되는 궁극의 실용 엔진에 대해, 설계자에게 상세한 내용을 물었다.

본문 : MFi   사진&그림 : Honda

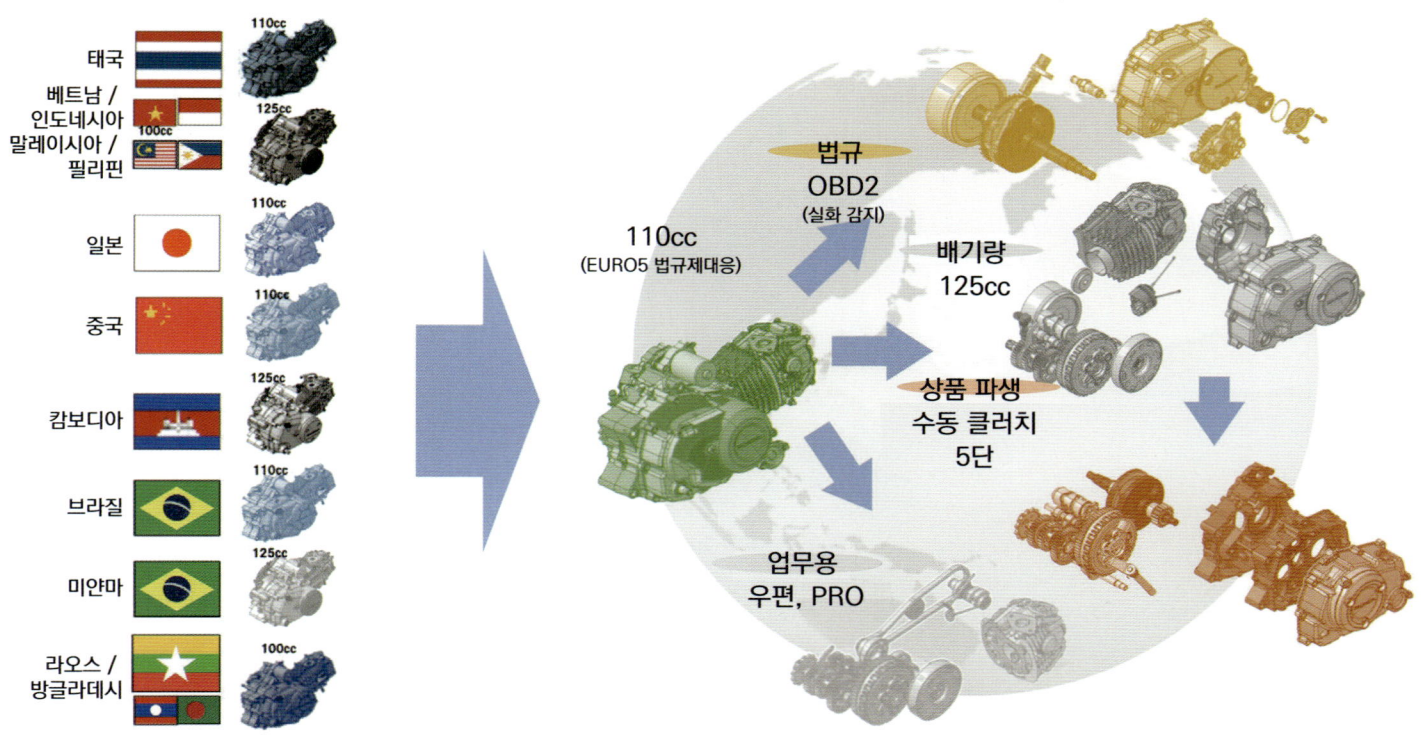

● JA59E형이 탄생한 배경

보어 스트로크의 검토는 인도에서부터. 110과 125가 존재하던 것을 통일화하여, 비용 이점을 도모할 수 있는 EURO5 규제 대응 엔진을 만드는 검토가 시작되었다. 앞서 시장에 투입되었던 125cc와 기존의 110cc, 일부 시장의 100cc 등에 대해, 글로벌 원 스펙으로 통합하는 것이 목적 중 하나. '기본형 → 파생형'이라는 스토리가 상식적인 흐름인 반면, JA59E형은 '파생형 → 글로벌 스펙으로 통합'이라는 흐름을 거친 것이 된다.

이전의 110cc 모델 EEBJ-JA10형이 등장한 것은 2012년 2월. 그로부터 10년 후인 2022년 3월, 8BJ-JA60형 슈퍼 커브 110에 탑재된 엔진이 새로워진다. JA59E형이라는 새로운 엔진의 목표는 최신 배기가스규제에 대응하는 것이다. 유로 5/레이와 2년 규제를 충족하기 위한 기술이 적용되었다.

유로 5에서는 차량 진단을 위한 OBDⅡ 커플러의 장착이 의무화되어, 그곳에서 실화 감지 및 촉매 열화 감지가 요구된다. JA59E의 개발에 있어서는 우선, 이 실화를 제로로 하는 것이 목표 중 하나로 정해졌다.

구체적인 대책으로는 캠 프로파일의 선정과 흡기계통의 레이아웃 재검토가 있다. 흡기관의 길이와 포트 형상은 원활한 가스 흐름을 기대할 수 있는 설계로, 인젝터는 벽에 닿는 것을 최대한 피할 수 있는 위치로 변경하였다. 그러나 오버랩은 최대한 줄여 생가스의 유출을 최소화하고, 포트 내에서 안정된 혼합 가스를 생성하는 개념이다.

급속 연소하면 열효율은 향상되지만, 그렇게 하면 크랭크 다운이라고 하는 연소 시에 발생하는 금속의 접촉음이 발생한다. 이것이 일부 해외 시장에서 싫어하는 점으로 지적되어, 출력과 NVH의 균형을 맞추는 동시에 크랭크 베어링의 용량을 늘리고 크랭크 자체의 강성을 높이는 등 대책을 마련하였다. 압축비를 높였기 때문에 블록과 실린더 헤드는 강도를 높이는 설계로 만들었지만, 오히려 무게는 줄어 들었다.

슈퍼 커브 110은 서민들의 발로 사용되기 때문에 법규에 대응하기 위한 비용을 가격에 추가할 수는 없다. 연비 성능에 대해서는 말할 필요도 없다. 그렇다고 출력을 포기할 수는 없다. 이러한 균형을 고려하여 밸브 크기를 47mm로 정했다. 그렇게 되면 110cc의 배기량에서 스트로크는 63.1mm가 되는데, 이는 선행하고 있는 125cc의 스트로크 길이와 동일한 값이다. 물론 여기에는 125cc와의 모듈식 설계/생산의 효율화라는 관점도 포함되어 있다. 평균 피스톤 속도는 15.8m/s이다. 이전 모델인 JA10E형은 13.9m/s이므로, 약 2m/s 빠른 속도이다. 또한, 실린더에는 6mm의 오프셋이 설

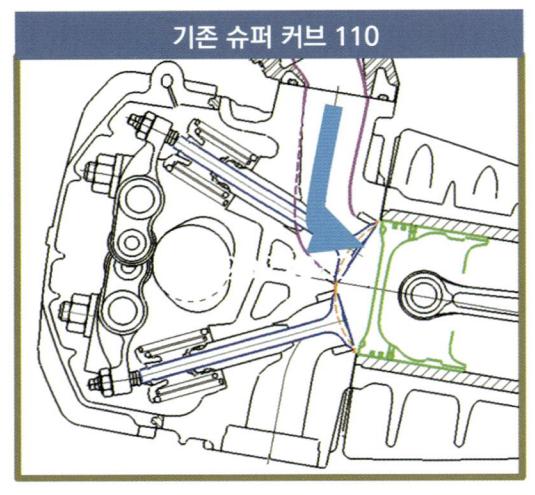
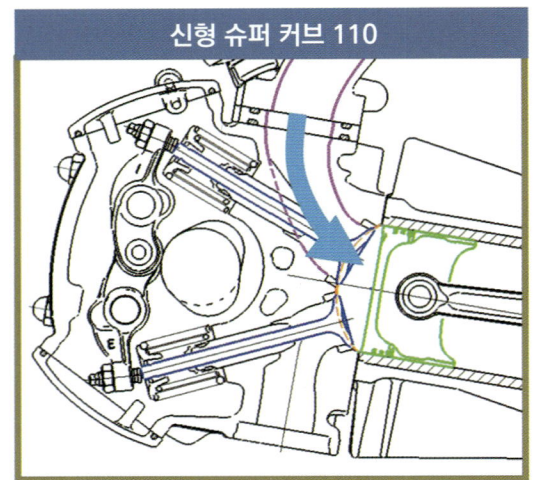

흡·배기 포트 설계

목 부분의 굽힘이 적은 부드러운 흡기 포트 형상과, 벽면에 부착물이 적은 인젝터 노즐 배치에 따라 실화를 제로로 만드는 사상. 밸브 직경은 흡기 24.5mm/배기 20.0mm를 확보하고 있다. 참고로 125cc는 동일한 스트로크 값/보어는 50mm라는, 역시 롱 스트로크 설계로, 밸브 직경은 흡기와 배기 모두 1mm씩 대경으로 했다.

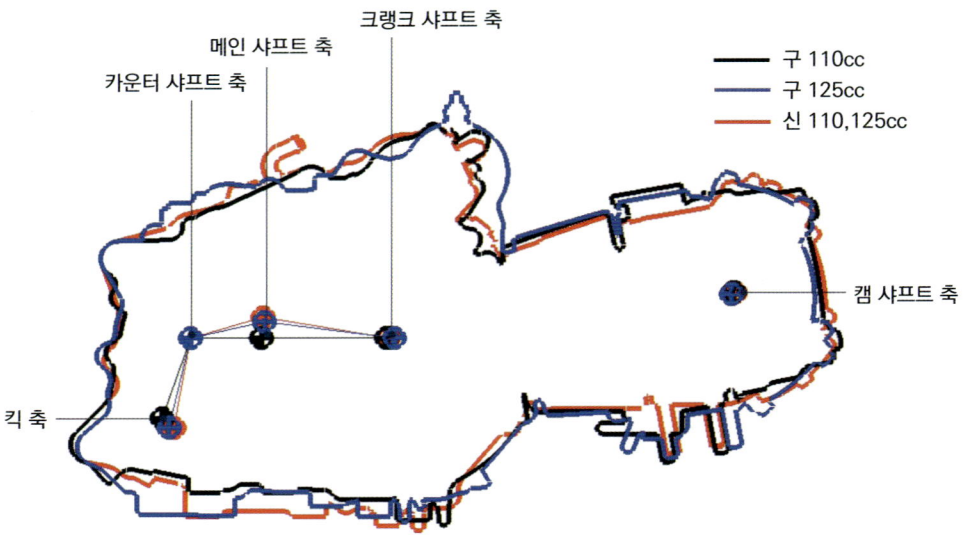

축 배치 신구 비교

스트로크는 길어졌지만 엔진 전체 길이는 거의 이전 세대 110cc와 동일. 캠 체인도 90링크로 동일. 커넥팅 로드의 길이로 롱 스트로크를 실현했다. 캠 샤프트는 프로파일을 포함하여 125cc와 동일. 메인 샤프트 축은 위쪽으로 옮겨져, 유연을 때리지 않음으로써 마찰 저감을 도모했다. 차체 마운트 위치는 신구 110cc가 동일.

정되어 있다.

실린더 헤드도 일체형 구조로 변경되었다. 그 이유는 냉각 성능 때문이다. 주행 중 바람은 실린더 헤드의 정수리에만 닿기 때문에, 그 부분을 별도 구조(캠 커버 + 개스킷)로 하면 그곳에서 냉각이 멈추게 된다. 일체형 구조로 함으로써 열 질량이 커지는 구조이다.

공랭식이기 때문에 핀의 세우기에도 신경을 썼다. 처음에는 경량화를 추구하여 핀의 수와 모양도 적었지만, 노킹이 문제되어, 바람을 유도하는 통로를 포함하여 실린더 헤드를 효율적으로 냉각할 수 있는 모양으로 했다.

아울러, 슈퍼 커브라면 레그 실드가 있어 적극적으로 바람을 유도할 수 있겠지만, 본 기종은 어디까지나 글로벌 엔진으로 다양한 차종에 적용될 목적이 있기 때문에 엔진만으로도 제대로 냉각될 수 있도록 설계되었다.

어려운 것은 윤활이다. 작은 크랭크 케이스로 오일 팬이 거의 없는 형태에 더해, 수평 배치 실린더이기 때문에 제동이나 피칭이 발생하면 오일이 실린더 쪽으로 흘러 들어간다.

대책으로 오일 팬의 형상을 고안하여 오일면을 낮추고, 크랭크 케이스 내에 리브를 세웠다. 흘러 들어간 오일은 캠 체인의 챔버에 모아 중력으로 되돌린다. 또한 클러치 주변의 축 위치를 높여 오일의 교반 저항을 낮추고 있다.

PROFILE

하라다 마코토
Makoto HARADA

혼다 기연 공업 주식회사
이륜/파워 프로덕트 사업본부
이륜/파워 프로덕트 개발 생산 총괄부
파워 유닛 개발부 동력 설계과
어시스턴트 치프 엔지니어

APPLICATION 10 ▶ 아이신 전동 VVT 기술 | Illustration feature : ENGINES FOR NEXT GEN.

전동이 여는 새로운 캠 페이저의 세계

엔진에 추가적인 성능 향상 및 배출가스 규제 대응이 요구됨에 따라, 캠샤프트의 연속 위상 가변 밸브 기구,
이른바 VVT 기능에 대한 요구는 해마다 높아지고 있다. 기존의 유압식에 비해 비용은 높아지지만,
더 많은 이점이 있는 전동 VVT에 대해, 아이신은 어떤 접근 방식으로 도전했는지 물었다.

본문 : 세라 코타(Kota SERA) 사진 : MFi 그림 : AISIN

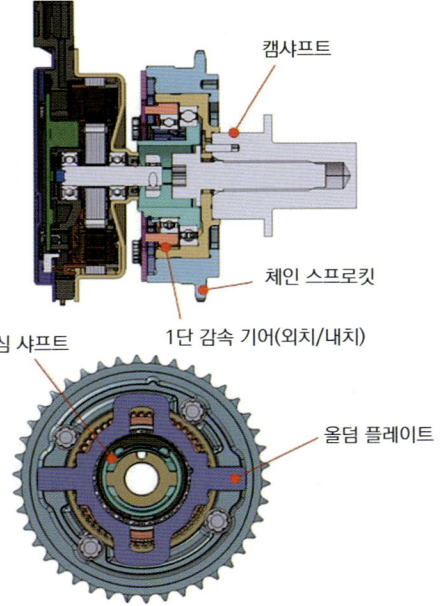

● **2022년에 양산이 시작된 아이신의 전동 VVT**

체인 스프로킷이 있는 곳이 감속 기구를 담은 위상 변환부이며, 캠샤프트 측이다. 철제 커버 측에 모터와 VVT 제어용 ECU가 수납된다. 커버의 일부가 직사각형으로 움푹 파인 것은, 그 안쪽에 있는 전자 부품과 방열용 시트를 통해 접촉하여 냉각성을 높이기 위함이다. 모터의 회전은 위상 변환부에 있는 외치 기어를 가진 편심 샤프트에 전달되어, 편심 운동을 하면서 감속하고, 회전 속도의 제어에 의해 위상 변환을 한다. 이때, 올덤 플레이트에 의해 내치 기어와 일체화된 스프로킷(하우징 일체형)의 움직임을 규제하여, 캠샤프트와의 위상을 조정한다.

엔진의 운전 상황에 따라 밸브의 개폐 타이밍(위상)을 앞뒤로 늦추는 구조를 가변 밸브 타이밍 시스템(Variable Valve Timing = VVT)이라고 한다.

캠샤프트 끝에 고정된 구조로 위상을 늦추면 밸브가 빨리 열리고 닫히며, 위상을 늦추면 밸브가 늦게 열리고 닫히게 된다. 두 경우 모두 개방각(밸브가 열린 시간)은 동일하지만, 개폐 타이밍 조정의 영향은 크고, 저온 시동성 확보와 배기가스 저감, 연비 및 출력 향상에 연결된다. 따라서 적용 예가 늘어나고 있으며, 흡기 측에는 VVT가 없는 고정 캠의 기종을 찾기가 어려울 정도이다.

아이신은 1991년에 유압 VVT를 양산한 후, 90년대 중반에 위상 전환 구조를 헬리컬식에서 베인식으로 변경하고, 2012년에는 연비 및 저온 시동성 향상에 효과적인 중간 잠금 VVT를 양산했다(유압 VVT의 진화 과정은 Vol.155 '자동차 기술의 출발점'에서 설명하고 있다). 위상 전환을 유압이 아닌 전기로 하는 전기식 VVT의 움직임을 아

이신은 옆에서 지켜보고 있었다.

2006년에 출시된 렉서스 LS에 탑재된 4.6ℓ V8 엔진(1UR-FSE)은 흡기 측에 전기식 VVT를 적용했다. 아이신은 유압 VVT에서 전기 VVT로 전환할 수 있도록 준비를 진행하기로 했다. 제품화하더라도 후발이 될 것은 틀림없기 때문에, 타사 제품과의 차별화가 필수적이었다. 전기 VVT에 의한 '기쁨'이라고도 표현할 수 있다.

"3가지 개발 개념을 붙였습니다. 첫 번째는 고속, 고응답입니다"라고 전기 VVT 개발을 이끌고 있는 니시가키 아츠시 씨가 설명한다.

"유압으로는 실현할 수 없는 속도를 달성하고 고속으로 작동합니다. 유압으로는 작동할 수 없는 극저온에서도 작동함으로써 배기가스 저감과 연비 향상에 기여할 수 있지 않을까 생각했습니다." 속도는 500°CA/sec(초당 크랭크 각도 500도)를 목표로 했다. 유압의 약 2배이다.

"실제로는 그 정도의 속도가 요구되는 것은 아니지만, 빠르게 작동해야 하는 요구에 대응할 수 있습니다. 두 번째는 간단한 제어입니다. 당사의 전기 VVT는 VVT용 ECU가 일체형으로 통합된 기계 전기 일체형입니다. 엔진 ECU에서 위상 지시를 받으면 VVT 측의 ECU에서 연산하여 적절하게 제어하는 시스템입니다."

엔진 ECU에 VVT의 기능을 통합할 필요가 없기 때문에 자동차 제조업체의 개발 부담이 경감된다. 세 번째 장점은 컴팩트한 설계이다. 지금까지 유압 VVT가 장착되어 있던 위치에 감속 기구를 부착하고, 그 앞에 ECU 일체형 모터를 부착한 구조이다.

모터의 분량만큼 축 방향으로의 돌출을 최대한 억제하여 탑재 제약이 있는 엔진룸에 대한 부담을 줄였다. 앞서 언급한 바와 같이 기계와 전기가 일체형이기 때문에, 컨트롤러를 별도로 설치하는 구조에 비해 패키징 면에서 우위를 차지한다. 엔진은 수평 및 수직 설치 모두 대응 가능하다.

선행 개발부터 전기 VVT 개발에 참여한 이케다 켄지 씨는 "2012년에 마쓰다 SKYACTIV 엔진에 전기 VVT가 탑재된 것이 전환점이었다"고 회상하였다. 다른 회사도 포함해 고가형이 아닌 대중형 차량에 탑재되기 시작했기 때문이다.

시스템 가격은 유압의 2배 이상이지만, 저온 시동 시 배기가스 저감 및 연비 등 측면에서 지출하는 비용에 비해 얻을 수 있는 이점이 더 크다. 그렇게 판단하게 된 것은 전기 VVT의 적용이 증가하면서 드러났다.

기초 연구를 진행하던 아이신은 2014년경부터 전기 VVT의 양산화를 위한 개발을 본격화했다. 2022년 3월에 양산이 시작된 마쓰다 CX-60이 첫 적용 사례다(디젤, 가솔린 모두 탑재).

유압 VVT는 위상을 바꾸고 싶은 시점에 유압실의 압력을 변경하여 위상을 바꿉니다. 전기 VVT는 모터의 회전을 가감속하여 캠샤프트에 전달한다. 아이신의 전기 VVT는 오프셋된 축에 회전을 전달하는 올덤 커플링을 사용한 1단 감속 기구를 채택한 것

● **아이신 VVT의 지금까지의 개발 추이**

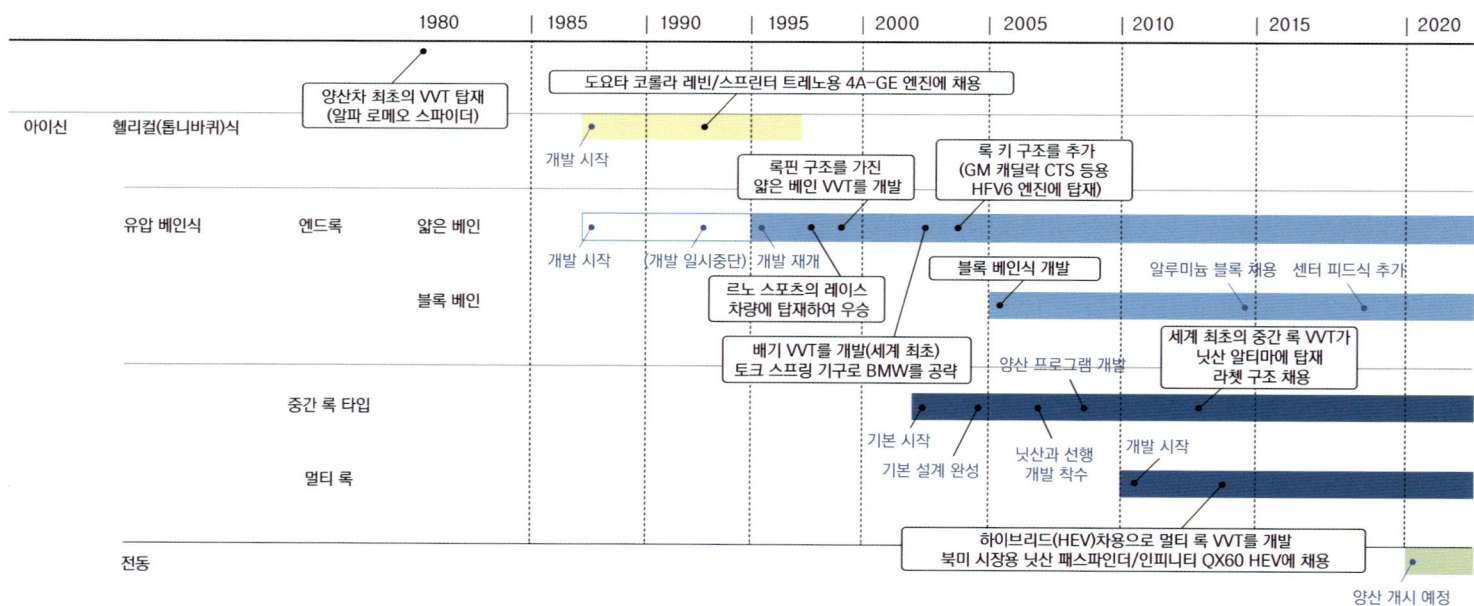

1991년에 토요타 레빈&트레노(AE101)의 4A-GE형 1.6리터 직렬 4기통 자연흡기 엔진에 헬리컬식(유압으로 작동하는 피스톤에 의해 헬리컬 기어를 회전시키고, 유압실로의 유압 공급/배출을 통해 위상을 전환하는) VVT를 채용한 것이 VVT의 첫 적용. 비용/내구성/사이즈 면의 과제를 해결한 유압 베인식(하우징 내의 날개의 움직임을 유압으로 제어)으로 개발의 중심축을 옮기면서, 시동 시의 제어성이 뛰어난 중간 록 타입을 개발하여, 2012년에 세계 최초로 적용(닛산 알티마). 이와 동시에 전동 VVT의 개발에 힘쓰고 있었다.

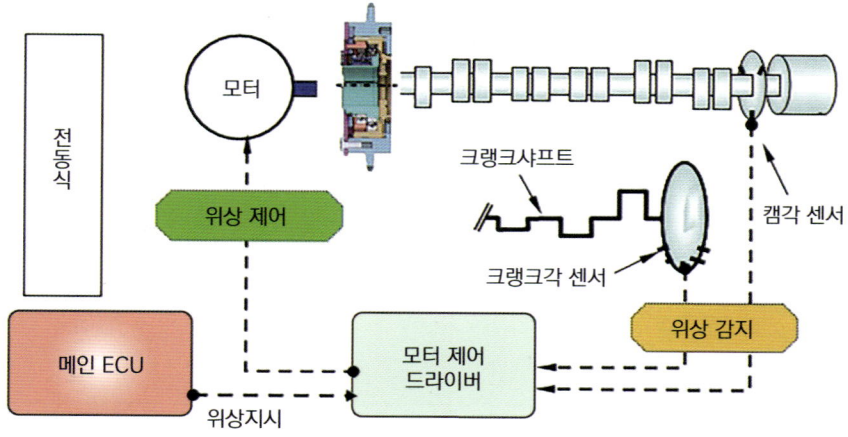

● 기계와 전기 일체형의 콤팩트한 시스템 구성

메인(엔진) ECU로부터 운전 상황에 따른 위상 지시를 받아, 크랭크각 센서와 캠각 센서로부터의 위상 감지 정보로 VVT의 위상을 제어하는 ECU(모터 제어 드라이버)가 모터 회전수를 연산한다. ECU 일체형 모터를 향해 회전 제어 지시를 내린다. 모터 제어 드라이버가 모터와 일체화되어 있기 때문에, 별도의 드라이버가 필요하지 않은 것이 아이신제 전동 VVT의 특징이다.

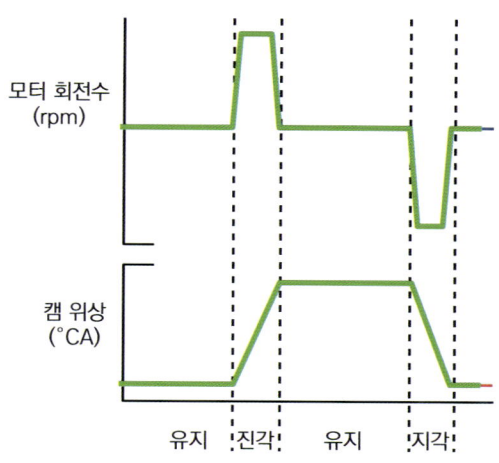

● 모터 회전수와 캠샤프트 위상의 상관 관계

그림은 엔진 회전수가 일정할 경우의 거동을 나타낸다. 모터는 항상 회전하고 있으며, 위상 유지 시에는 모터 회전수 = 캠샤프트 회전수가 되도록 제어한다. 진각 시에는 모터 회전수 〉캠샤프트 회전수(캠샤프트는 스프로킷에 대해 진각)로 하고, 지각 시에는 모터 회전수 〈 캠샤프트 회전수(캠샤프트는 스프로킷에 대해 지각)가 되도록 제어한다.

이 특징이다. 2단 감속을 사용한 타사 제품도 있지만, 콤팩트한 설계를 목표로 1단 감속을 채택하였다.

ECU 일체형 모터는 엔진 ECU로부터 운전 상황에 따른 지시를 받으면 적절한 모터 회전수로 제어한다. 모터는 항상 캠샤프트와 동일한 회전수로 회전한다. 위상을 변경할 때만 유압을 작동시키는 유압 VVT와는 결정적으로 다른 부분이다.

전진 각도 지시가 도착하면 그 위상을 향해 모터를 가속하여 캠샤프트보다 빠르게 회전시키고, 지연 각도 지시가 도착하면 모터를 감속하여 캠샤프트의 회전 속도보다 느리게 한다.

모터의 회전 입력은 편심 샤프트로 전달된다. 편심 샤프트는 외기어보다 1개 많은 내기어를 편심 회전시켜 모터 회전을 감속하면서 토크로 변환한다. 샤프트 1회전으로 1개(약 14°CA)의 위상 변환이 가능하다.

감속비를 53으로 타사 제품에 비해 낮게 설정한 것은 속도와 응답성을 중시한 결과

● 올덤 이음을 이용한 모터의 감속 기구

위상 변환부의 1단 감속 기구를 본다. 모터의 회전을 받는 중심축과 외치 유지부의 중심부를 편심시킴으로써, 외치 기어가 편심 운동. 내치 기어와의 맞물림이 한 톱니씩 어긋나면서 감속하고, 동시에 토크를 크게 한다. 53이라는 감속비는 응답성의 관점에서 결정. 타사 제품에 비해 월등히 작고, 응답성이 높다. 감속비가 작으면 위상 유지가 어려워지지만, 그 부분은 제어 등으로 궁리했다고 한다. 오른쪽 사진은 올덤 플레이트를 장착한 모습. 이 플레이트가 외치 기어의 편심을 흡수하면서 체인 스프로킷 측에 구속. 스프로킷에 대해 내치 기어를 상대적으로 이동할 수 있게 한다.

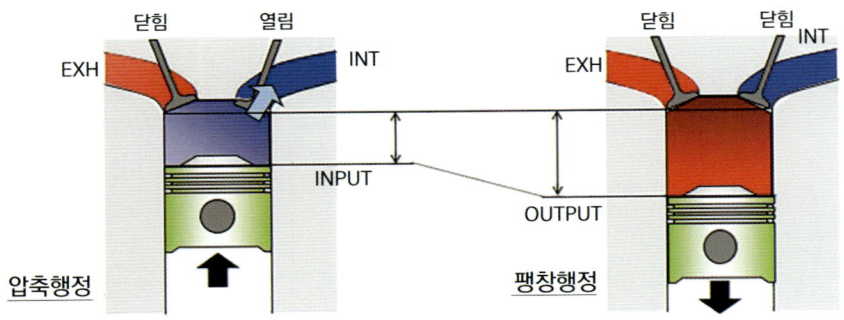

● 엔진 시동 시부터 캠샤프트 위상 변화가 가능

유압 VVT의 경우는 유압이 필요하므로, 펌프가 작동하지 않는 엔진 정지 시에 작동시킬 수 없다. 전동 VVT의 장점은 시동 시 또는 냉간 시에 오일 점도가 높을 경우에도 작동할 수 있다는 점이다. 예를 들어, 시동 시 흡기 전동 VVT의 위상을 지각시켜 흡기 밸브를 늦게 닫는 상태로 해두면, 크랭킹 중의 공기 압축 손실을 줄일 수 있다(압축 해제 위상에서의 시동). 또한, 엔진 재시동 시에는 시동 충격을 줄이는 것과도 연결된다.

● 각 타입 VVT의 록 위상 차이와 그 목적

기존의 유압 VVT(엔드록 타입)는, 유압이 걸려 있지 않아 기계적으로 록된 상태에서는 지각 측 끝에서 록된다. 중간 록 유압 VVT는 기계적 록의 위치를 진각 측에 세팅하는 것이 가능. 시동 시에 진각 측으로 해두어 배기의 되뿜음(blowback)에 의한 분무 기화 촉진 → 미연소 HC 저감에 효과적이다. 전동 VVT는 엔진 정지 시에도, 냉간 시동 시에도 작동 가능하므로 록 기구가 없다. 유압 VVT에 비해 지각 측으로 크게 제어 가능하다.

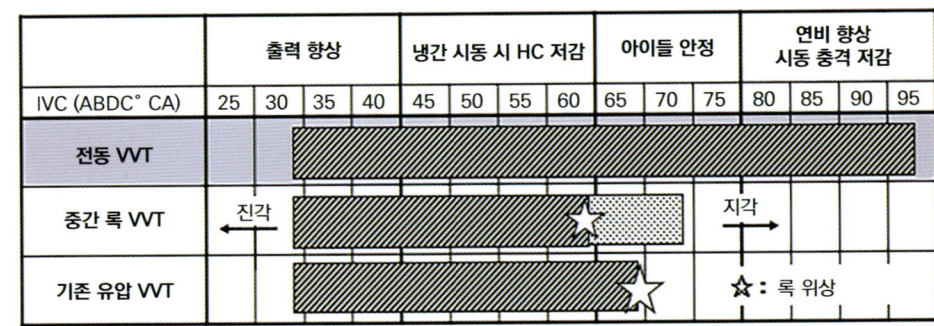

이다(감속비가 크면 많이 회전해야 하므로 위상 전환에 시간이 걸린다)

캠샤프트에 회전력을 전달하는 내치 기어를 외치 기어에 대해 상대적으로 움직이려면, 외치 기어를 체인 스프로켓에 고정해야 한다. 이때 스프로켓에 대해 내치 기어의 상대적인 움직임을 가능하게 하는 것이 바로 올덤 플레이트(Oldham's Plate)이다.

"기초 연구 단계에서 다양한 방법을 검토했습니다. 높은 응답성을 실현하기 위해 어떤 방식이 좋은지 검토한 결과, 올덤 커플링을 사용한 1단 감속으로 결정했습니다. 올

● 각 행정에서 전동 VVT가 만들어내는 이점

고응답성의 아이신 전동 VVT를 흡기 측 캠샤프트에 적용했을 경우의 활용 실시 예. 엔진 시동 시에는 ①VVT를 가장 느린 각도로 설정하여, 압축 해제(감압) 위상으로 압축 행정에서의 부하가 줄어든다. ②크랭킹 1회 압축이 지난 시점에서 첫 폭발 타이밍까지 진각 작동시킨다. 여기서 500°CA/sec의 고응답성이 효과를 발휘한다. 진각에 의해 압축비가 높아져, 연소 온도를 상승시킴으로써 연소 중의 HC 저감으로 이어진다. ①은 스타터 모터의 용량 감소 → 시스템 비용 저감으로 이어지며, ②는 WLTC 모드에서 약 9.5%의 HC 저감 효과가 있음을 실측으로 확인했다.

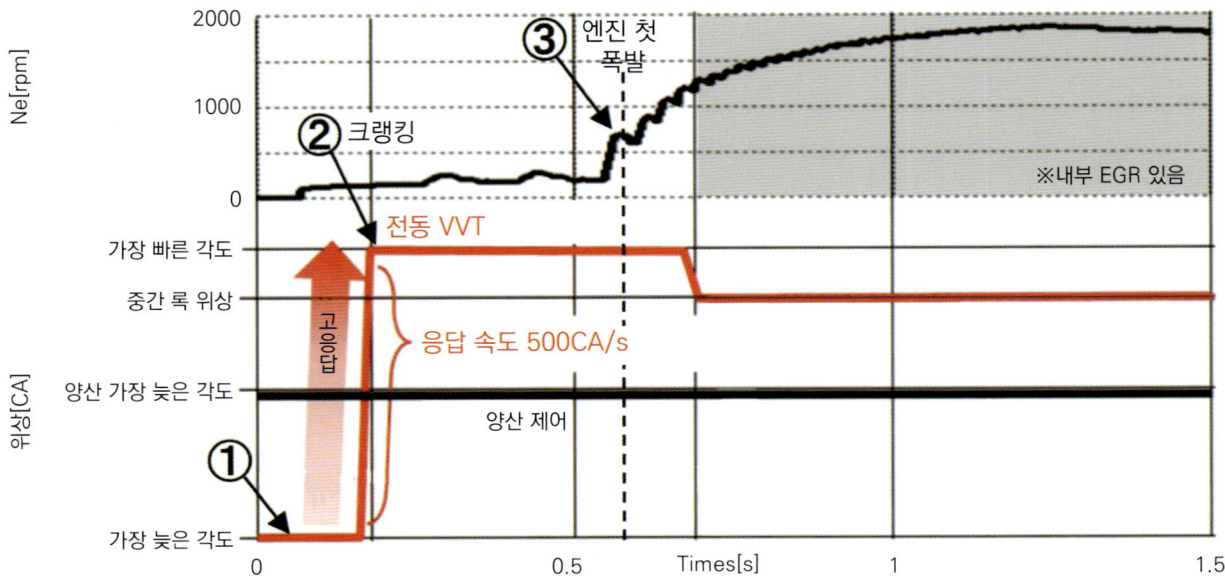

축적되어 온 많은 지견을 활용한 구조

왼쪽은 모터(그 안쪽에 VVT 제어용 ECU가 수납됨), 오른쪽은 감속 기구를 담은 위상 변환부(올덤 플레이트는 미장착 상태). 둘 다 아이신 내제. 모터 개발 및 제조에 관해서는 전동 워터 펌프의 지견이 살아있으며, 개발 시의 착안점이 되었다고 한다. 구조는 다르지만, 위상 변환부는 유압 VVT의 공법을 답습하고 있는 부분이 크다고 한다. "기본적으로 모두 내제. 유압 VVT와 전동 펌프의 노하우가 가득 담겨 있습니다"(니시가키 씨)

모터와 일체화된 제어용 ECU

전자 기판에 새겨진 "AISIN" 로고가 내제임을 나타내고 있다. 전동 VVT를 구성하는 요소 중 열적으로 가장 혹독한 부품이지만, 모터와 마찬가지로 전동 워터 펌프의 개발로 쌓은 지견을 활용하여 개발. 다른 부품과 마찬가지로 아이신에서 내제하고 있다. 제어도 아이신 그룹 내에서 내제. 응답성이 높으면 위상을 바꿀 때의 오버슈트가 과제가 되지만, 속도를 유지하면서 높은 정밀도로 수렴하도록 잘 만들어 넣었다고 한다.

덤을 사용하면 충돌 부위가 많아져 소음 면에서는 불리하지만, 제조 시 정밀도를 철저히 관리하여 소음을 억제하고 있습니다"라고 이케다 씨는 말한다.

모터는 전동 펌프에서 쌓은 지식을 살려 설계, 제조하고 있다. 감속 기구를 포함한 모든 부품은 미카와(三河) 지역의 공장에서 자체 생산하고 있다. "설계 개발부터 생산까지 일괄적으로 진행하기 때문에 문제점을 빠르게 파악할 수 있는 것이 강점입니다."(니시가키 씨)

"제어 역시 아이신 사내에서 하고 있습니다. 엔진 측의 평가에 참여하면서 적합성을 포함한 대응도 확실하게 할 수 있습니다."라고 시스템을 총괄하는 사토 토시키 씨가 덧붙였다.

유압 VVT에는 없는 (흡기측) 전동 VVT의 장점은 시동 시에 나타난다. 시동 시에 가장 늦은 각도로 하면 압축 부하가 낮아지므로 스타터 모터의 부하가 줄어들어 용량을 줄일 수 있어 시스템 비용을 낮출 수 있는 장점이 있다.

저온에서 시동할 때는 압축비가 필요하기 때문에 순간적으로 각도를 앞당겨 실린더 내의 온도를 높임으로써 초기 폭발 시의 연소 온도를 높일 수 있다. 이 제어를 통해 유압 VVT에 비해 WLTC 모드에서 약 9.5%의 HC 저감이 가능하다는 것이 엔진 벤치에서 확인되었다. 이러한 정량적 데이터를 제안할 수 있는 것도 당사의 강점이라고 생각한다.

앞으로 새로운 엔진이 얼마나 빠른 속도로 등장할지는 예측할 수 없지만, 세상이 전동화로 전환되고 있다고 해서 엔진 관련 기술 개발을 중단하지 않고, 강점을 가진 제품을 통해 언제든지 요구에 대응할 수 있도록 준비하는 것이 아이신의 방침이다.

PROFILE

니시가키 아츠시
Atsushi NISHIGAKI

주식회사 아이신
파워트레인 컴퍼니
PT 전동 액추에이터 기술부
가변 밸브 기구 설계실 실장

사토 토시키
Toshiki SATO

주식회사 아이신
파워트레인 컴퍼니
PT 전동 액추에이터 기술부
가변 밸브 기구 설계실 주사

이케다 켄지
Kenji IKEDA

주식회사 아이신
파워트레인 컴퍼니
PT 전동 액추에이터 기술부
가변 밸브 기구 설계실
제1그룹 그룹장

▶ 발레오의 48V-BSG 시스템

Illustration feature : ENGINES FOR NEXT GEN.

작은 노력을 쌓아 큰 환경 효과를 얻는다

단순한 하이브리드 시스템 BSG. 하지만 얕잡아볼 수 없는 것이, 연비는 이것으로 4~6% 향상된다는 수치도 있다.
차량에 큰 개조를 하지 않고도 장착할 수 있는 것도 강점. 외관만으로는 알터네이터(교류 발전기)와 구별하기 어려울 것이다.
그렇다면 그 알터네이터와는 무엇이 다른가? 기계적인 부분, 전기적인 부분에 대해 발레오에 물어보았다.

본문 & 사진 : MFi   그림 : Valeo

◉ 48V 벨트 스타터 제너레이터

발레오의 BSG 라인업은 현재 주로 7종으로, 4~6kW급과 12~15kW급으로 크게 나뉜다. 기본적으로는 공랭식이지만, 고출력 버전에는 인버터 부분을 수랭식으로 한 타입도 있다고 한다. 예전의 알터네이터는 냉각을 위한 팬이 케이싱 외부에 장착된 타입도 드물게 보였지만, BSG는 내장식. 인버터의 열 대책으로 차열판도 갖추고 있다. 내열 온도는 주위 온도에서 105도 또는 120도. 저온 측은 영하 40도에서도 문제없이 기능한다.

고전압 배터리 EV와 스트롱 하이브리드의 환경 부하 저감 효과가 크다는 것은 누구나 이해할 수 있다. 그러나 비용이 고민거리다. 원래 엔진에는 취약한 운전 영역이 있으며, 이를 보완하기 위해 하이브리드라는 시스템이 탄생한 것을 생각하면, 그 취약한 부분을 보완할 수 있는 간단하고 저렴한 시스템은 없을까?

바로 그것이 여기에서 주제가 되는 BSG(Belt Starter Generator)의 탄생이었다.

구조는 ACG(Alternating Current Generator)를 BSG로 대체하고, 여기에 충방전을 위한 전용 배터리를 추가한 것이다. 이름에서 알 수 있듯이 엔진의 메인 풀리와 벨트로 연결되어 있으며, BSG를 구동하면 발전(ACG와 동일한 기능) / BSG에 전기를 공급하면 구동하는 방식으로, 하이브리드 시스템으로는 이른바 P0에 해당한다.

이번에 이야기를 들었던 Valeo의 경우 시스템 전압을 48V로 하고 있으며, 이 시스템에서는 BSG + 배터리 외에도 12V 전기 장치에 전기를 공급하기 위한 컨버터가 장착되어 있다.

ACG를 BSG로 대체하면, 그렇다면 ACG와는 무엇이 다른가? 발레오 재팬 파워 트레인 시스템 비즈니스 그룹의 아키히로 타카하시 씨에 따르면 6가지가 있다고 한다.

① 발전 기능에 더해 회생 기능
② 로터 위치 감지 센서 장착
③ 풀리/샤프트의 조임 구조 강화
④ 고내구성 브러시 채택
⑤ 다이오드 대신 MOSFET 사용
⑥ 통신에 LIN 대신 CAN 사용

①에 대해서는 BSG의 기능 그 자체이므로 설명을 생략하겠다.

②는 주행 시의 안정성을 높이기 위한 수단이다. BSG는 스타터로 사용되는 경우가 많기 때문에, 그 때 '중요한 순간'에 지체 없이 크랭크를 돌릴 필요가 있다. 그러나 로터/스테이터의 상대적 위치에 따라 즉각적인 구동이 불가능한 경우가 있으며, 이를 최소화하기 위해 센서로 로터의 위치를 정확하게 파악하고, 경우에 따라 로터를 적절한 위치에서 대기시키는 것이다. 아마도 ⑥도 이 기능과 밀접한 관련이 있는 것으로 생각된다.

③은 샤프트의 굵기 확대와 베어링 강화가 기본이며, 그 결과 풀리와의 결합이 강화되었다는 것이다. 벨트로 구동되는 구조

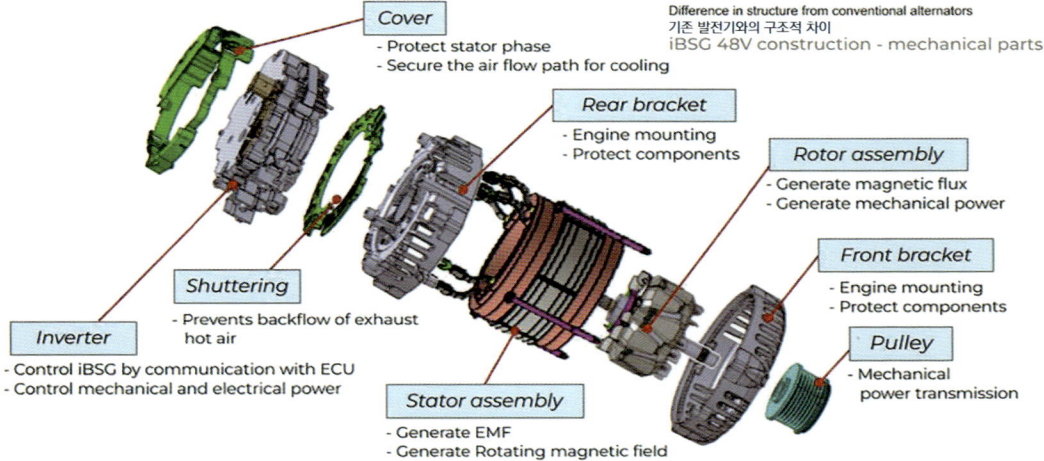

ACG와 무엇이 다르고, 어디까지 같은가

발전분만 아니라 구동도 담당하므로 업무량은 단순히 두 배이다. 업무량이 증가한 것을 보증하기 위해, 기계적인 증강과 전기적인 능력 강화가 각 부분에 담겨 있지만, 기본적인 구조는 알터네이터와 거의 다르지 않다. 독특한 점은 로터 각도를 정확하게 감지하기 위한 센서(그림 중 로터 어셈블리의 샤프트 부분에 있는 보라색 부분). 엔진 재시동 시의 확실성을 높이기 위해 장착되어 있다. 정류기 부분도 MOSFET를 사용하는 인버터로 대체되었다.

48V 시스템에서의 BSG

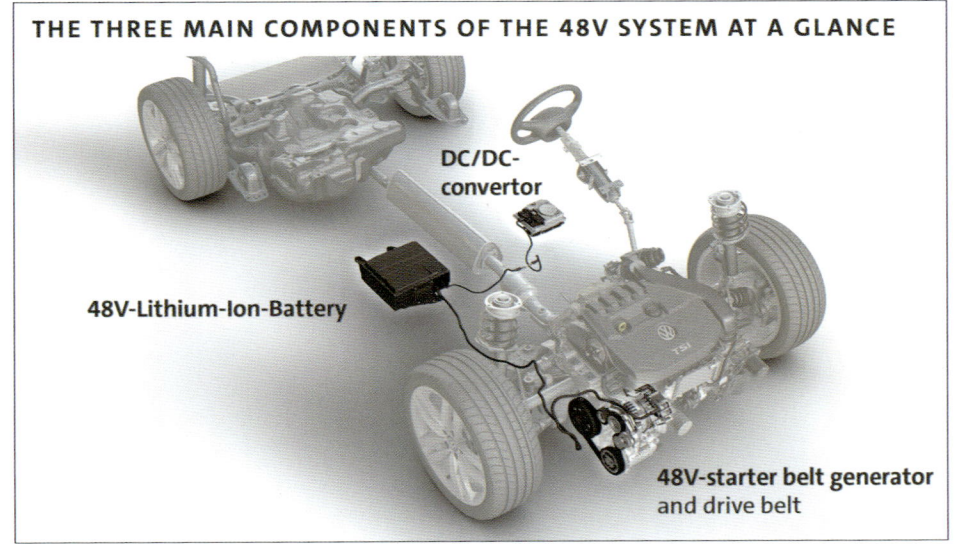

↑ 유럽차에서는 보급이 진행되는 48V 시스템. 그림은 폭스바겐 골프의 예. BSG에 더해, 텐셔너와 배터리, 컨버터를 갖추고 있다. 참고로, 발레오는 BSG를 담당. 차량 내 회로로서는 보디 어스로 회류하는 것도 가능하지만, 현재는 폐쇄 루프로 배터리까지 하네스를 연결하는 경우가 전부라고 한다.

↑ 동일한 시스템의 BSG 부분을 확대한 곳. 벨트 장력을 적절하게 관리하기 위한 펜듈럼 텐셔너에 의해, 회생 시에도 구동 시에도 BSG를 확실하게 구동한다. 운전 중에 보면 예상외로 움직이는 인상으로, 텐션 관리의 중요성을 절감한다. 참고로, BSG에 더해 스타터를 갖추는지 여부는 한랭지 대책으로 OEM의 판단에 따른다.

BSG로 BEV를 만들다

BSG로 구동하고 15kW의 출력을 가진 제품도 라인업에 있다면, 차라리 이것을 구동용 모터로 사용할 수 있지 않을까. 그런 시각으로 만들어진 것이 eAccess이다. 시트로엥의 소형 모빌리티인 AMI에 탑재되어 유럽에서 활약하고 있다. 참고로, 이 차량은 해당 지역의 규제로 인해 최고 출력을 6kW/최고 속도 45km/h로 제한하고 있지만, 성능적으로는 더 높은 수준을 노릴 수 있다.

이지만, 회전 방향은 동일한 반면 주행 시와 회생 시에는 장력이 걸리는 방식이 '풀리 저편/풀리 이쪽'이라는 식으로 크게 다르다.

엄밀하게는 벨트 관련은 발레오의 검토 범위에서 제외되지만, BSG를 효율적으로 구동하기 위해 효과적인 것이 펜듈럼식(진자 구조)의 텐셔너이다. 벨트 장력을 무리하게 높이면 구동 손실이 발생하여 샤프트의 내구성에 문제가 발생하지만, 텐셔너를 통해 이를 방지하고 BSG를 적절하게 구동할 수 있다. 많은 48V-BSG 시스템 차량에 사용되는 장치이다.

④와 ⑤는 BSG의 사용 방법에 따른 대책이다. 회생/발전이라는 ACG와 마찬가지로 기능을 추가하고 구동도 담당하는 BSG는 단순히 역할이 두 배가 되는 이미지이다. 따라서 슬립 링에 전기를 공급하는 브러시의 부담도 증가하기 때문에 내구성을 높였다.

MOSFET의 채택은 스타터로 사용할 때 대전류를 처리하기 때문에 선택되었다. ACG의 다이오드에 비해 정류 효율이 뛰어난 것도 특징이다. 덧붙여, ACG는 12V 전원 공급/충전을 위해 16V를 발전하는 제품이 많지만, Valeo의 48V-BSG는 얼마나 전압을 발생시키는지 물어보았더니 약 52V라고 대답했다.

ESG시대 친환경자동차의 이정표

국내 초유 안전 환경과 테크닉을 담은
학습과 현장 실무의 지침서!!

친환경 전기동력자동차

전기자동차 [EV]

차세대 미래자동차공학

하이브리드 이론과 실무

전기자동차 고전압 안전교육

전기자동차 고장진단&정비실무

전기자동차 매뉴얼 이론 & 실무

친환경 모빌리티 구조원리 애니메이션

수소 연료전지 자동차 FCEV

자율주행차량의 하이테크

연결기반 자율주행차량

자율주행 자동차공학

Motor Fan illustrated

Vol 1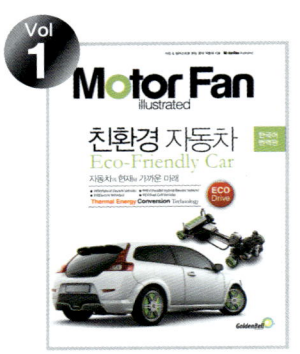
친환경자동차

Vol 2
F1 머신 하이테크의 비밀

Vol 3
엔진 테크놀로지

Vol 4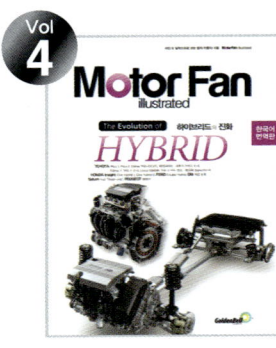
하이브리드의 진화

Vol 5
트랜스미션 오늘과 내일

Vol 6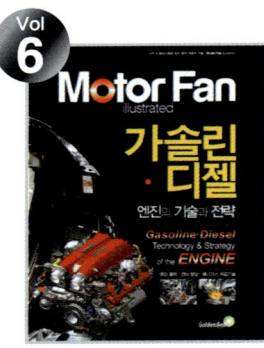
가솔린 · 디젤 엔진의 기술과 전략

Vol 7
튜닝 F1 머신 공력의 기술

Vol 8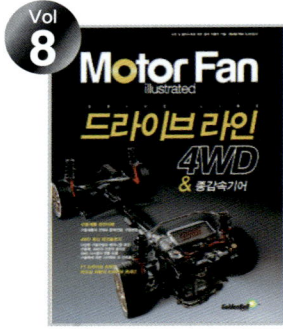
드라이브 라인 4WD & 종감속기어

Vol 9
자동차 디자인

Vol 10
조향 · 제동 쇽업소버

Vol 11
전기 자동차 기초 & 하이브리드 재정의

Vol 12
新소재 자동차 보디

Vol 13
타이어 테크놀로지

Vol 14
자동변속기 · CVT

Vol 15
디젤 엔진의 테크놀로지

Vol 16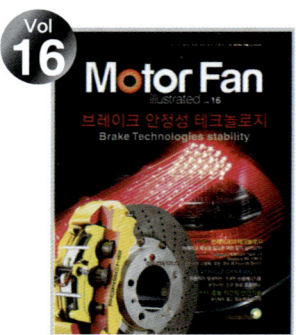
브레이크 안정성 테크놀로지